W0263055

R. Gareis

Investitionsplanung des Bauunternehmens

Grundlagen, Politik, Planungen, Fallstudien

Mit 24 Abbildungen

Springer-Verlag Berlin Heidelberg New York 1981

Dipl.-Kfm. Dr. habil. ROLAND GAREIS
Professor an der School of Civil Engineering
Georgia Institute of Technology, Atlanta/Ga., USA

CIP-Kurztitelaufnahme der Deutschen Bibliothek
Gareis, Roland:
Investitionsplanung des Bauunternehmens:
Grundlagen, Politik, Planungen, Fallstudien/
R. Gareis. - Berlin, Heidelberg, New York:
Springer, 1981

ISBN-13: 978-3-540-10465-0   e-ISBN-13: 978-3-642-93165-9
DOI: 10.1007/978-3-642-93165-9

Meinen Eltern gewidmet

Vorwort

Ziel dieses Buches ist es, die Funktionen der Investitionsplanung des
Bauunternehmens zu beschreiben und Methoden zur Erfüllung dieser Funktionen bereitzustellen. Da die Investitionstheorie durch wissenschaft-
liche Arbeiten der letzten zwanzig Jahre hoch entwickelt ist, wird hier
keine theoretische Weiterentwicklung angestrebt. Es wird hingegen in
einer anwendungsorientierten Arbeit auf eine Beschreibung von für die
Baupraxis relevanten Methoden eingegangen. In der Literatur (1) dargestellte Modelle zur simultanen Investitions- und Finanzplanung und zur
simultanen Investitions- und Produktionsplanung, die in der Praxis nur
selten angewandt werden und in erster Linie theoretische Bedeutung haben, werden hier daher nicht beschrieben (2).

Im Kapitel 1 wird der Einfluß der speziellen Produktionsbedingungen
des Bauunternehmens auf dessen Investitionsplanung festgestellt. Nach
einer Definition des Investitionsbegriffes und einer Beschreibung der
Datenerfassung werden im Kapitel 2 Methoden zur Beurteilung von Investitionen generell beschrieben, wobei vor allem auf jene Methoden, die
in den folgenden Kapiteln zur Beurteilung von Investitionen des Bauunternehmens als relevant erscheinen, näher ausgeführt werden. Bevor auf
die Planung der Investitionen des Bauunternehmens eingegangen wird,

---

1 Siehe z.B. Albach,H.: Investition und Liquidität. Planung des
 optimalen Investitionsbudgets, Wiesbaden 1962; Weingartner,H.M.:
 Mathematical Programming and the Analysis of Capital Budgeting
 Problems, Englewood Cliffs 1963; Seelbach,H.: Planungsmodelle
 in der Investitionsrechnung, Würzburg-Wien 1967 und Schweim,J.:
 Integrierte Unternehmensplanung, Bielefeld 1969.

2 In der Habilitationsschrift des Autors, auf der dieses Buch ba-
 siert, werden auch diese Modelle betrachtet. (Vgl.: Gareis,R.:
 Investitionsplanung des Bauunternehmens, Habilitationsschrift,
 Technische Universität Wien, Wien 1979).

werden in Kapitel 3 investitionspolitische Ziele sowie die Funktionen
der Investitionsplanung und der Investitionskontrolle des Bauunternehmens dargestellt.

Als Investitionen des Bauunternehmens werden einerseits Investitionen
in Baugeräte, andererseits aber auch Investitionen in Bauprojekte und
in Beteiligungen betrachtet. Bei der Beurteilung von Baugeräteinvestitionen wird auf das Problem der Zurechnung von Ein- und Auszahlungsströmen zu Baugeräten besonders eingegangen (Kapitel 4). Die Beurtei-
lungen von Investitionen in Bauprojekte und in Beteiligungen haben aufgrund der Bedeutung dieser Investitionen für das Unternehmen aus gesamtunternehmerischer Sicht zu erfolgen. Dabei sind die Korrelationen
zwischen den einzelnen Investitionen zu berücksichtigen. Als diesbe-
zügliches Instrument wird in Kapitel 5 die Portefeuilleanalyse dargestellt. Abschließend wird die Praxisrelevanz der Portefeuilleanalyse
in einer Fallstudie, einer Planung einer Beteiligungsinvestition eines internationalen Baukonzerns, bewiesen (Kapitel 6).

Herr Professor Dipl.-Ing.Dr. Walter Jurecka, Vorstand des Institutes
für Baubetrieb und Bauwirtschaft an der Technischen Universität Wien,
darf ich für die kompromißlose Unterstützung und Förderung, die er mir
während meiner langjährigen Tätigkeit am Institut für Baubetrieb und
Bauwirtschaft zukommen ließ und für die vielfachen konstruktiven Anregungen, die zum Entstehen dieser Arbeit wesentlich beigetragen haben,
herzlichst danken.

Für die Möglichkeit, durch umfangreiche Studien und Gespräche in der
Zentralverwaltung eines internationalen Baukonzerns, der aus Anonymi-
tätsgründen nicht genannt werden kann, die Praxisrelevanz der Portefeuilleanalyse für die Planung von Beteiligungsinvestitionen darstellen zu können, darf ich dem Vorstand und den leitenden Angestellten
des Baukonzerns herzlichen Dank sagen.

Weiters bin ich Professor Dipl.-Ing.Dr. Wilhelm Reismann, a.o.Profes-
sor Dr. Manfred Straube, Associate Professor Dr. Daniel Halpin, Uni-
versitätsdozent Dipl.-Ing.Dr. Gerold Patzak, Dipl.-Ing.Dr.Klaus Beisswenger, Dipl.-Ing.Dr. Hans Kutzbach, Mag. Reinhard Goebl und Dipl.-Ing.
Norbert Kainz für wertvolle Anregungen, die zum Entstehen dieses Buches beitrugen, zu herzlichem Dank verpflichtet.

Wien, im August 1980   Roland Gareis

Inhaltsverzeichnis

1 Einleitung

Der unternehmerische Produktionsprozeß ist durch die ständige Vornahme
von Investitionen und Desinvestitionen gekennzeichnet. Zwischen den Investitionen des Bauunternehmens und dem Produktionsprozeß des Bauunternehmens bestehen ursächliche Zusammenhänge, die anhand der in der vorliegenden Arbeit betrachteten Investitionen in Baugeräte, in Bauprojekte und in Beteiligungen ersichtlich gemacht werden können. Investitionen in Baugeräte werden in der Regel durch den Produktionsprozeß, die
Durchführung von Bauprojekten, veranlaßt. Bei der Betrachtung von Bauprojekten (Aufträge des Bauunternehmens) als Investitionen, stellen die
einzelnen Investitionen selbst Produktionsprozesse dar (3). Investitionen in Beteiligungen hingegen schaffen erst das Potential für die Durchführung zukünftiger Produktionsprozesse.

Durch diese ursächlichen Zusammenhänge zwischen den Investitionen und
dem Produktionsprozeß wirken sich die speziellen Produktionsbedingungen
des Bauunternehmens auf dessen Investitionsplanung aus. Um die speziellen Produktionsbedingungen des Bauunternehmens zu beschreiben, wird die
Bauindustrie traditionellerweise zur Investitionsgüterindustrie gezählt,
wodurch es möglich wird, der Bauindustrie die gemeinsamen Charakteristika, besonders in Bezug auf die Produktionsbedingungen, dieser Industriegruppe zuzuordnen. Die Unterscheidung von Gütern in Investitionsgüter und Konsumgüter nach dem Gutscharakter ergibt jedoch manchmal methodische Probleme, wodurch eine Zuzählung einzelner Industrien zu In-
dustriegruppen aufgrund der von ihnen erstellen Güter (Investitionsgüter, Konsumgüter, Dienstleistungen) nicht in eindeutiger Weise erfolgen
kann. Daß die Zuzählung der Bauindustrie zur Gruppe der Investitions-

---

3   Diese Aussage deckt sich mit der Meinung von Ruchti, der fest-
    stellt, daß der betriebliche Produktionsprozeß nichts anderes
    als ein Investitionsprozeß ist. (Vgl.: Ruchti,H.: Die Abschrei-
    bung, ihre grundsätzliche Bedeutung als Aufwands-, Ertrags- und
    Finanzierungsfaktor, Stuttgart 1953).

güterindustrien nicht eindeutig ist, wird bei einer entscheidungsorientierten Definition des Investitionsgüterbegriffs ersichtlich.

Scheuch (4) definiert Investitionsgüter aus entscheidungsorientierter Sicht als solche Wirtschaftsgüter, deren Absatz nicht an private Letztverwender, sondern an Organisationen erfolgt, wobei als Organisationen sowohl privatwirtschaftliche Unternehmen als auch nicht privatwirtschaftlich orientierte Organisationen, wie z.B. öffentliche Einrichtungen, Behörden, Sportorganisationen, militärische Organisationen, Krankenhäuser, etc., verstanden werden. Für die Bauindustrie trifft wohl zu, daß ein Großteil der von ihr produzierten Güter an oben angeführte Organisationen abgesetzt werden. Da jedoch auch Leistungen für private Letztverwender erstellt werden (z.B. im privaten Wohnhausbau), ist die Bauindustrie keine ausschließliche Investitionsgüterindustrie. Es kann daher in keinem Fall Ziel sein, die Bauindustrie dem Begriff "Investitionsgüterindustrie", alleine zuzuordnen, nur um die dieser Industriegruppe gemeinsamen Charakteristika für die Bauindustrie verwenden zu können. Vielmehr erscheint es zielführend festzustellen, daß die Bauindustrie sowohl Investitionsgüter als auch Konsumgüter und Dienstleistungen erstellt.

Die besonderen Bedingungen der bauindustriellen Leistungserstellung sind daher weniger von der Produktart, sondern von der Produktionsweise und von den Auftraggebern bestimmt. Die Produktionsweise des Bauunternehmens ist durch eine Leistungserstellung in instationären Produktionseinheiten (Baustellen) unterschiedlicher Größe gekennzeichnet. Diese instationäre Leistungserstellung unter variierenden Baustellenbedingungen sowie die Auftragsbezogenheit der Leistungserstellung, die außer bei der Fertigteilproduktion keine Lagerung von Bauprodukten ermöglicht, beeinflußt die Planung von Baugeräteinvestitionen (5). Die Tatsache, daß Baugeräte in der Regel während ihrer Nutzungsdauer auf mehreren unterschiedlichen Baustellen eingesetzt werden, erschwert die Abschätzung der zukünftigen Einsatzmöglichkeiten und Einsatzbedingungen von Baugeräten zum Zeitpunkt der Investitionsplanung.

---

4   Vgl.: Scheuch,F.: Invesititionsgütermarketing, Opladen 1975, 23.

5   Bei der Planung von Investitionen in Bauprojekte und in Beteiligungen entstehen hingegen aus der instationären Leistungserstellung keine zusätzlichen Unsicherheiten, da z.B. bei der Analyse einer Investition in ein Bauprojekt der Ort, die Art und der Umfang der Leistungserstellung bekannt sind bzw. abgegrenzt werden können.

Die Abhängigkeit der Produktionsbedingungen des Bauunternehmens von
den Auftraggebern ist durch den starken Einfluß der öffentlichen
Hand bei der Auftragsvergabe gegeben. Da die Institutionen der öffentlichen Hand entsprechend der Fristigkeiten ihrer Budgets die Vergabe
von Finanzmittel für Bauaufträge in der Regel nur jeweils für ein
Jahr konkret planen, ist eine langfristige Produktionsplanung und -
davon abhängig - Investitionsplanung nur beschränkt möglich bzw. mit
hoher Unsicherheit behaftet. Die unsichere Entwicklung des mittel-
und langfristigen Auftragsbestandes des Bauunternehmens hat sowohl
auf die Planung von Geräteinvestitionen als auch auf die Planung von
Investitionen in Bauprojekte und in Beteiligungen Einfluß.

Die speziellen bauindustriellen Produktionsbedingungen erschweren offensichtlich die Investitionsplanung des Bauunternehmens. Trotzdem ist.
die Durchführung von Investitionsplanungen eine unbedingte Notwendigkeit, um rationelle Investitionsentscheidungen der Bauunternehmensführung zu gewährleisten, wobei es primär nicht darum geht, die zukünftigen Konsequenzen von Investitionen genau zu prognostizieren und genaue
Aussagen über die Rentabilitäten von Investitionen zu machen, sondern
darum, mit Hilfe der verfügbaren Informationen und Daten bestmögliche
Entscheidungen zu treffen. Rationelle, den Zielen der Bauunternehmensführung entsprechende Investitionsentscheidungen können jedoch nicht
intuitiv getroffen werden, sondern setzen ein analytisches und syste-
matisches Durchdenken zukünftiger Konsequenzen von Investitionen im
Zuge von Investitionsplanungen voraus. Ein Verzicht auf Investitionsplanungen wäre gleichbedeutend mit einem Verzicht auf rationelles wirt-
schaftliches Handeln überhaupt.

Als Ziel der vorliegenden Arbeit wird es daher angesehen, unter Berücksichtigung der sich durch die speziellen bauindustriellen Produktionsbedingungen für die Investitionsplanung ergebenden Probleme die Funktionen der Investitionsplanung des Bauunternehmens darzustellen und nach
einer sachlichen und zeitlichen Abgrenzung der Konsequenzen der hier betrachteten Investitionen Methoden zu beschreiben, die eine praxisrele-
vante Investitionsplanung des Bauunternehmens ermöglichen.

2 Investitionstheoretische Grundlagen

Nach der Definition des Investitionsbegriffes und der Beschreibung der
Datenerfassung werden in diesem Kapitel Methoden zur Beurteilung von
Investitionen aufgrund von Zahlungsströmen dargestellt. Anschließend
wird auf die Beurteilung von Investitionen bei Berücksichtigung pluralistischer Ziele eingegangen.

2.1 Investitionsbegriff

In der Literatur findet man für den Investitionsbegriff verschiedene
Definitionen, wobei einerseits die durch eine Investition bewirkten
Produktionsmöglichkeiten und andererseits die durch sie ausgelösten
Zahlungsströme im Inhalt beschrieben werden. Eine Gruppe von Autoren
prägt beispielsweise einen leistungswirtschaftlichen Investitionsbe-
griff, indem sie unter Investition die Überführung von Geldkapital in
Realvermögen und Dienstleistungen versteht (6).

Der leistungswirtschaftliche Aspekt dieser Definition äußert sich darin, daß durch die Überführung von Geld in Realvermögen und Dienstleistungen eine Leistungsbereitschaft geschaffen wird. Unter Realvermögen
werden dabei entweder nur Güter des Anlagevermögens oder Güter des An-

---

6   Vgl.: Albach,H.: Wirtschaftlichkeitsrechnung bei unsicheren Erwartungen, Köln-Opladen 1959, 6; Rückle,D.: Investition und Marktverhalten, Wien 1968, 66; Wöhe,G.: Einführung in die Allgemeine
Betriebswirtschaftslehre, Berlin 1969, 357; Priewasser,E.: Betriebliche Investitionsentscheidungen, Berlin-New York 1972, 12.

lage- und Umlaufvermögens verstanden. Gutenberg (7) schränkt den Investitionsbegriff auf die Überführung von Geldkapital in Anlagevermögen ein, da nach seiner Meinung Geldausgaben für Arbeits- und Dienstleistungen im Sprachgebrauch nicht als Investitionen bezeichnet werden. Er kommt zu der Feststellung, daß man in der betrieblichen Praxis im allgemeinen unter einer Investition einen "Geldaufwand zum Zweck der Erweiterung oder Modernisierung der Anlagen" versteht. Ähnlich wie Gutenberg definiert Schmalenbach (8) die Investition als Überführung von Zahlungsmitteln in Anlagevermögen.

Lohmann (9) erweitert den Investitionsbegriff zur Umwandlung des Kapitals in Güter des Anlage- und Umlaufvermögens. Hax (10) sieht die Investition als einen Vorgang an, bei dem es sich um die Umwandlung von Geldkapital in nutzbringende, dem Unternehmenszweck dienende Betriebsgüter handelt.

In einer umfassenden Investitionsplanung kann sich die Schaffung unternehmerischer Leistungsbereitschaft nicht auf die Bereitstellung von Gütern des Anlagevermögens beschränken. In der Regel wird eine gleichzeitige Bereitstellung von Gütern des Umlaufvermögens und der Einsatz von Dienstleistungen notwendig. Beispielsweise sei erwähnt, daß die durch die Vornahme eines Investitionsvorhabens verursachte Vergrößerung des Unternehmensumsatzes einen Anstieg der Kundenforderungen bewirken kann, wodurch eine Investition in das Umlaufvermögen vorliegt. Dementsprechend definiert Swoboda Investitionsentscheidungen als "Entscheidungen über Umfang oder Struktur des Vermögens der Unternehmung. Zu ihnen zählen Entscheidungen über Kauf und Verkauf von Maschinen, Beteiligungen und Gebäuden ebenso wie Entscheidungen, bestimmte Durchschnittsbestände an Rohstoffen, Halb- und Fertigerzeugnissen, Forderungen und liquiden Mitteln anzustreben" (11). Auch die meisten Auto-nen, die finanz-

---

7   Vgl.: Gutenberg,E.: Zur neueren Entwicklung der Wirtschaftlichkeitsrechnung, Zeitschrift für die gesamte Staatswissenschaft, Bd.108, Tübingen 1952, 643 ff.

8   Vgl.: Schmalenbach,E.: Die Finanzierung der Betriebe, Bd.I, Kapital, Kredit und Zins, 2.Aufl., Köln und Opladen 1949, 94 ff.

9   Vgl.: Lohmann,M.: Einführung in die Betriebswirtschaftslehre, Tübingen 1949, 138.

10 Vgl.: Hax,K.: Die Kapitalwirtschaft des wachsenden Industrieunternehmens, Z.f.b.F., 16.Jg.(1964), 252.

11 Vgl.: Swoboda,P.: Investition und Finanzierung, Göttingen 1971, 13.

wirtschaftliche Definitionen des Investitionsbegriffes prägen, sehen den unmittelbaren Bezug einer Investition zur Leistungsbereitschaft eines Unternehmens.

Nach Schneider (12) handelt es sich bei jeder Geldausgabe für Güter und Dienstleistungen um eine Investition, wobei das Wort "Investition" als ein Investitionsprozeß verstanden wird, der durch eine Auszahlungs- und Einzahlungsreihe charakterisiert ist. Boulding (13) definiert die Investition in rein finanzwirtschaftlicher Form als eine Reihe von Zahlungen, von denen einige positiv und einige negativ sind. Ähnliche finanzwirtschaftliche Investitionsbegriffe definieren auch Ruchti (14), Illetschko (15) und Trechsel (16).

Die Vorliebe für finanzwirtschaftliche Definitionen in der Literatur kann damit erklärt werden, daß der finanzwirtschaftliche Investitionsbegriff den Einsatz von Investitionskalkülen als Entscheidungshilfe bei Investitionsentscheidungen ermöglicht und dadurch sehr operational ist. Durch den finanzwirtschaftlichen Investitionsbegriff wird daher das Modelldenken und die Berücksichtigung monetärer Entscheidungskriterien gefördert. Solche monetäre Entscheidungskriterien sind z.B. der Kapitalwert oder der interne Zinsfuß einer Investiton, deren Berechnung bei Beschreibung von Investitionen aufgrund von Zahlungsströmen erfolgen kann. Die Beschreibung von Investitionen durch ihre finanzwirtschaftlichen Konsequenzen und die Beurteilung von Investitionen aufgrund von Kapitalwerten (oder internen Zinsfüßen) ermöglicht es, das Ziel der Maximierung des Kapitalwertes des Unternehmens anzustreben (17). In der Betriebswirtschaftslehre und in der Praxis wird die Kapitalwertmaximierung häufig als ausschließliches Unternehmensziel un-

---

12	Vgl.: Schneider,E.: Wirtschaftlichkeitsrechnung, Bern 1957,7.

13	Vgl.: Boulding,K.E.: Time and Investment, Economica, Vol.3, London 1936, 196 ff.

14	Vgl.: Ruchti,H.: Erfolgsermittlung und Bewegungsbilanz, in: ZfhF, Jg. 1955, 500 ff.

15	Vgl.: Illetschko,L.: Unternehmenstheorie, Wien 1964, 267.

16	Vgl.: Trechsel,F.: Investitionsplanung und Investitionsrechnung, Bern 1966, 12.

17	Vgl. dazu Abschnitt 2.3.1.1..Manchmal werden anstatt der Maximierung des Kapitalwertes auch die Maximierung des Gewinns oder die Maximierung der Eigenkapitalrentabilität angestrebt.

terstellt. Zu dieser Ausschließlichkeit "trägt allerdings nicht nur
die Bedeutung dieses Betriebszieles, sondern auch seine hohe Operationalität bei" (18).

Die alleinige Berücksichtigung von (deterministischen oder stochastischen) Zahlungsströmen (19) genügt jedoch manchmal nicht zur Beurteilung von Investitionen. "Der Unterschied zwischen zwei Investitionen -
und es ist ja dieser Unterschied, auf den es bei der Entscheidung an-
kommt - ist nämlich durch Angabe der Unterschiede der zu den Investitionen gehörenden Zahlungsreihen noch nicht hinreichend charakterisiert" (20). Für die Beschreibung und die Beurteilung des Unterschie-
des zwischen zwei oder mehreren Investitionen können auch Kriterien,
die Schneider als "irreduzible" oder "imponderable" Faktoren bezeichnet, bedeutend sein. Diese Kriterien werden in der Literatur häufig
"qualitative" Kriterien genannt, da sie in der Regel nicht direkt quan-
tifizierbar sind.

Wenn sich die folgenden Ausführungen auch weitgehendst auf die Beschreibung und Beurteilung von Investitionen aufgrund von Zahlungsströmen
und damit auf die finanzwirtschaftlichen Konsequenzen des definierten
Investitionsbegriffes beziehen, wird hier ein umfassender Investitionsbegriff zugrundegelegt, der alle Konsequenzen, die eine Investition
nach sich zieht, berücksichtigt. Eine Investition wird daher als Überführung von Kapital in unternehmerische Leistungsbereitschaft mit Konsequenzen für das Unternehmen und dessen Umwelt definiert.

"Der Zusammenhang zwischen einer Alternative und ihren Konsequenzen
wird ... angegeben durch bekannte objektive natur- und sozialwissen-
schaftliche Gesetzmäßigkeiten, die es erlauben, die Konsequenzen jeder Alternative vorherzusagen" (21). Bei jeder Beschreibung beschränkt

---

18   Diederich,H.: Allgemeine Betriebswirtschaftslehre I, Stuttgart
     1972, 141.

19   Bei Berücksichtigung stochastischer Zahlungsströme kann zur Be-
     urteilung von Investitionen außer dem Kapitalwert (bzw. dem Er-
     wartungswert des Kapitalwertes) auch das mit den Zahlungsströ-
     men verbundene Risiko (als Risikomaß wird in der Regel die Stan-
     dardabweichung des Kapitalwertes verwendet) als Entscheidungs-
     kriterium herangezogen werden.

20   Schneider,E.: Wirtschaftlichkeitsrechnung, a.a.O., 139.

21   Gäfgen,G.: Theorie der wirtschaftlichen Entscheidung, 2.Aufl.
     Tübingen 1963, 106.

man sich auf eine zielorientierte Auswahl von Merkmalen, da die volle
Eigentümlichkeit einer Investition nie ganz wiedergegeben werden kann.
"Durch die Auswahl der zu benutzenden Merkmale werden also immer nur
bestimmte Aspekte der Konsequenzen hervorgehoben" (22). Vom Entscheidungsträger werden zur Beschreibung von Investitionen solche Merkmale
ausgewählt, die entscheidungsrelevant erscheinen. Die gewählten Merkmale stellen daher Kriterien der Bewertung von Investitionen dar. Vielfach werden sie auch als Ziele bezeichnet (23), dann aber nicht im Sinne gegebener Endziele, sondern als zu maximierende Zielmaßstäbe.

Als entscheidungsrelevante Kriterien werden in der Literatur außer dem
Kapitalwert und einem Risikomaß, "Umsatz oder Marktanteil, Sicherung
des Betriebspotentials, Sicherung der Liquidität, Pflege der Firmentra-
dition, Wohlergehen der Belegschaft und Wohlergehen des Staatsganzen",
genannt (24).

Auf die Berücksichtigung mehrerer Entscheidungskriterien (25) aufgrund
pluralistischer Zielsetzungen des Entscheidungsträgers wird im Abschnitt
2.5 eingegangen.

Um zu einem operablen Investitionsbegriff zu gelangen, sind Investitionen sachlich und zeitlich abzugrenzen. Diese Abgrenzungen von Investitionen können durch die Anwendung des Verursachungsprinzipes und der
Festlegung eines Planungszeitraumes vorgenommen werden.

Der Planungszeitraum einer Unternehmung erstreckt sich vom Zeitpunkt
der Investitionsentscheidung bis zum Erreichen des Planungshorizontes
und schließt jene Zeit ein, für die detaillierte Unternehmenspläne aufgestellt und Einzelmaßnahmen erwogen werden. Im allgemeinen ist eine
Liquidation einer Unternehmung am Planungshorizont nicht vorgesehen,

---

22   Gäfgen,G.: Theorie der wirtschaftlichen Entscheidung, a.a.O.,
      110.

23   Vgl.: Jöhr,W.A.; Singer,H.W.: The Role of the Economist as
      Official Adviser, deutsche Ausgabe: Die Nationalökonomie im
      Dienste der Wirtschaftspolitik, Göttingen 1957.

24   Diederich,H.: Allgemeine Betriebswirtschaftslehre I, a.a.O.,141.

25   Ein Entscheidungskriterium ist eine Regel, die verhilft, eine
      Investition so auszuwählen, daß sie den Zielen des Investors
      möglichst optimal entspricht.

wodurch eine Unternehmung auf Dauer vorliegt. In diesem Fall hat die
Unternehmensführung so zu planen, daß am Ende des Planungszeitraumes
die Bedingungen für den Weiterbestand der Unternehmung gesichert sind.

Die Festlegung eines Planungshorizontes hängt von der Bedeutung des
Entscheidungsproblemes für die Unternehmung und von den Möglichkeiten
der Datengewinnung für die Entscheidungen ab. Die Beschaffung von Daten für den Planungszeitraum ist dadurch gekennzeichnet, daß in der
Regel Daten mit hoher Glaubwürdigkeit für die nahe Zukunft und solche
mit geringer Glaubwürdigkeit für die ferne Zukunft vorliegen. Der Planungshorizont liegt in der Regel am Anfang der Periode, für die die
Datenbeschaffung angesichts der mit den Daten verbundenen Ungewißheit
als nicht mehr sinnvoll angesehen werden kann. Dieser Planungshorizont
kann häufig durch zusätzliche Ausgaben zur Informationsgewinnung und
-verarbeitung hinausgeschoben werden.

Wenn die Desinvestition vor dem Erreichen des Planungshorizontes liegt,
sind auch die Konsequenzen nach der Desinvestition zu betrachten (26).
Zwischen der ursprünglichen Investition und den Investitionen, die der
Desinvestition folgen, besteht eine zeitliche Abhängigkeit, die als
vertikale Interdependenz bezeichnet wird (27). Neben vertikalen Interdependenzen, die bei der zeitlichen Abgrenzung von Investitionen berücksichtigt werden müssen, müssen horizontale Interdependenzen bezüglich der sachlichen Abgrenzung berücksichtigt werden.

Interdependenzen horizontaler Art bestehen, wenn sich zwischen den verschiedenen, zum gleichen Zeitpunkt realisierbaren Investitionen komplementäre oder substitutive Beziehungen ergeben. Ist der Nutzen der
Investition A größer, wenn zum gleichen Zeitpunkt auch die Investition B vorgenommen wird, als wenn B unterbleibt, so liegt eine Komple-
mentärbeziehung vor. Eine komplementäre Inderdependenz besteht z.B.

---

26   Anm.: Als Desinvestition wird die Beendigung einer Investition
      verstanden, wie sie z.B. beim Ausscheiden einer Maschine aus dem
      Betriebsvermögen eintritt. In der Literatur können auch andere
      Desinvestitionsbegriffe gefunden werden. Ruchti bezeichnet z.B.
      den Rückfluß von Zahlungsmitteln aus dem gebundenen Vermögen als
      Desinvestition. (Vgl.: Ruchti,H.: Erfolgsermittlung und Bewegungs-
      bilanz, in: ZfHF 1955).

27   Vgl.: Jacob,H.: Investitionsplanung mit Hilfe der Optimierungs-
      rechnung, in: Schriften zur Unternehmensführung, Bd.4, Wiesba-
      den 1968, 96.

dann, wenn die Reparatur- und Wartungsauszahlungen je Maschine abnehmen, wenn mehrere Maschinen gleichen Typs verwendet werden.

Eine substitutive Beziehung ist gegeben, wenn der Nutzen der Investition A bei gleichzeitiger Vornahme der Investition B niedriger liegt, als ohne dieser Vornahme. Dieser Fall kann eintreten, wenn die Investitionen A und B - zumindest teilweise - zur Erledigung gleicher produktiver Aufgaben herangezogen werden können.

Wenn Interdependenzen zwischen Investitionen bestehen, ist eine isolierte Beurteilung der einzelnen Investitionen nicht möglich, sondern es wird notwendig, diese Investitionen zu Investitionsprogrammen zusammenzufassen und gemeinsam zu beurteilen. Das Ausmaß von Interdependenzen kann oft erst durch die Beurteilung von Investitionsprogrammen festgestellt werden (28).

Bei der praktischen Durchführung von Investitionsplanungen erweist sich die Definition von Investitionsprogrammen oft als schwierig. Investitionen werden daher häufig isoliert beurteilt. Diese Isolierungen erfolgen in zeitlicher und (oder) in sachlicher Hinsicht. Eine zeitliche Isolierung liegt vor, wenn die Konsequenzen einer Investition nur bis zum Zeitpunkt t, wobei t kleiner als der Planungshorizont ist, einbezogen werden. Eine sachliche Isolierung liegt vor, wenn ein Investitionsvorhaben unabhängig von den übrigen während seiner Nutzungsdauer unternommenen Investitionsvorhaben beurteilt wird.

Um eine zeitliche Isolierung zu vermeiden, können z.B. in der Investitionsrechnung vereinfachende Annahmen getroffen werden. Wenn nicht bekannt ist, welche Investitionen einer durchzuführenden Investition nach Ablauf ihrer Nutzungsdauer bis zum Ende des Planungszeitraumes folgen, kann angenommen werden, daß die Investition immer wieder durch eine Investition gleicher Art ersetzt wird, d.h., daß Ersatzinvestitionen vorgenommen werden, die die gleichen Zahlungsströme wie die ursprüngliche Investition verursachen.

Um eine sachliche Isolierung zu vermeiden und horizontale Interdependenzen zwischen Investitionen zu berücksichtigen, können Methoden wie die dynamische Programmierung, das Entscheidungsbaumverfahren und die Portefeuilleanalyse angewandt werden.

---

28   Anm: Swoboda zeigt an einem Beispiel, daß, um Interdependenzen festzustellen, soviele Investitionsprogramme zu beurteilen sind, als es mögliche Kombinationen aus den alternativen Investitionen gibt (Vgl.: Swoboda,P.: Investition und Finanzierung, Göttingen 1971, 49).

2.2 Datenerfassung für die Beurteilung von Investitionen aufgrund von Zahlungsströmen

2.2.1 Zahlungsströme

Dem finanzwirtschaftlichen Investitionsbegriff entsprechend wird die
Vorteilhaftigkeit einer Investition (oder eines Investitionsprogram-
mes) durch ihre Ein- und Auszahlungsströme, die sich in den einzelnen
Perioden zu Ein- bzw. Auszahlungsüberschüssen saldieren lassen, bestimmt. Da kontinuierliche Zahlungsströme rechentechnische Probleme
verursachen, werden in der Regel die Zahlungen einer Periode in einem
Zeitpunkt - am Periodenende - zusammengefaßt. Die Beschreibung von
Zahlungsströmen kann entweder in Zahlungsstromtabellen oder in Zah-
lungsstromdiagrammen vorgenommen werden. In den Diagrammen werden die
Zahlungsströme auf einer Zeitachse aufgetragen, wobei der Nullpunkt
der Zeitachse in der Regel den Beginn des Planungszeitraumes darstellt.

Zu Beginn einer Investition überwiegen im Normalfall die Auszahlungen
bzw. die Auszahlungsüberschüsse, während später die Einzahlungen bzw.
die Einzahlungsüberschüsse überwiegen. Zahlungen, die bei sich gegeneinander ausschließenden Investitionsvorhaben zu gleicher Zeit und in
gleicher Höhe anfallen, können in der Investitionsrechnung außer Ansatz bleiben. Wenn also z.B. zwei oder mehrere sich gegeneinander aus-
schließende Investitionsvorhaben die gleichen Leistungen vollbringen
und damit die gleichen Einzahlungsströme erwirtschaften können, reduziert sich die Investitionsrechnung auf einen Vergleich der Auszahlungsströme.

Aus der Tatsache, daß für die Beschreibung und die Analyse eines Investitionsvorhabens alleine Aus- und Einzahlungen von Bedeutung sind,
folgt, daß Kosten und Erlöse keine Daten für die Investitionsanalyse
darstellen. Kosten können jedoch den Auszahlungen entsprechen, wie z.B.
im Falle periodischer Auszahlungen für den Betrieb einer maschinellen
Anlage, die in der Investitionsanalyse oft den jährlichen Betriebskosten gleichgesetzt werden können. Die Einzahlungen eines Investitionsvorhabens können dann den Erlösen dieses Vorhabens entsprechen,
wenn keine Illiquidität des Kunden angenommen wird und keine Kredite
gewährt werden.

2.2.1.1 Prognose von Zahlungsströmen
Die Aussagekraft jeder Investitionsanalyse ist abhängig von der Genauigkeit, mit der die Zahlungsströme eines Investitionsvorhabens geschätzt werden können. Die Aufbereitung der Daten zur Schätzung der Zahlungsströme ist daher nicht als routinemäßige buchhalterische Aufgabe anzusehen, sondern als laufende Festhaltung neuer Wert bzw. Revision historischer Werte zu verstehen. In diesen laufenden Prozeß des Sammelns aktueller Daten sind Spezialisten aller Fachbereiche eines Unternehmens einzubeziehen.

Die zur Bewertung eines Investitionsvorhabens relevanten Zahlungsströme sind deren zukünftige Zahlungsströme. Historische Zahlungsströme, also Einzahlungen oder Auszahlungen der Vergangenheit, sind in der Investitionsanalyse nicht zu berücksichtigen. In der Vergangenheit erhalten Einzahlungen bzw. geleistete Auszahlungen dürfen in einer zukunftsbezogenen Bewertung von Investitionsvorhaben nicht berücksichtigt werden. Ausschließlich die zukünftigen Zahlungsströme eines Investitionsvorhabens bestimmen dessen Wert. Historische Daten sind nur insofern von Bedeutung für die Investitionsanalyse, als sie verhelfen, zukünftige Zahlungsströme abzuschätzen. Die Anlage einer ständig zu revisionierenden Datenbank stellt daher eine notwendige Voraussetzung für eine möglichst genaue Schätzung zukünftiger Zahlungsströme dar. Die Auswertung der laufend gesammelten Daten, sowie die eventuelle Durchführung von Marktforschungen, besonders um Informationen über die zukünftig zu erwartenden Einzahlungen zu erhalten, reduzieren das Risiko der Prognose von Zahlungsströmen. Die Prognose von Zahlungsströmen kann auf der Annahme sicherer oder unsicherer Erwartungen beruhen. Bei sicherer Erwartung werden die Zahlungsströme als bekannt vorausgesetzt. Bei unsicherer Erwartung wird berücksichtigt, daß die durch eine Investition verursachten Zahlungsströme der Zukunft angehören und daher mit Unsicherheit behaftet sind.

2.2.1.2. Berücksichtigung von Steuern
In einer Investitionsanalyse können entweder Zahlungsströme vor oder nach Steuer berücksichtigt werden. Da Steuerzahlungen einen wesentlichen Bestandteil der mit einem Investitionsvorhaben verbundenen Auszahlungen bilden, sind optimale Entscheidungen nur auf der Grundlage von Zahlungsströmen nach Steuer zu fällen. Grundsätzlich beeinflussen

Steuern aus fünf Steuerkategorien die Zahlungsströme von Investitionsvorhaben, nämlich

- Anschaffungssteuern
- Besitzsteuern
- Einsatzsteuern
- Erlössteuern und
- Gewinnsteuern.

Die Anschaffungs-, Besitz-, Einsatz- und die Erlössteuern verursachen keine Probleme hinsichtlich ihrer quantitativen Erfassung und werden in der Investitionsrechnung in der Regel einheitlich behandelt.

Zu den Anschaffungssteuern zählen z.B. die Grunderwerbssteuer und die Investitionssteuer. Anschaffungssteuern erhöhen die Auszahlungsströme. Zu den Besitzsteuern werden die Vermögenssteuer, die Grundsteuer, die Gewerbekapitalsteuer, die Kraftfahrzeugsteuer und ähnliche gerechnet. Auch die Ermittlung dieser Steuern und deren Berücksichtigung in der Investitionsrechnung stellt keine Schwierigkeit dar. Als Einsatzsteuer ist vor allem die Lohnsummensteuer zu nennen. Die Mehrwertsteuer als Erlössteuer stellt einen Durchlaufposten dar. Da in der Investitionsrechnung in der Regel mit Nettobeträgen gerechnet wird, ist die Mehrwertsteuer nicht zu berücksichtigen.

Die einzigen Steuern, die in der Investitionsrechnung einer uneinheitlichen Behandlung unterliegen und auch in ihrer Ermittlung Schwierigkeiten verursachen, sind die Gewinnsteuern, also die Einkommens- bzw. Körperschaftssteuer und die Gewerbeertragssteuer. Schwierigkeiten bei der Ermittlung der Gewinnsteuer ergeben sich vor allem dadurch, daß die Bemessungsgrundlage der Gewinnsteuer der Gewinn der Steuerbilanz ist. Vertreter der Ansicht, Gewinnsteuern nicht in die Investitionsrechnung einzubeziehen, argumentieren, daß aus dem Gewinn der Steuerbilanz der Gewinn einer bestimmten Investition in der Regel nicht erkennbar ist. Wo aber keine Zusammenhänge erkannt werden können, sollten solche Zusammenhänge auch nicht unterstellt werden. Der Schluß wäre daher, Gewinnsteuern nicht in die Investitionsrechnung einzubeziehen und jene Investitionen zu wählen, die ohne Berücksichtigung der Gewinnsteuern optimal sind. Anderen Autoren wieder setzen sich vehement für die Einbeziehung der Gewinnsteuer in die Investitionsrechnung ein. Schneider argumentiert, daß sich "alle wesentlichen Beurteilungskriterien einer Investition bei der Berücksichtigung der Besteuerung ändern

können: Die absolute Vorteilhaftigkeit, die wirtschaftliche Nutzungsdauer, die Rangordnung der einzelnen Investitionsvorhaben und die Risi-
koeinschätzung. Deshalb muß die Besteuerung in die Investitionsüberle-
gungen einbezogen werden" (29).

2.2.1.2.1 Berechnung von Zahlungsströmen nach Gewinnsteuern
Zahlungsströme nach Gewinnsteuern errechnet man, indem man von den Zahlungsströmen vor der Berücksichtigung der Gewinnsteuern die Gewinnsteuerzahlungen abzieht. Um die Gewinnsteuerzahlungen eines Investitionsvorhabens zu ermitteln, ist zu überlegen, wie die Realisierung
des Investitionsvorhabens den steuerpflichtigen Gewinn des Unternehmens
ändert und welcher Steuersatz auf diesen Differenzgewinn anzuwenden ist.

Bei der Ermittlung des steuerpflichtigen Gewinnes eines Investitionsvorhabens ist zu beachten, daß das Gewinnsteuerrecht nicht an effekti-
ven Zahlungen, sondern an periodisierten Zahlungen (Erträge und Aufwendungen) ansetzt. Da Zahlungen nicht immer in der Periode als Aufwand
oder Ertrag verrechnet werden, in der sie stattfinden, ergeben sich Abweichungen zwischen Einzahlungsüberschüssen und steuerpflichtigen Gewinnen. Als Steuerbasis für die Gewinnbesteuerung können daher nicht
die Einzahlungsüberschüsse direkt herangezogen werden.

Als wesentlichste Korrektur zur Ermittlung der Steuerbasis ist die Pe-
riodisierung des Anschaffungswertes durch steuerliche Abschreibungen
anzusehen. Abschreibungen führen zu keinen Auszahlungen und sind daher
kein Teil der Zahlungsströme, die durch eine Investition entstehen. Da
Abschreibungen jedoch Einfluß auf die Steuerbasen zur Berechnung der
durch die Realisierung einer Investition anfallenden Gewinnsteuern haben, sind die Auswirkungen unterschiedlicher Abschreibungsmethoden auf
die Zahlungsströme von Investitionsvorhaben zu beachten.

Die Berechnung der Gewinnsteuerzahlungen erfolgt durch Multiplikation
der jährlichen Steuerbasen mit dem jeweils anzusetzenden Steuersatz.
Dabei ist es in der Regel nicht notwendig, im Detail auf Probleme der
Gewinnbesteuerung einzugehen. Der Ansatz durchschnittlicher Steuersät-

---

29   Vgl.: Schneider,D.: Der Einfluß der Besteuerung auf die Investi-
      tionspolitik der Unternehmungen, in: Schriften zur Unternehmens-
      führung, Band 4, Wiesbaden 1968, 35 f.

ze für die Einkommens- bzw. Körperschaftssteuer und die Gewerbeertragssteuer entsprechend der durchschnittlichen Progressionsstufe des Unternehmens werden den Genauigkeitsansprüchen einer Investitionsanalyse genügen.

Da die Abschreibungsmethode offensichtlich Einfluß auf die jährlichen Gewinnsteuerzahlungen hat, ist der Wahl der Abschreibungsmethode Beachtung zu schenken. Unter der Annahme eines über die Nutzungsdauer einer Investition konstanten Gewinnsteuersatzes sowie von jährlichen Einzahlungsüberschüssen, die größer bzw. gleich den jährlichen Abschreibungen sind und bei Abschreibungen einer Anlage bis auf deren Restwert am Ende der Nutzungsdauer gilt,

- daß für jede mögliche Abschreibungsmethode die Summe der durch den
  Einsatz einer Anlage anfallenden jährlichen Gewinnsteuern gleich ist,
  und
- daß rasch abschreibende Methoden (z.B. die degressive Abschreibung)
  zu geringeren Barwerten der abgezinsten jährlichen Gewinnsteuern
  führen, als langsam abschreibende Methoden (z.B. die lineare Abschreibung).

Da es Ziel der Unternehmensführung ist, den Kapitalwert des Unternehmens zu maximieren, ist jene steuerlich anerkannte Abschreibungsmethode zu wählen, die im geringsten Barwert der jährlichen Gewinnsteuerzahlungen resultiert.

Die Abschreibungsmethode für ein Investitionsvorhaben und dessen Nutzungsdauer muß für steuerliche Zwecke zum Investitionszeitpunkt festgelegt werden. Kürzere Nutzungsdauern resultieren in höheren jährlichen Abschreibungen als längere Nutzungsdauern. Zielsetzung der Unternehmensführung ist es daher, in der Regel den Steuerbehörden gegenüber möglichst kurze Nutzungsdauern vertreten zu können. Wesentlich bei der Festlegung von Nutzungsdauern ist eine Kontinuität bzw. Übereinstimmung in den angenommenen Nutzungsdauern gleicher oder ähnlicher Investitionsvorhaben.

Neben der Abschreibungsmethode und der angenommenen Nutzungsdauer bestimmt der Anschaffungswert einer Investition die jährlichen steuerlichen Abschreibungen. Da es Ziel des Unternehmens ist, durch den Ansatz kalkulatorischer Abschreibungskosten in der Kalkulation Mittel für eine Ersatzinvestition zu amortisieren, wird die kalkulatorische

Abschreibung in der Regel auf Grundlage des Wiederbeschaffungswertes einer Investition berechnet. Wenn der Wiederbeschaffungswert inflationsbedingt höher ist, als der ursprüngliche Anschaffungswert einer Anlage, ist die kalkulatorische Abschreibung ebenfalls höher als die steuerlich zugelassene Abschreibung einer Anlage. Der Überschuß einer kalkulatorischen Abschreibung, die in den Produktionspreisen abgegolten wird, über die bei der Erfolgsermittlung als Aufwand absetzbare steuerliche Abschreibung, erhält Ertragscharakter und schlägt sich in der Erfolgsrechnung als Gewinn nieder. Da dieser Gewinn kein echter Gewinn ist, da er nur durch die Differenz zwischen kalkulatorischer und steuerlicher Abschreibung entstanden ist, wird er als Scheingewinn bezeichnet.

Die Problematik der Entstehung von Scheingewinnen liegt darin, daß sie ebenfalls der Gewinnbesteuerung unterzogen werden. Dadurch zahlt ein Unternehmen Gewinnsteuern von Beträgen, die keinen echten Gewinn darstellen, sondern zur Amortisation von Investitionen dienen. Durch die Besteuerung dieser Beträge besteht die Gefahr des Substanzverlustes fürs Unternehmen. Dies wird dadurch offensichtlich, daß im Falle der Zielsetzung der Selbstfinanzierung, also der Finanzierung von Investitionen durch amortisierte Abschreibungen, die akkumulierten Abschreibungen am Ende der Nutzungsdauer einer Anlage nicht zur Vornahme der Ersatzinvestition ausreichen, da Teile der Amortisationsbeträge als Scheingewinne besteuert wurden.

2.2.1.2.2 Berechnung von Auszahlungsströmen nach Gewinnsteuern
Auch wenn in einer Investitionsanalyse nur die Auszahlungsströme und nicht auch die Einzahlungsströme zur Bewertung eines Investitionsvorhabens ermittelt werden, besteht die Möglichkeit, Gewinnsteuerzahlungen zu berücksichtigen und dadurch den Genauigkeitsgrad der Investitionsanalyse zu verbessern. Die Möglichkeit der Berechnung von Auszahlungsströmen nach Gewinnsteuern besteht dann, wenn alle in der Investitionsanalyse miteinander verglichenen Investitionsvorhaben die gleichen Einzahlungen erwirtschaften und wenn das Unternehmen als Ganzes einen Gewinn erzielt.

Die Berücksichtigung der Gewinnsteuerzahlungen in den Auszahlungsströmen kann an folgendem Beispiel gezeigt werden:

Tabelle 2.1: Berechnung von Auszahlungsströmen nach Steuer

Jahr A	Auszahlungs- ströme vor Steuer B	Abschreibungen C	Summe der steuerli- chen Aufwendungen (B + C) D	Steuerersparnisse (Steuersatz x D) E	Auszahlungsströme nach Steuer (B + E) F
O	− 45.000,−				− 45.000,−
1	− 15.000,−	− 10.000,−	− 25.000,−	10.500,−	− 4.500,−
2	− 15.000,−	− 10.000,−	− 25.000,−	10.500,−	− 4.500,−
3	− 15.000,−	− 10.000,−	− 25.000,−	10.500,−	− 4.500,−
4	− 15.000,−	− 10.000,−	− 25.000,−	10.500,−	− 4.500,−
4	+ 5.000,−				+ 5.000,−

Beispiel 2.1:

Angaben: Investitionsauszahlung öS 45.000,-
          Restwert am Ende der Nutzungsdauer öS 5.000,-
          Nutzungsdauer: 4 Jahre
          Steuerliche Abschreibung: linear über 4 Jahre
          Gewinnsteuersatz: 42%
          Die Auszahlungsströme vor Steuer sind in der Tabelle 2.1 zu-
          sammengefaßt.

Aus der Tabelle 2.1 wird ersichtlich, daß die einmalige Investitionsauszahlung zum Investitionszeitpunkt t=0 öS 45.000,- beträgt. Diese
Auszahlung, sowie die Betriebsauszahlungen am Ende der einzelnen Nut-
zungsjahre in der Höhe von öS 15.000,- werden durch negative Vorzeichen als Auszahlungen gekennzeichnet. Am Ende des vierten Jahres fällt
mit dem Restwert der Maschine eine Einzahlung in Höhe von öS 5.000,-
an, die durch ein positives Vorzeichen gekennzeichnet ist. Bei einer
Abschreibungsbasis von öS 40.000,- die sich aus der Differenz Anschaffungspreis minus Restwert ergibt, läßt sich für die vierjährige Nutzungsdauer eine jährliche Abschreibung von öS 10.000,- errechnen.

Die durch die Vornahme der Investition entstehenden jährlichen steuerlichen Aufwendungen berechnen sich aus der Summe der jährlichen Betriebsauszahlungen plus der jährlichen Abschreibungen. Diese durch den
Einsatz der Maschine anfallenden jährlichen steuerlichen Aufwendungen
reduzieren den zu versteuernden Gewinn eines Unternehmens. Durch die
Multiplikation der steuerlichen Aufwendungen mit dem Gewinnsteuersatz
des Unternehmens lassen sich die jährlichen Steuerersparnisse errechnen, die dem Unternehmen durch den Einsatz der Maschine entstehen. Die
Beträge der Spalte E kann sich ein Unternehmen an Steuerzahlungen er-
sparen, wenn die Aufwendungen der Spalten B und C anfallen. Die Steuerersparnisse werden in der Bewertung des Investitionsvorhabens durch
die Berechnung von Auszahlungsströmen nach Steuer einbezogen. Die Auszahlungsströme nach Steuer ergeben sich durch eine Addition der Steuerersparnisse (Spalte E) zu den Auszahlungsströmen vor Steuer (Spalte B).

Durch einen Vergleich dieser Auszahlungsströme nach Steuer mit in gleicher Weise berechneten Auszahlungsströmen eines konkurrierenden Investitionsvorhabens kann die Investitionsentscheidung optimal getroffen
werden.

2.2.2 Kalkulationszinsfuß

In der Literatur werden verschiedene Meinungen über die Aufgaben des

Kalkulationszinsfußes vertreten. So wird der Kalkulationszinsfuß bei-

spielsweise als Opportunitätskostenersatz oder als subjektive Mindest-

verzinsung verstanden. Moxter (30) sieht den Kalkulationszinsfuß als

die Rendite der besten nicht mehr verwirklichten Investitionsgele-

genheit und daher als Opportunitätskostenersatz. Lindahl und andere

---

30   Vgl.: Moxter,A.: Die Bestimmung des Kalkulationszinsfußes bei
     Investitionsentscheidungen. Ein Versuch zur Koordination von
     Investitions- und Finanzierungslehre, in: ZfhF, NF, Jg. 13 (1961),
     186-200.

Autoren (31) behaupten, der Kalkulationszinsfuß setze sich aus dem
Marktzinssatz zuzüglich einem subjektiven Risikozuschlag zusammen und
sehen den Kalkulationszinsfuß daher als eine subjektive Mindestverzinsung, die bei Vornahme einer Investition mindestens erzielt werden muß.
Am häufigsten wird in der Literatur der Kalkulationszinsfuß gleich den
Kapitalkosten gesetzt, wobei die Kosten der Finanzierung aus Eigenkapital und die Kosten der Finanzierung aus Fremdkapital zu durchschnittlichen Kapitalkosten gewichtet werden.

2.2.2.1 Bestimmung der gewichteten durchschnittlichen Kapitalkosten

Die Kosten eines bestimmten Kapitals können als der Zinsfuß definiert
werden, der den Barwert der zukünftigen Kapitalsrückzahlungen gleich
der gegenwärtigen Kapitalsschuld setzt. Für diese Definition werden
die Annahmen getroffen, daß der Zinsfuß mittels der internen Zinsfuß-
Methode ermittelt wird und daß die Basis zur Berechnung des internen
Zinsfußes die erwarteten zukünftigen Kapitalsrückzahlungen darstellen.

Die auf Grundlage dieser Definition durchzuführenden Berechnungen können sowohl für die Eigenkapitalkosten als auch für Fremdkapitalkosten
vorgenommen werden.

2.2.2.1.1 Eigenkapitalkosten

Die Eigenkapitalkosten können als der Zinsfuß definiert werden, der
den Barwert aller erwarteter künftiger Difidenden einer Aktie gleich
dem gegenwärtigen Marktpreis der Aktie setzt. Dem untersteht die Annahme, daß der Verkaufspreis einer Aktie von den zukünftigen Dividenden abhängig ist.

Die Eigenkapitalkosten "k_e" können mittels der Formel 2.1

$$P_o = \sum_{t=1}^{\infty} \frac{D_t}{(1+k_e)^t} = \frac{D_1}{k_e} \qquad \text{Formel 2.1}$$

berechnet werden, wobei

---

31 Vgl.: Lindahl,E.: The Concept of Income, in: Economic Essays in
    Honour of Gustav Cassel, London 1933, reprinted 1967, 399-407;
    Schneider,E.: Wirtschaftlichkeitsrechnung. Theorie der Investi-
    tion, 7.Aufl., Tübingen-Zürich 1968, 68 f; Fischer,L.: Determi-
    nants of Risk Premiums on Corporate Bonds, in: The Journal of
    Political Economy, Vol.67 (1959), 217-237.

P_o = Preis der Aktie zum Zeitpunkt t=o,
D_t = erwartete Dividende je Aktie zum Zeitpunkt t, und
k_e = Eigenkapitalkosten.

Löst man die Formel 2.1 nach "k_e" auf, so ergibt sich die Formel 2.2

$$k_e = \frac{D_1}{P_o} \qquad \text{Formel 2.2}$$

wobei eine konstante jährliche Dividende (D_1) angenommen wird (32).

Wenn erwartet wird, daß die Dividende jährlich um einen konstanten Prozentsatz "g" anwächst und angenommen wird, daß "k_e" größer als "g" ist, dann ist die Formel 2.1 folgend zu verändern:

$$P_o = \frac{D_1}{k_e - g} \qquad \text{Formel 2.3}$$

und "k_e" ergibt sich daher aus

$$k_e = \frac{D_1}{P_o} + g \ . \qquad \text{Formel 2.4}$$

Hier wird angenommen, daß die Dividenden je Aktie jährlich um "g" zinseszinsmäßig wachsen.

2.2.2.1.2 Fremdkapitalkosten

Die Fremdkapitalkosten sind jener interne Zinsfuß, der den Barwert aller zukünftigen Schuldenzahlungen (Kapitaltilgung und Zinsenzahlungen) gleich dem gegenwärtigen Fremdkapital setzt.

Da die Eigenkapitalkosten auf einer "nach-Steuer"-Basis errechnet werden, sind auch die Fremdkapitalkosten nach Steuer zu ermitteln. Grundlage der Ermittlung der Fremdkapitalkosten stellen die durch die Fremdkapitalaufnahme entstehenden Zahlungsströme dar. Bei der Ermittlung dieser Zahlungsströme wird angenommen, daß auch die Fremdkapitalzinsen zu Auszahlungen führen und daß die Fremdkapitalzinsen vom steuerpflichtigen Gewinn abgesetzt werden können.

---

32   Aus der Formel $P_o = \frac{D_1}{k_e}$ zeigt sich, daß der Preis der Aktie
      P_o ansteigt, wenn die erwartete Dividende ansteigt.
      Bei den Eigenkapitalkosten handelt es sich um Kosten nach Steuer, da die Berechnungsbasis der Eigenkapitalkosten darstellenden Dividenden bereits der Gewinnsteuer des Unternehmens unterzogen wurden.

Die Abzugsfähigkeit der Fremdkapitalzinsen wird nur bei der Ermittlung des steuerpflichtigen Gewinns berücksichtigt. In den der Investitionsrechnung zugrunde liegenden Zahlungsströmen eines Investitionsvorhabens sind die Auszahlungen für Fremdkapitalzinsen nicht zu erfassen. Wenn man nämlich die Auszahlungen der Fremdkapitalzinsen berücksichtigt, würde bei höherer Fremdkapitalfinanzierung die Rentabilität eines Investitionsvorhabens immer kleiner, da Auszahlungen für Eigenkapitalzinsen in keinem Investitionskalkül angesetzt werden (33). Eigenkapitalzinsen sind keine pagatorischen Kosten, d.h. sie führen in keinem Fall zu Auszahlungen.

Unter der Annahme, daß die Fremdkapitalkosten Grenzkosten für ein bestimmtes Investitionsvorhaben darstellen, wird an einem Beispiel die Ermittlung der Fremdkapitalkosten vor und nach Steuer gezeigt.

Beispiel 2.2:

Ein Unternehmen nahm einen Zweijahreskredit von öS 100.000,- auf. Die Kreditbedingungen legen 8% einfache Zinsen zahlbar am Jahresende fest. Die Kapitaltilgung erfolgt zu zwei Raten von je öS 50.000,- am Ende des ersten und zweiten Jahres.

Die Zahlungsströme vor Steuer betragen daher:

Auszahlung	Jahr 1	Jahr 2
Kapitaltilgung	50.000,-	50.000,-
Zinsen	8.000,-	4.000,-
Gesamt	58.000,-	54.000,-

Die Fremdkapitalkosten vor Steuer können durch die Auflösung der Gleichung

$$100.000 = \frac{58.000}{(1+k_f)} + \frac{54.000}{(1+k_f)^2}$$

ermittelt werden. Sie betragen 8%.

---

33   Anm.: Diese Aussage steht in einem gewissen Gegensatz zum Leverage-Effekt, der die Vorteilhaftigkeit des Fremdkapitaleinsatzes beschreibt, indem bei Investitionsrentabilitäten, die über den Fremdkapitalkosten liegen, eine Steigerung der Eigenkapitalrentabilität erzielt wird. Theoretisch kann durch die Aufnahme von Fremdkapital die Eigenkapitalrentabilität bis unendlich gesteigert werden. (Bei 100% Fremdkapitalfinanzierung).

Unter der Annahme, daß die Steuerersparnisse zur selben Zeit wie die
Zinsenzahlungen anfallen, ergeben sich folgende Zahlungsströme nach
Steuer:

Auszahlung	Jahr 1	Jahr 2
Kapitaltilgung	50.000,-	50.000,-
Zinsen	8.000,-	4.000,-
Steuerersparnis (bei 50% Gewinnsteuer)	4.000,-	2.000,-
Gesamt	54.000,-	52.000,-

Die Fremdkapitalkosten nach Steuer berechnen sich aus

$$100.000 = \frac{54.000}{(1+k_f)} + \frac{52.000}{(1+k_f)^2}$$

und betragen 4%.

Aufgrund der steuerlichen Abzugsfähigkeit von Fremdkapitalzinsen sind
die Fremdkapitalkosten nach Steuer bei Gewinn erwirtschaftenden Unternehmen wesentlich geringer als die Fremdkapitalkosten vor Steuer. Wenn
einem Investitionsvorhaben Kreditzahlungen nicht direkt zugerechnet
werden können, so läßt sich die Auswirkung der Abzugsfähigkeit der
Fremdkapitalzinsen von der Steuerbasis nicht explizit berücksichtigen.
In diesem Fall wird angenommen, daß die Einzahlungsüberschüsse minus
Abschreibungen zur Gänze steuerpflichtig sind.

Um jedoch die Abzugsfähigkeit der Fremdkapitalzinsen bei Berechnung des
steuerlichen Gewinns zu berücksichtigen, können die Fremdkapitalkosten
nach Steuer in einem Näherungsverfahren mittels der Formel 2.5:

Fremdkapitalkosten nach Steuer = (Fremdkapitalkosten vor Steuer)

$\qquad\qquad\qquad$ x (Gewinnsteuersatz) $\qquad$ Formel 2.5

ermittelt werden.

Als Gewinnsteuersatz ist hier bei Kapitalgesellschaften der entsprechende KÖST-Satz des Betriebes einzusetzen, bei Personengesellschaften ist
der entsprechende Einkommensteuersatz zu verwenden.

Die Formel 2.5 liefert dann keine exakten Ergebnisse, wenn

- die Steuerzahlungen nicht zu selben Zeit wie die Zinsenzahlungen
  anfallen
- eine zeitliche Verschiebung der tatsächlichen Steuerersparnis auftritt (z.B. wenn ein Unternehmen mit Verlust abschließt, kann die
  Steuerersparnis erst in zukünftigen Jahren, die mit Gewinn abgeschlossen werden, realisiert werden).

Es ist also in die Berechnung von Fremdkapitalkosten nach Steuer im-
pliziert, daß das Unternehmen Gewinn erwirtschaftet. Anderenfalls ge-
langt es nicht in den Vorzug der mit Fremdkapitalzinsenzahlung verbundenen Steuerersparnis.

Die Fremdkapitalkosten für ein Unternehmen das Verlust erwirtschaftet,
sind die Fremdkapitalkosten vor Steuer.

Bei Anwendung der Formel 2.5 ergeben sich unter Verwendung der Daten
des obigen Beispieles

Fremdkapitalkosten nach Steuer = (8%) (1 - 0,50) = 4%

Diese 4% Fremdkapitalkosten nach Steuer stellen die marginalen Fremdkapitalkosten zusätzlich aufgenommenen Fremdkapitals dar. Sie repräsentieren nicht die Fremdkapitalkosten bereits aufgenommenen Fremdkapitals, da dafür die Zinskosten vor Steuer unterschiedlich sein können.

Wenn es Zielvorstellung eines Unternehmens ist, einen bestimmten Fremd-
kapitalisierungsgrad beizubehalten, ist es auch möglich, die Fremdkapitalkosten ganzheitlich für das Unternehmen zu errechnen. Dieser Vorgangsweise unterliegt die Annahme, daß das im Unternehmen eingesetzte Fremdkapital tatsächlich niemals ausbezahlt wird. Diese Annahme ist
dadurch gerechtfertigt, daß zwar einzelne Kredite oder Anleihen bei
Fälligkeit zurückbezahlt werden, aber gleichzeitig wieder durch neue
Fremdkapitalien ersetzt werden. Fremdkapital kann daher als beständi-
ger Bestandteil des Finanzierungs-Mix eines Unternehmens angesehen
werden. Unter dieser Annahme können die Fremdkapitalkosten ebenso wie
die Eigenkapitalkosten über einen unendlichen Untersuchungszeitraum
berechnet werden. Die Formel 2.1 kann dann auch zur Berechnung der
Fremdkapitalkosten angewandt werden:

$$FK_O = \sum_{t=1}^{\infty} \frac{Z_t}{(1+k_f)^t} = \frac{Z_1}{k_f} \qquad \text{Formel 2.6}$$

wobei FK_O = Fremdkapital zum Zeitpunkt t=o,

$\quad k_f$ = Fremdkapitalkosten vor Steuer

und $\quad Z_t$ = Zinsenzahlungen in Periode t.

2.2.2.1.3 Gewichtete durchschnittliche Kapitalkosten
Nach Ermittlung der Eigenkapitalkosten und Fremdkapitalkosten lassen sich der Kapitalstruktur eines Unternehmens entsprechend gewichtete durchschnittliche Kapitalkosten berechnen.

Diese Berechnung wird an einem vereinfachten Beispiel dargestellt:

Beispiel 2.3:

Kapitalart	Betrag in öS	Anteil am Gesamt-kapital	Kapital-kosten	gewichtete Kapital-kosten
(1)	(2)	(3)	(4)	(5) = (3x4)
Eigenkapital	1o.000,-	20%	1o%	2,oo%
langfristiges Fremdkapital	30.000,-	60%	5%	3.oo%
kurzfristiges Fremdkapital	10.000,-	20%	4%	o,8o%
Gesamt	50.000,-	100%	–	5,8o%

Die gewichteten Kosten je Kapitalart ergeben sich aus der Multiplikation des Anteils einer Kapitalart am Gesamtkapital mal den Kapitalkosten der jeweiligen Kapitalart. Die gewichteten durchschnittlichen Kapitalkosten des Unternehmens, im Fall der ganzheitlichen Ermittlung der Fremdkapitalkosten, bzw. eines Investitionsvorhabens, im Falle der Ermittlung der Fremdkapitalkosten als Grenzkosten, ergeben sich durch die Summierung der gewichteten Kosten je Kapitalart. Im dargestellten Beispiel betragen die gewichteten durchschnittlichen Kapitalkosten 5,8o%.

Wenn die Kapitalkosten der einzelnen Kapitalarten Grenzkosten darstellen, stellen auch die gewichteten durchschnittlichen Kapitalkosten Grenzkosten dar, die dem Unternehmen bei Durchführung eines neuen Investitionsprojektes anfallen.

Die gewichteten durchschnittlichen Kapitalkosten entsprechen dann den tatsächlichen Kapitalkosten, wenn die Kosten der einzelnen Kapitalarten richtig ermittelt wurden und wenn der Gewichtungsschlüssel richtig ist, d.h. wenn das neue zusätzliche Investitionsvorhaben dem Gewichtungsschlüssel entsprechend finanziert wird.

In der Praxis wird Kapital in der Regel global aufgenommen, wodurch die im Gewichtungsschlüssel angenommenen Finanzierungsverhältnisse nicht genau eingehalten werden können. So ist es z.B. nicht realistisch, anzunehmen, daß ein Vorhaben mit 20% Eigenkapital, 60% langfristigem Fremdkapital und 20% kurzfristigem Fremdkapital finanziert wird. Tatsächlich wird wahrscheinlich ein Investitionsprojekt zur Gänze mittels langfristigem Fremdkapital und ein anderes mittels Eigenkapital finanziert. Über einen bestimmten Beobachtungszeitraum jedoch können die im Gewichtungsschlüssel angenommenen Finanzierungsverhältnisse erreicht bzw. eingehalten werden.

Einen Unsicherheitsfaktor bezüglich der Einhaltung der Finanzierungsverhältnisse stellt das Eigenkapital dar, da die Rücklagen als Eigenkapitalsbestandteil mit den Unternehmensgewinnen bzw. -verlusten variieren und dadurch der Anteil des Eigenkapitals am Gesamtkapital variiert.

2.2.2.2 Berücksichtigung von Gewinnsteuern und Inflationsraten im Kalkulationszinsfuß

Die durch ein Investitionsvorhaben verursachten Zahlungen von Gewinnsteuern können, wie im Abschnitt 2.2.1.2.1 beschrieben, für jede Periode ermittelt und in die Auszahlungsströme einbezogen werden. Diese Methode der Berücksichtigung der Gewinnsteuern wird als Nettomethode bezeichnet.

In der Literatur (34) wird auch die sogenannte Bruttomethode zur Berücksichtigung der Gewinnbesteuerung in der Investitionsrechnung vorgeschlagen. Statt in die Auszahlungsströme voraussichtliche Gewinnsteuerauszahlungen einzubeziehen, wird bei dieser Methode der Kalkulationszinssatz um die Steuerwirkungen erhöht. Beträgt der Gewinnsteuersatz z.B. 50% und der Kalkulationszinsfuß z.B. 8%, so würden die Bruttozahlungsströme mit 16% abgezinst werden. Die Bruttomethode ist eine äußerst ungenaue Methode. Nur die Berücksichtigung der Gewinnsteuern in den Zahlungsströmen führt zu aussagekräftigen Ergebnissen der Investitionsrechnung (35).

Die jährliche Inflationsrate wird in der Regel durch einen Prozentsatz angegeben, der aussagt, um wieviel sich die Preise im Vergleich zum Vorjahr erhöht haben. Wenn die Inflationsrate Jahr für Jahr z.B. 5% beträgt, bedeutet das, daß im ersten Jahr die Preise um 5% steigen, im zweiten Jahr die Preise um 5% gegenüber der Preise des ersten Jahres steigen, usw. Die Geldentwertung entspricht daher dem System der zinseszinsmäßigen Verzinsung.

Das Problem der Geldentwertung wird in der Investitionsrechnung automatisch gelöst, indem man bei der Untersuchung einer Investition die von ihr tatsächlich im Zeitablauf erzielten Zahlungsströme und einen langfristig anzuwendenden Kalkulationszinssatz zugrundelegt. Die Datenermittlung hat daher alle Ein- und Auszahlungen zu Tageswerten zu ermitteln und diese Werte so zu modifizieren, daß sie die Geldentwertung bis zum Zeitpunkt ihres Anfalls beinhalten.

Der anzuwendende Kalkulationszinsfuß beinhaltet Prozentpunkte zur Berücksichtigung der Inflation, da sowohl bei der Berechnung der Kapitalkosten als auch bei der Festlegung einer Mindestverzinsung bzw. eines Opportunitätskostenersatzes inflatorische Auswirkungen automatisch berücksichtigt werden. Die Inflation bringt somit vom Prinzip her keinerlei neue Aspekte in die Abwicklung der Investitionsrechung. Sie kann lediglich zu einer Erschwerung der Datenermittlung führen.

---

34   Vgl. Schwarz,H.: Zur Berücksichtigung erfolgssteuerlicher Gesichtspunkte bei Investitionsentscheidungen, in: BFuP, Jg. 14 (1962), 135-153.

35   Vgl.: Wöhe,L.: Betriebswirtschaftliche Steuerlehre, Band II, 2.Halbband, 2.Aufl., Berlin und Frankfurt 1965, 209.

Eine alternative Möglichkeit, die Inflation in der Inflationsrechnung zu berücksichtigen, wäre, die Zahlungsströme nicht bezüglich der zukünftigen inflatorischen Auswirkungen zu korrigieren, sondern sie mit den Tageswerten des Planungszeitpunktes anzusetzen. In diesem Fall wäre der Kalkulationszinsfuß ebenfalls zu korrigieren. Diese Methode ist jedoch als kaum praktikabel anzusehen, da es schwierig zu analysieren ist, wieviel Inflationsprämie in den Kalkulationszinsfüßen enthalten ist.

2.3 Beurteilung von Investitionen aufgrund von Zahlungsströmen

2.3.1 Beurteilung von Investitionen aufgrund deterministischer Zahlungsströme

2.3.1.1 Kapitalwertmaximierung als Unternehmensziel

Der Wert eines Unternehmens kann durch den Kapitalwert des Unternehmens zu einem bestimmten Untersuchungszeitpunkt ausgedrückt werden. Dieser Aussage liegt die Annahme zugrunde, daß der Wert eines Unternehmens durch die zukünftigen Zahlungsströme des Unternehmens bestimmt wird. Unter dieser Annahme läßt sich die Maximierung des Kapitalwertes des Unternehmens als operationales Unternehmensziel festlegen (36). Diese Operationalität ist dadurch gegeben, daß durch die Maximierung der Kapitalwerte der von einem Unternehmen vorgenommenen Investitionen eine Maximierung des Kapitalwertes des Unternehmens gewährleistet ist.

Da man bei der Beurteilung von Investitionen mittels der Kapitalwerte gleichzeitig feststellt, in welchem Ausmaß das Unternehmensziel der Kapitalwertmaximierung durch einzelne Investitionen erfüllt wird, kann der Kapitalwert (bzw. die vom Kapitalwert direkt ableitbare äquivalen-

---

36   Die Zielsetzung der Maximierung des Unternehmenswertes kann auch als Maximierung des Vermögenswertes oder als Reichtumsmaximierung für die Anteilseigner bezeichnet werden.

te Annuität) als relevantes Kriterium zur Beurteilung von Investitionen angesehen werden (37).

Die Maximierung der Kapitalwerte von Investitionen kann entweder ausschließlich Ziel oder eines von mehreren Zielen des Unternehmens sein. Die Beurteilung von Investitionen aufgrund deterministischer Zahlungsströme setzt die Maximierung des Kapitalwertes von Investitionen als ausschließliche Zielsetzung voraus. Diese ausschließliche Zielsetzung bedingt erstens, daß sich die Unternehmensleitung ausschließlich am Wohlstand der Anteilseigner ausrichtet. Sie verfolgt somit weder eigene, noch Ziele anderer Gruppen auf Kosten der Anteilseigner. Zweitens wird unterstellt, daß die Anteilseigner ausschließlich an Zahlungen interessiert sind. Macht, Ruf, Umsatz usw. des Unternehmens tragen nicht zu ihrem Nutzen bei, sofern sie sich nicht in Zahlungen zwischen Unternehmen und Anteilseignern niederschlagen. Kann man dies nicht unterstellen, müßte man von der allgemeinen, jedoch nur beschränkt operationalen Zielsetzung der Nutzwertmaximierung anstatt von der Kapitalwertmaximierung ausgehen.

2.3.1.2 Investitionsrechnungsmethoden
Diverse, in der Literatur ausführlich beschriebene, Investitionsrechnungsmethoden verwenden Entscheidungskriterien, die dazu verhelfen, Investitionen aufgrund von Zahlungsströmen beurteilen und den Zielen des Entscheidungsträgers entsprechend auswählen zu können.
Grundsätzlich kann man Investitionsrechnungsmethoden ohne Einbezug finanzmathematischer Gedankengänge und Investitionsrechnungsmethoden auf finanzmathematischer Basis unterscheiden. Die Methoden, die eine zinseszinsmäßige Verzinsung der Zahlungsströme nicht berücksichtigen, wie z.B. die Kosten- und Gewinnvergleichsmethode, die Amortisationsrechnung und die Rentabilitätsrechnung sind für die Beurteilung mehrperiodischer Investitionen nicht geeignet. Die folgenden Ausführungen konzentrieren sich daher auf die finanzmathematischen Methoden, nämlich auf die Kapitalwertmethode, die Methode des internen Zinsfußes und die Annuitätenmethode.

---

37   Im Abschnitt 2.3.1.2 werden weitere Kriterien zur Beurteilung von Investitionen beschrieben. Da diese aber nicht in jedem Fall die Erfüllung des Zieles der Unternehmenswermaximierung (Kapitalwertmaximierung) gewährleisten, wird in der Folge der Kapitalwert bzw. die äquivalente Annuität zur Beurteilung von Investitionen herangezogen.

2.3.1.2.1 Kapitalwertmethode

In der Investitionsrechnung werden Investitionen aufgrund ihrer Zahlungsströme beurteilt. Zwei oder mehrere Zahlungsströme sind durch den unterschiedlichen zeitlichen Anfall der einzelnen Ein- und Auszahlungen nicht direkt vergleichbar. Aufgrund des Äquivalenzprinzips ist es aber möglich, für einen bestimmten Zeitpunkt einen Wert zu berechnen, der einem bestimmten Zahlungsstrom gleich (äquivalent) ist. Der Wert eines Zahlungsstroms, der für den Zeitpunkt des Beginns der ersten Periode einer Investition berechnet wird, heißt Kapitalwert. Die Wahl zwischen zwei oder mehreren Investitionen wird dann, entsprechend der Zielsetzung der Kapitalwertmaximierung, zu einer Wahl zwischen den Kapitalwerten der Investitionen.

In der Investitionsrechnung ist es zweckmäßig, Kalkulations- und Entscheidungszeitpunkt gleichzusetzen und beide mit dem Zeitpunkt der ersten Zahlung zusammenzulegen. Als Zahlungszeitpunkte werden die Periodenende (z.B. Ende des 1. Jahres) gewählt. Dabei wird von der Vereinfachung ausgegangen, daß Zahlungen nur an den Nahtstellen zweier Perioden anfallen. Um kurzfristige Liquiditätsprobleme auszuschalten, schlägt Schneider (38) vor, sämtliche Auszahlungen einer Periode auf den Periodenanfang und sämtliche Einzahlungen auf das Periodenende zu beziehen. Nur wenn die Erhaltung der Liquidität keine Probleme aufwirft, könnten Auszahlungen und Einzahlungen einer Periode gemeinsam auf einen Zahlungszeitpunkt, z.B. das Periodenende, bezogen werden.

In der Regel wird die Aufrechterhaltung der kurzfristigen Zahlungsbereitschaft jedoch als unproblematisch angenommen und die Ein- und Auszahlungen einer Periode werden daher auf einen Zahlungszeitpunkt bezogen.

Unter dem Kapitalwert einer Investition in bezug auf den Zeitpunkt O bei Anwendung des Zinsfußes i versteht man die Summe aller auf den Zeitpunkt t abgezinsten Zahlungen, die nach dem Zeitpunkt O erfolgen (39). Die Ein- und Auszahlungsreihen einer Investition lassen sich in

---

38   Vgl.: Schneider,D.: Investition und Finanzierung, a.a.O., 166.

39   Über den Begriff des Kapitalwertes siehe vor allem: Fisher,I.:
      The Nature of Capital and Income, New York 1906, Chap. XIII
      und Appendix zu Chap. XIII und Lindahl,E.: Studies in the Theory of Money and Capital, London 1939, 96 ff.

den einzelnen Perioden zu Ein- bzw. Auszahlungsüberschüssen saldieren. Nimmt man den Auszahlungsüberschuß als Basisgröße, dann sind Einzahlungsüberschüsse als negative Auszahlungsüberschüsse definiert.

Der Kapitalwert einer Investition kann mit Hilfe der Formel 2.7 berechnet werden (40):

$$K = -\sum_{t=0}^{T} Z_t \, (1+i)^{-t} \qquad (t = 0, \ .. \ T)$$

Formel 2.7

wobei K = Kapitalwert,

Z_t = Auszahlungsüberschuß zum Zeitpunkt t (am Ende der Periode t)

und   i = Kalkulationszinsfuß.

Nach der Kapitalwertmethode ist eine Investition vorteilhaft, wenn ihr Kapitalwert gleich Null oder positiv ist. Von zwei oder mehreren alternativen Investitionsvorhaben ist dasjenige am vorteilhaftesten, das den größten Kapitalwert besitzt. Wenn ein Unternehmen eine Investition mit einem positiven Kapitalwert durchführt, erhöht sich der Wert des Unternehmens um den Kapitalwert dieser Investition.

2.3.1.2.2 Methode des internen Zinsfußes

Als interner Zinsfuß gilt jener Kalkulationszinsfuß, der den Kapitalwert eines Zahlungsstromes gleich Null setzt. Rechnerisch wird der interne Zinsfuß r ermittelt, indem man die in Formel 2.8 dargestellt Kapitalwertfunktion gleich Null setzt und nach r auflöst.

$$K = -\sum_{t=1}^{T} Z_t \, (1+r)^{-t} = 0$$

Formel 2.8

Nach der Methode des internen Zinsfußes ist eine Investition vorteilhaft, wenn der interne Zinsfuß gleich bzw. größer als die vom Unternehmen gewünschte Mindestverzinsung ist. Bei Anwendung der Methode des internen Zinsfußes zur Beurteilung von Einzelinvestitionen muß ein Vergleichsmaßstab in Form des der Mindestverzinsung entsprechende Kalkulationszinsfußes gegeben sein. Von zwei oder mehreren alternativen Investitionsvorhaben ist dasjenige am vorteilhaftesten, das den höchsten internen Zinsfuß aufweist. Voraussetzung ist auch hier, daß dieser interne Zinsfuß über der gewünschten Mindestverzinsung liegt.

---

40   Das negative Vorzeichen vor dem Summenzeichen muß gesetzt werden, da die Salden der Ein- und Auszahlungsreihen als Auszahlungsüberschüsse definiert werden.

Der Zusammenhang von Kapitalwert und internem Zinsfuß wird in Bild 2.1
ersichtlich.

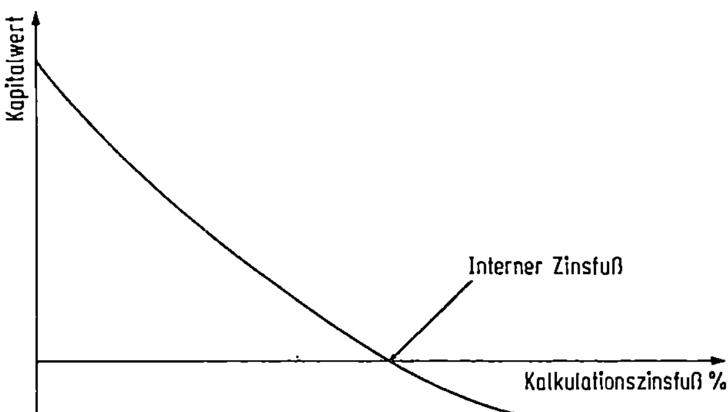

Bild 2.1: Zusammenhang von Kapitalwert und internem Zinsfuß

Den beiden dargestellten Methoden unterliegen die Annahmen, daß die
Einnahmenüberschüsse einer Investition bei der Kapitalwertmethode zum
Kalkulationszinsfuß bzw. bei der Methode des internen Zinsfußes zum
internen Zinsfuß angelegt bzw. reinvestiert werden. Diese Annahmen müssen getroffen werden, da die Renditen der wiederanzulegenden Rückflüs-
se nur selten differenziert abgeschätzt werden können.

In der Literatur ist die Methode des internen Zinsfußes insbesondere
wegen der in manchen Fällen auftretenden Mehrdeutigkeit ihrer Lösungen
(41) und wegen der durch die Zinseszinsrechnung bedingten Unterstel-
lung, daß die Einzahlungsüberschüsse zum internen Zinsfuß angelegt
werden, kritisiert worden (42).

Die Anwendung der Kapitalwertmethode oder der Methode des internen
Zinsfußes für einen Vergleich zweier oder mehrerer Investitionen ist
nur für Investitionen mit gleicher Nutzungsdauer direkt möglich. Wenn
alternative Investitionen verschiedene Nutzungsdauern haben, können
sie nicht direkt miteinander verglichen werden. Bei ungleichen Nutzungsdauern alternativer Investitionen können die Kapitalwertmethode

---

41   Darauf hat erstmals Paul A.Samuelsen in: Some Aspects of the
      Pure Theory of Capital, in: The Quarterly Journal of Economics,
      Vol.51.(1936/37), 469 - 496, hingewiesen.

42   Vgl.z.B. Albach,H.: Wirtschaftlichkeitsrechnung bei unsicheren
      Erwartungen, Köln und Opladen 1959, 34 und Swoboda,P.: Investi-
      tion und Finanzierung.a.a.O., 69.

und die Methode des internen Zinsfußes nur dann angewandt werden, wenn für alle Investitionen der gleiche Planungszeitraum gilt. Für diesen Planungszeitraum sind entweder alle Folgeinvestitionen der ursprünglichen Investitionen explizit zu berücksichtigen, oder es wird angenommen, daß die betrachteten Investitionen bis zum Erreichen eines gemeinsamen Vielfachen der Nutzungsdauern der alternativen Investitionen durch jeweils gleiche Investitionen ersetzt werden.

Die explizite Berücksichtigung aller Folgeinvestitionen der betrachteten Investitionen über den Planungszeitraum, erweist sich in der Praxis häufig als unmöglich, da Investitionsentscheidungen der Zukunft zum Zeitpunkt der Durchführung der Investitionsrechnung kaum abschätzbar sind. Die rechnerische Annahme, daß Investitionen bis zum Erreichen eines gemeinsamen Vielfachen der Nutzungsdauern jeweils durch Investitionen ersetzt werden, die die gleichen Zahlungsströme verursachen, erweist sich bei Investitionen mit Nutzungsdauern, die hohe gemeinsame Vielfache ergeben, als unbefriedigend. Das Problem, Investitionen mit unterschiedlichen Nutzungsdauern in einfacher Weise vergleichbar zu machen, wird durch die Annuitätenmethode gelöst.

2.3.1.2.3 Annuitätenmethode

Die durch eine Investition verursachten, in der Regel ungleichmäßigen Zahlungen können rechnerisch durch gleichmäßige Zahlungen ersetzt werden, wobei der Barwert dieser gleichmäßigen Zahlungen gleich dem Kapitalwert des ursprünglichen Zahlungsstromes ist. Jede dieser gleichmäßigen Zahlungen wird als äquivalente Annuität bezeichnet. Um eine äquivalente Annuität zu berechnen, muß zuerst der Kapitalwert des ursprünglichen Zahlungsstromes ermittelt werden. Die äquivalente Annuität wird anschließend durch Multiplikation des Kapitalwertes mit einem Wiedergewinnungsfaktor errechnet. Die Berechnung kann gemäß Formel 2.9 vorgenommen werden:

$$A = K \cdot \frac{i}{1-(1+i)^{-T}} \qquad \text{Formel 2.9}$$

wobei A = äquivalente Annuität
und   T = Nutzungsdauer.

Nach der Annuitätenmethode ist eine Investition dann vorteilhaft, wenn sie eine positive Annuität ergibt. Kapitalwert- und Annuitätenmethode

führen immer zu denselben Investitionsentscheidungen, da die Annuitätenmethode vom Kapitalwert ausgeht und nur durch einen weiteren Rechen-
schritt die äquivalente Annuität ermittelt.

Beim Vergleich von Investitionen mit unterschiedlichen Nutzungsdauern
erfüllt die Annuitätenmethode die Forderung, alternative Investitionen
über einen gleichen Planungszeitraum zu vergleichen, implizit. Auch
bei Ersatz von Investitionen durch Investitionen, die die gleichen Zahlungsströme verursachen, ergeben sich für die ursprüngliche und für jede der folgenden Investitionen die gleichen Annuitäten. Die Annuitäten
können daher zur Beurteilung von Investitionen mit unterschiedlichen
Nutzungsdauern herangezogen werden.

2.3.1.2.4   Sonstige Methoden

Als "sonstige Methoden" werden die Amortisationsrechnung und das MAPI-
Verfahren erwähnt, da diese Methoden, obwohl sie theoretisch nicht
exakt sind, in der Praxis häufig angewandt werden.

Die Bestimmung der Amortisationsdauer der Anschaffungsauszahlung einer
Investition entspricht dem Bedürfnis von Unternehmen, das Risiko einer
Investition abzuschätzen. Die Amortisationsdauer wird als Risikoindi-
kator von Investitionen angesehen. Vecernik (43) nimmt diese Vorliebe
der Praxis, die Amortisationsrechnung anzuwenden, zum Anlaß, um die
Amortisationsrechnung durch die Einbeziehung von Kostenänderungen und
durch die Berücksichtigung der Diskontierung zu modifizieren.

Die Anwendung des MAPI-Verfahrens (44) in der Praxis wird durch die
Formalisierung des Verfahrens (MAPI-Formulare und -Diagramme) erleichtert. Beim MAPI-Verfahren werden an Stelle der absoluten Zahlungsströme die Veränderungen in der relativen Gewinnsituation gesetzt, wobei
das jeweils nächste Jahr als Vergleichszeitraum dient. Unter relativem
Gewinn, versteht man den Differenzbetrag zwischen dem Gewinn, der sich
aufgrund der Vornahme der Investition ergibt und dem Gewinn, der sich
bei Nichtvornahme der Investition ergeben würde. Der relative Gesamt-

---

43   Vgl.: Vecernik,P.: Investitionsentscheidungen bei Variabilität
     der Einflußgrößen und unsicheren Erwartungen, Habilitations-
     schrift, TH-Wien 1970.

44   MAPI bedeutet "machinery and allied products institute"

gewinn setzt sich zusammen aus dem vermiedenen Kapitalverzehr abzüg-
lich des entstehenden Kapitalverzehrs und der Nettoertragssteigerung.
Bricht man nun den (mit 100 multiplizierten) relativen Gesamtgewinn
durch die sogenannte Nettoinvestitionsausgaben, so erhält man die in-
nere Rentabilität oder MAPI-Dringlichkeitsstufe.

Das MAPI-Verfahren liefert nur für jene Investitionen richtige Ergebnisse, bei denen sich im Durchschnitt die Abweichungen der tatsächlich eingetretenen von den erwarteten Größen kompensieren. Das ist
hauptsächlich bei kleineren Vorhaben der Fall. Terborgh (45) sieht deshalb das Hauptanwendungsgebiet seines Systems bei den zahlreichen kleineren Investitionen, welche nicht von überragender Bedeutung für die
Marktstrategie und die Politik des Unternehmens sind und primär Kosten-
senkungen und Verbesserungen der bestehenden Produktionsverfahren zum
Ziel haben.

2.3.2 Beurteilung von Investitionen unter Berücksichtigung unsicherer Erwartungen

In der traditionellen Literatur (46) wird oft zwischen Risiko und Unsicherheit unterschieden. Dabei werden als Risikosituationen solche
Situationen angesehen, für welche die Eintrittswahrscheinlichkeiten
möglicher Ereignisse bekannt sind (z.B. Aufwerfen einer Münze). Als Unsicherheitssituationen werden hingegen solche Situationen angesehen,
für welche keine objektiven Eintrittswahrscheinlichkeiten den möglichen
Ereignissen zugewiesen werden können. In der modernen Literatur der
Wahrscheinlichkeitstheorie wird zwischen Risiko und Unsicherheit nicht
unterschieden, da angenommen wird, daß ein Planer einem möglichen Er-
eignis zumindest eine subjektive Wahrscheinlichkeit zuordnen kann. Folgend werden daher die Begriffe Risiko und Unsicherheit als gleichbedeutend verwendet.

---

45   Vgl.: Terborgh,G.: Business Investment Policy, Washington 1958,
     12.

46   Z.B. Luce,R.D., Raiffa,H.: Games and Decisions, New York 1957,
     13.

Investitionsentscheidungen unterliegen wegen ihres langfristigen Charakters mehr als andere betriebliche Entscheidungen der Unsicherheit. Die Ursachen sind vielschichtig (47).

Die rechnerische Berücksichtigung der mit einer Investition verbundenen Risiken kann auf zwei Arten erfolgen. Man kann entweder in einer Sensitivitätsanalyse kritische Punkte der unsicheren Parameter, von denen die Vorteilhaftigkeit einer Investition abhängig ist, bestimmen, oder diese unsicheren Parameter als Zufallsvariable, für die Wahrscheinlichkeitsverteilungen bestimmt werden, definieren und in die Investitionsrechnung als stochastische Größen einführen (48).

Für den Praktiker ist es meist sehr ungewohnt, explizit mit Wahrscheinlichkeiten zu arbeiten und Entscheidungen darauf zu basieren. Um das Problem der Unsicherheit in der Investitionsrechnung trotzdem zu berücksichtigen, werden in der Praxis oft folgende Methoden angewandt:

- der Kalkulationszinsfuß wird überhöht angesetzt,
- eine kürzere Nutzungsdauer als die erwartete Nutzungsdauer der Investition wird angenommen,
- die jährlichen Einzahlungen werden niedriger, die jährlichen Auszahlungen werden höher als erwartet angesetzt.

Durch die Anwendung dieser Methoden wird bewußt ein falsches Bild der Wirklichkeit gezeichnet, wodurch sich falsche Investitionsentscheidungen ergeben können. Um die Ergebnisse der Investitionsrechnung als Entscheidungshilfe betrachten zu können, ist eine explizite Berücksichtigung der mit einer Investition verbundenen Unsicherheit notwendig.

2.3.2.1 Sensitivitätsanalyse

Die Vorteilhaftigkeit einer Investition ist von den in die Investitionsrechnung eingehenden Parametern abhängig. Diese Parameter sind die jährlichen Auzahlungsüberschüsse, der Kalkulationszinsfuß und die Nutzungsdauer einer Investition.

---

47   Ursachen von Unsicherheiten untersuchen u.a.: Mellerowicz,K.:
     Unternehmenspolitik, Bd. II, 2.Aufl., Freiburg 1963, 492 ff
     und Koch,H.: Probleme der Investitionsplanung, in: ZfB, 39.Jg.
     (1969), 775.

48   Vgl. hierzu z.B.: Massè,P.: Le choix des investissements.
     Critères et méthodes, Finance et économie appliquée, Vol.6,
     Paris 1959, Chap.V: Introduction de l'incertitude

Wenn nur einige dieser Parameter oder keiner dieser Parameter mit
Sicherheit bekannt ist, ist es notwendig, abzuschätzen, innerhalb
welcher Grenzen die Werte der einzelnen Parameter zu erwarten sind.
Aus diesen Grenzwerten kann für jeden Parameter ein Mittelwert berechnet werden, die als quasi sichere Größen in die Investitionsrechnung,
die dann wie bei Annahme sicherer Erwartungen durchgeführt wird, eingehen (49). Da die tatsächlichen Werte der Parameter jedoch von den
der Rechnung zugrundegelegten Werten abweichen können, muß festgestellt werden, wie empfindlich das Ergebnis der Investitionsrechnung
(z.B. der Kapitalwert) gegenüber Variationen der Parameter ist. Die
Investitionsrechnung ist daher durch eine Sensitivitätsanalyse zu ergänzen.

Bei der einfachsten Form der Sensitivitätsanalyse wird nur für einen
Parameter untersucht, inwieweit Abweichungen innerhalb eines bestimmten Schwankungsbereiches das Ergebnis der Investitionsrechnung beeinträchtigen. Eine Sensitivitätsanalyse kann auch in bezug auf mehrere
Parameter durchgeführt werden (50).

Als Ergebnis der Sensitivitätsanalyse werden kritische Punkte ermittelt, die angeben, innerhalb welcher Grenzen die Parameter variieren
können, ohne daß die als optimal angesehene Investition nicht-optimal
wird.

Die Sensitivitätsanalyse liefert bei einfachen Entscheidungsmodellen,
die auf dem Kapitalwertkriterium beruhen, gute Ergebnisse. Das Problem
der Entscheidung bei Unsicherheit wird aber nicht in allgemeingültiger
Form gelöst.

2.3.2.2 Berücksichtigung stochastischer Zahlungsströme

2.3.2.2.1 Ermittlung von Wahrscheinlichkeitsverteilungen für die jährlichen Zahlungsüberschüsse einer Investition

Die Berücksichtigung unsicherer Erwartungen in der Investitionsrechnung
beschränkt sich in der Regel auf die Berücksichtigung der unsicheren

---

49   Wenn dieses Vorgehen Anspruch auf Rationalität erheben will,
     dann muß der Erwartungswert gewählt werden.
50   Vgl.: Hax,H.: Investitionstheorie, Würzburg-Wien 1972, 99f.

Zahlungsströme. Die folgenden Ausführungen beziehen sich daher auf die
Ermittlung von Wahrscheinlichkeitsverteilungen für die jährlichen Zahlungsüberschüsse einer Investition und nicht auf die Ermittlung von
Wahrscheinlichkeitsverteilungen für Kalkulationszinsfüße oder für Nutzungsdauern (51).

Bei Annahme stochastischer Zahlungsströme wird die Unsicherheit einer
Investition durch die Unsicherheit ihrer zukünftigen Zahlungsströme
bestimmt. Mit Hilfe der Wahrscheinlichkeitstheorie ist es möglich, die
Unsicherheit der zukünftigen Zahlungsströme und damit die Unsicherheit
der Investitionen zu quantifizieren.

Die jährlichen Zahlungsüberschüsse bzw. der Kapitalwert einer Investition werden zu diesem Zweck als Zufallsvariable angesehen, die durch
Wahrscheinlichkeitsverteilungen beschrieben werden. Bei diesen Wahrscheinlichkeitsverteilungen handelt es sich in der Regel um stetige
Verteilungen, da z.B. die Zufallsvariable "Auszahlungsüberschuß" jeden Wert innerhalb bestimmter Grenzen annehmen kann (52). Graphisch
können stetige Verteilungen durch kontinuierliche Kurven dargestellt
werden.

Die Wahrscheinlichkeitsverteilungen von Zufallsvariablen können entweder objektiv oder subjektiv ermittelt werden (53). Die Ermittlung
objektiver Wahrscheinlichkeiten hat den Vorteil der formalen und in-
haltlichen Objektivität, da sie sich statistischer Daten und statistischer Methoden bedient. Da für die Investitionsplanung historische
Daten meist nur im beschränkten Umfang vorhanden sind, werden in der

---

51   Bei einer Analyse einer Investition unter Unsicherheit, in der
      stochastische Zahlungsströme berücksichtigt werden, ist als Kal-
      kulationszinsfuß ein Zinssatz zu wählen, der keine Risikoprämie
      enthält. Enthielte der Kalkulationszinsfuß eine Risikoprämie,
      würde das Risiko einer Investition doppelt erfaßt werden, und
      zwar einerseits im Erwartungswert und der Standardabweichung
      der Zahlungsströme und andererseits im Kalkulationszinsfuß. Bei
      Verwendung von Opportunitätskosten zur Bestimmung des Kalkula-
      tionszinsfußes wäre daher die Rendite einer risikofreien Inve-
      stition zu wählen, bzw. es wäre die Rendite einer riskanten al-
      ternativen Investition um deren Risikoprämie zu bereinigen.

52   Bei diskreten Verteilungen treten als Ergebnisse von Beobachtun-
      gen hingegen nur bestimmte Werte auf.

53   Vgl.: Cole,T.D.: How to obtain probability estimates in capital
      expenditure: A practical approach, Management Accounting, 52,
      July 1970, 61-64.

Investitionsplanung Wahrscheinlichkeitsverteilungen in der Regel durch subjektive Schätzungen ermittelt.

Dabei werden entweder spezifische Wahrscheinlichkeitsverteilungen entwickelt, indem man von der Annahme alternativer Zukunftslagen ausgeht und für jede dieser Zukunftslagen jährliche Zahlungsüberschüsse prognostiziert, oder es werden Standardwahrscheinlichkeiten verwendet, für deren Beschreibung man nur wenige Schätzwerte (z.B. den pessimistischen, häufigsten und optimistischen Wert) benötigt.

Die Entwicklung spezifischer Wahrscheinlichkeitsverteilungen erfolgt in drei Stufen. Zuerst werden in einem Verfahren der nominellen Messung jährliche Auszahlungsüberschüsse für alternative Zukunftslagen geschätzt (54). Durch die Festlegung von Rangunterschieden zwischen den einzelnen Zukunftslagen wird eine ordinale Messung durchgeführt. Dabei wird geprüft, ob alle Zukunftslagen gleichwahrscheinlich sind, oder ob der Eintritt einzelner Zukunftslagen wahrscheinlicher ist als der anderer Zukunftslagen. Danach werden die Abstände zwischen den nach ihrem Wahrscheinlichkeitsrang geordneten Zukunftslagen festgelegt. Dabei wird die Rangordnung durch Wahrscheinlichkeitswerte, deren Gesamtsumme gleich 1 ist, ausgedrückt. Die Wahrscheinlichkeitswerte der einzelnen Zukunftslagen entsprechen den Wahrscheinlichkeiten der ermittelten jährlichen Zahlungsüberschüsse je Zukunftslage.

Die Schätzung von Wahrscheinlichkeiten und die Entwicklung spezifischer Wahrscheinlichkeitsverteilungen kann z.B. mittels systematischer Expertenbefragung durchgeführt werden. Dazu können in Tabellenform erfaßte standardisierte Zuordnungen von Wahrscheinlichkeitswerten zu bestimmten Urteilen Hilfestellung geben. Solche Tabellen werden z.B. von Krelle (55) beschrieben und haben zum Teil Eingang in die Praxis gefunden.

Die Schätzung subjektiver Wahrscheinlichkeiten in der dargestellten Form und die folgende Entwicklung spezifischer Wahrscheinlichkeitsverteilungen für die einzelnen Zufallsvariablen ist mühsam und erfordert umfangreiche empirische Erhebungen. In der praktischen Durch-

---

54   Dabei werden in der Regel für jedes Jahr die gleichen alterna-
      tiven Zukunftslagen angenommen.

55   Vgl.: Krelle,W.: Preistheorie, Tübingen-Zürich 1961, 611.

führung von Investitionsanalysen empfiehlt sich daher der Gebrauch
einfach zu definierender Standardverteilungen. Für die Beschreibung
der Verteilung von Zahlungsüberschüssen können z.B. die Normalverteilung, die ß-Verteilung oder die Gleichverteilung verwendet werden
(56). In der Regel ermöglichen die in empirischen Erhebungen gewonnenen Daten die Auswahl einer Wahrscheinlichkeitsverteilung, die dem
tatsächlichen Verlauf der Verteilung der Zufallsvariablen entspricht.
Der Vorteil der Verwendung von Standardverteilungen liegt darin, daß
nur wenige Schätzwerte erforderlich sind, um die gesamte Verteilung
aufzubauen. Kann z.B. von einer Normalverteilung eines zu prognosti-
zierenden Datums ausgegangen werden, so genügt die Schätzung des häufigsten Wertes sowie beispielsweise die Schätzung der Wahrscheinlichkeit dafür, daß der tatsächliche Wert um nicht mehr als ± 10% vom geschätzten häufigsten Wert abweichen wird. Mit diesen beiden Schätzungen ist die gesuchte Normalverteilung bereits bestimmt (57). Die
Bestimmung der erwähnten Standardverteilung ist auch aufgrund von optimistischen, häufigsten und pessimistischen Schätzwerten in einfacher
Weise möglich. Für die Schätzung optimistischer bzw. pessimistischer
Werte müssen die Wahrscheinlichkeiten angegeben werden, daß z.B. der
Betrachtung der Zufallsvariablen "Auszahlungsüberschuß" der optimistische Wert nicht überschritten wird. Als diesbezügliche Wahrscheinlichkeiten erscheinen 10% als praxisrelevant (58).

Nach der Schätzung des optimistischen, häufigsten und pessimistischen
Wertes des Auszahlungsüberschusses eines Jahres und der Auswahl der
entsprechenden Standardverteilungen können der Erwartungswert und die
Varianz (Standardabweichung) dieses Auszahlungsüberschusses errechnet werden. Die Formeln zur Berechnung des Erwartungswertes und der
Varianz aufgrund der Schätzung eines optimistischen, häufigsten und
pessimistischen Wertes für die oben beispielsweise angeführten Standardverteilungen sind im Bild 2.2 dargestellt.

---

56   Nähere Ausführungen zu diesen Standardverteilungen können der
     einführenden Statistikliteratur entnommen werden (z.B. Heinhold,J.,
     Gaede,K.W.: Ingenieur-Statistik, München-Wien 1968).

57   Ein ähnliches Verfahren zur Schätzung einer Normalverteilung
     wird von Schlaifer,R. in: Introduction to statistics for busi-
     ness decisions, New York-Toronto-London 1961, 300-302, angege-
     ben.

58   Bei dieser Behauptung wurde von der Annahme des PERT-Verfahrens
     abgewichen, wo diese Wahrscheinlichkeiten mit weniger als 1%
     angenommen werden.

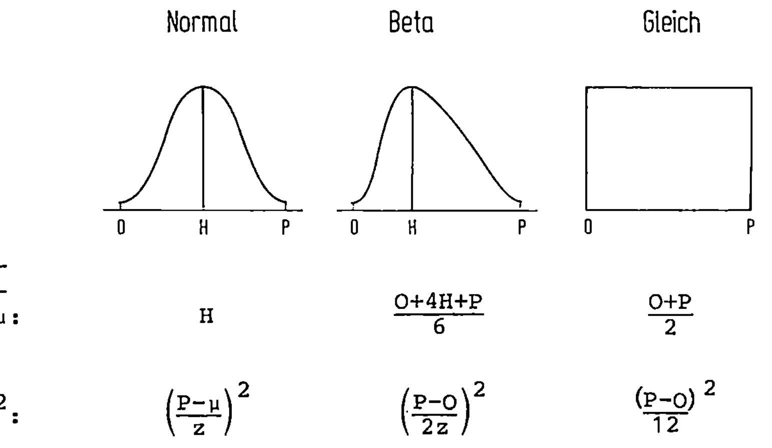

Erwartungs-wert μ:	H	$\dfrac{O+4H+P}{6}$	$\dfrac{O+P}{2}$
Varianz σ^2:	$\left(\dfrac{P-\mu}{z}\right)^2$	$\left(\dfrac{P-O}{2z}\right)^2$	$\dfrac{(P-O)^2}{12}$

wobei O = Optimistische Schätzung des Auszahlungsüberschusses,

       H = Häufigste Schätzung des Auszahlungsüberschusses,

       P = Pessimistische Schätzung des Auszahlungsüberschusses und

       z = Faktor zur Umrechnung der Varianz auf die Werte der Standardnormalverteilung.

Bild 2.2: Erwartungswerte und Varianzen von Standardverteilungen (59)

Die Berechnung des Erwartungswertes des Kapitalwertes und der Varianz des Kapitalwertes einer Investition ist abhängig von der Art der Ermittlung der Wahrscheinlichkeitsverteilung der jährlichen Zahlungsüberschüsse.

Wenn spezifische Verteilungen für die jährliche Zahlungsüberschüsse aufgrund von Schätzungen je alternativer Zukunftslage entwickelt werden, kann für jede Zukunftslage ein Kapitalwert errechnet werden. Durch Gewichtung der Kapitalwerte der einzelnen Zukunftslagen mit den Wahrscheinlichkeiten der einzelnen Zukunftslagen läßt sich der Erwartungswert des Kapitalwertes berechnen (siehe Formel 2.10).

$$E(K) = \sum_{k=1}^{n} K_k w_k \qquad k = 1, \ldots n \qquad \text{Formel 2.10}$$

wobei E(K) = Erwartungswert des Kapitalwertes,

      K_k = Kapitalwert der Zukunftslage k,

      w_k = Wahrscheinlichkeit der Zukunftslage k

und   n = Anzahl der alternativen Zukunftslagen.

---

59   Anm.: Die Berechnung der Varianz der β-Verteilung stellt ein Näherungsverfahren dar. Vgl.: Mac Crimmon,K.R. and Ryavec,C.A.: An analytical study of the PERT assumption, Operations Research, Vol.12, 1964, 16-37.

Die Varianz des Kapitalwertes σ^2 ergibt sich aus Formel 2.11.

$$\sigma^2 = (K_k - E(K))^2 \, w_k \qquad\qquad \text{Formel 2.11}$$

Wie bereits erwähnt, findet das Verfahren der Ermittlung jährlicher
Zahlungsüberschüsse je alternativer Zukunftslage in der Praxis nur
selten Anwendung. In der Regel werden alternative Zukunftslagen nicht
explizit berücksichtigt, sondern es werden mittels Standardverteilungen aufgrund weniger Schätzwerte direkt die Erwartungswerte für die
jährlichen Zahlungsüberschüsse und die Varianzen dieser Zahlungsüberschüsse errechnet. Durch Abzinsung der Erwartungswerte der Zahlungsüberschüsse und der Varianz der Zahlungsüberschüsse lassen sich der
Ertragswert des Kapitalwertes und die Varianz des Kapitalwertes ermitteln.

Der Erwartungswert des Kapitalwertes kann mittels der Formel 2.12

$$E(K) = \sum_{t=0}^{T} \frac{\mu_t}{(1+i)^t} \qquad t = 0, \ .. \ T \qquad \text{Formel 2.12}$$

errechnet werden, wobei
$E(K)$ = Erwartungswert des Kapitalwertes,
μ_t = Erwartungswert des Zahlungsüberschusses des Jahres t,
i = Kalkulationszinsfuß und
T = Planungszeitraum.

Die Varianz des Kapitalwertes kann mittels der Formel 2.13

$$\sigma^2 = \sum_{t=0}^{T} \frac{\sigma_t^2}{(1+i)^{2t}} \qquad t = 0, \ .. \ T \qquad \text{Formel 2.13}$$

errechnet werden, wobei
σ^2 = Varianz des Kapitalwertes und
σ_t^2 = Varianz des Zahlungsüberschusses des Jahres t.

Die Kapitalwerte der alternativen Zukunftslagen bzw. der Erwartungswert des Kapitalwertes und die Varianz des Kapitalwertes stellen die
Kriterien zur Beurteilung von Investitionen unter Berücksichtigung
unsicherer Zahlungsströme dar.

2.3.2.2.2 Entscheidungsregeln zur Beurteilung von Investitionen aufgrund stochastischer Zahlungsströme

2.3.2.2.1 Entscheidungsregeln mit einer einzigen Zielgröße

In der Literatur (60) findet sich eine Anzahl von Regeln für Entscheidungen unter Unsicherheit. Entsprechend einer von Schneider (61) vorgenommenen Einteilung kann man in Entscheidungsregeln mit einer einzigen Zielgröße und in Entscheidungsregeln mit mehreren Zielgrößen unterscheiden.

Zu den Entscheidungsregeln mit einer Zielgröße werden z.B. das Minimax-Prinzip, das Maximax-Prinzip, das Prinzip des häufigsten Wertes und das μ-Prinzip gezählt, wobei das μ-Prinzip alle für die Entscheidung relevanten Informationen berücksichtigt, die anderen Prinzipien hingegen Informationen unterdrücken. Bei den Regeln, die Informationen unterdrücken, gilt der Kapitalwert einer einzigen Zukunftslage (oder zweier Zukunftslagen) als Auswahlkriterium für die optimale Investition. Sämtliche anderen Zukunftslagen werden vernachlässigt.

Beim Minimax-Prinzip wählt man als repäsentative Zukunftslage die schlechtestmögliche und entscheidet sich für jene Investition, die den höchsten Kapitalwert bei der schlechtesten Zukunftslage ergibt. Dabei wird das Ziel der Risikominimierung beachtet. Beim Maximax-Prinzip, das in der Praxis kaum vertreten wird, wird die beste Zukunftslage als repräsentativ gewählt. Beim Prinzip des häufigsten Wertes wählt man den häufigsten Wert einer jeden Investition als Entscheidungskriterium. Die Entscheidung fällt für jene Investition, die den höchsten häufigsten Wert hat. Zu den Entscheidungsregeln, die zwei Zukunftslagen berücksichtigen, aber alle anderen Zukunftslagen vernachlässigen, zählt z.B. die Pessimismus-Optimismusregel von Hurwicz.

"Ohne weitere Entscheidungsregeln dieser Art einzeln aufzuführen, können wir festhalten, daß rationales Verhalten die Auswertung aller vorhandener Zukunftslagen voraussetzt. Die Regeln, die nur einzelne Zu-

---

60   Vgl. z.B. Luce,R.D., Raiffa,H.: Games and Decisions, a.a.O., 278-286; Wittmann,W.: Unternehmung und unvollkommene Information, Köln-Opladen 1959, 150-154; Jurecka,W., Zimmermann,H.J.: Operations Research im Bauwesen, Berlin-Heidelberg-New York 1972, 172-178.

61   Vgl.: Schneider,D.: Investition und Finanzierung, a.a.O., 142 ff.

kunftslagen der Entscheidung zugrundelegen, sind nicht vernünftig"
(62). Die hier angeführten Entscheidungsregeln, die auf der Auswahl
von Kapitalwerten einzelner Zukunftslagen basieren, haben auch deswegen wenig Praxisrelevanz, da meistens wie im Abschnitt 2.3.2.2.1 ausgeführt wurde, zur Ermittlung der Wahrscheinlichkeitsverteilungen der
jährlichen Auszahlungsüberschüsse keine explizite Berücksichtigung alternativer Zukunftslagen stattfindet, sondern Standardverteilungen verwendet werden.

Die Verwendung von Standardverteilungen begünstigt den Einsatz des
μ-Prinzips (63). Im Erwartungswert μ werden alle vorhandenen Informationen verdichtet. Die Entscheidungsregel verlangt, daß der Erwartungswert des Kapitalwertes maximiert wird.

2.3.2.2.2.2 Entscheidungsregeln mit mehreren Zielgrößen

Als wichtigste Entscheidungsregel mit mehreren Zielgrößen ist das
μ,σ -Prinzip anzusehen. Bei dieser Entscheidungsregel wird die Entscheidung aufgrund der Charakteristika der Wahrscheinlichkeitsverteilungen (Erwartungswert und Standardabweichung) vorgenommen (64).

Da mit Hilfe von Standardabweichungen die Berechnung des Erwartungswertes des Kapitalwertes und der Standardabweichung des Kapitalwertes
einfach möglich ist, hat das μ,σ -Prinzip hohe Praxisrelevanz. Bei
einer Investitionsentscheidung nach dem μ,σ -Prinzip berücksichtigt
der Entscheidungsträger die Standardabweichung explizit als Risikomaß einer Investition. Die Investitionsentscheidung hängt daher von

---

62   Schneider,D.: Investition und Finanzierung, a.a.O., 145.

63   Das μ-Prinzip wird auch als Bayes-Regel bezeichnet. Die Bayes-
      Regel besagt, daß der Entscheidende indifferent zwischen einem
      sicheren Gewinn von z und einer Chance, mit gleicher Wahrschein-
      lichkeit 2z oder nichts zu gewinnen, ist.

64   Neben dem Erwartungswert μ und der Standardabweichung σ kön-
      nen weitere Verteilungsparameter zur Beurteilung einer Investi-
      tion wie z.B. die Verlustwahrscheinlichkeit λ herangezogen
      werden. Damit können z.B. das λ -Prinzip, das μ,λ -Prinzip,
      das σ,λ -Prinzip und das μ,σ,λ -Prinzip aufgestellt werden.
      die Vielzahl der in der Literatur vorgeschlagenen und unter-
      suchten Prinzipien soll hier nicht aufgelistet werden. Eine
      diesbezügliche Übersicht und Kritik findet sich bei Schnee-
      weiß,H.: Entscheidungskriterien bei Risiko, Berlin-Heidelberg-
      New York 1967, 48-61 und 95-113.

der Risikoneigung des Entscheidungsträgers ab. Eine Investitionsentscheidung, die von der Risikoneigung des Entscheidungsträgers abhängt, stellt jedoch keine rationale, sondern eine subjektive Entscheidung dar (65).

Ohne auf die persönliche Risikoneigung des Entscheidenden zurückgreifen zu müssen, können mit dem μ, σ -Prinzip Investitionen bestimmt werden, die andere Investitionen dominieren. So ist z.B. eine Investition, die bei gleicher Standardabweichung einen höheren Kapitalwert als alle anderen Investitionen erwarten läßt, diesen anderen Investitionen vorzuziehen.

2.3.2.2.2.3 Investitionsentscheidungen aufgrund subjektiver Risikoneigungen (Bernoulli-Prinzip)

Mit Hilfe des Bernoulli-Prinzips (66) ist es möglich, bei Investitionsentscheidungen unter Unsicherheit die subjektive Einstellung des Entscheidungsträgers zum Risiko in der Entscheidungsfindung zu berücksichtigen

Das Bernoulli-Prinzip besagt, daß es für den Entscheidenden eine Nutzenfunktion gibt, die dem Kapitalwert einer bestimmten Zukunftslage einen Nutzen U zuordnet. Optimal ist für ihn die Investition, bei der die mathematische Erwartung des Nutzens maximiert wird.

Die Nutzenfunktion lautet

$$U = U (K).$$ Formel 2.14

Entschieden wird nach der Regel

$$E(U) = \sum_{k=1}^{n} w_k \cdot U(K_k) \longrightarrow Max \quad k = 1, 2, .. n$$ Formel 2.15

wobei $E(U)$ = Nutzenerwartungswert,

$\quad K_k$ = Kapitalwert der Zukunftslage k,

$\quad w_k$ = Wahrscheinlichkeit der Zukunftslage k

und $\quad n$ = Anzahl der alternativen Zukunftslagen.

---

65   Investitonsentscheidungen aufgrund subjektiver Risikoneigungen werden im folgenden Abschnitt im Detail behandelt.

66   Vgl.: Bernoulli,D.: Specimen theoriae novas de mesura sortis, Commentarii Academiae Scientarium Imperialis Petropolitanae, 5, 175-192, 1738.

Aus Formel 2.15 ist ersichtlich, daß nicht die Kapitalwerte selbst mit den Wahrscheinlichkeiten gewichtet werden, sondern daß erst die Nutzenwerte $U(K_k)$ dieser Gewichtung unterzogen werden, wodurch man einen Nutzenerwartungswert erhält (67).

Der Bernoulli-Nutzen ist untrennbar mit Wahrscheinlichkeiten bzw. Risikosituationen verbunden. Er wird durch die Postulierung der Gültigkeit des Bernoulli-Prinzips definiert, d.h. durch die Bedingung, daß der Nutzenerwartungswert E (U) eine relevante Beurteilungsgröße für den Vergleich von Investitionen in Risikosituationen darstellt.

2.3.2.2.2.3.1 Entwicklung subjektiver Nutzenfunktionen

Die Nutzenwerte $U(K_k)$ (68) der Kapitalwerte aller alternativer Zukunftslagen können durch Befragung des Entscheidungsträgers ermittelt werden. Da diese Zuordnung von Nutzenwerten zu allen möglichen Kapitalwerten für praktische Zwecke zu aufwendig ist, beschränkt man sich in der Regel auf die Feststellung einiger Nutzenwerte und entwickelt daraus durch Inter- und Extrapolation eine Approximation der Nutzenfunktion des Entscheidenden. Die dafür zu bestimmenden Nutzenwerte werden durch Simulation hypothetischer Risikosituationen gemessen (69). Wenn die Nutzenfunktion eines Entscheidungsträgers bekannt ist, kann jedem der möglichen Kapitalwerte ein entsprechender Nutzenwert $U(K_k)$ auf der Funktionskurve zugeordnet werden.

Unterschiedliche Risikoneigungen von Entscheidenden bedingen unterschiedliche Nutzenfunktionen. Eine konvexe Nutzenfunktion entspricht risikofreudigem Verhalten, eine konkave Nutzenfunktion entspricht risikoscheuem Verhalten des Entscheidenden. Bei Risikoneutralität ergibt sich eine lineare Nutzenfunktion. Risikofreude, Risikoneutralität und Risikoscheue können mit Hilfe des Verhältnisses von Sicherheitsäqui-

---

67 Bernoullis Lösungsvorschlag wurde im wesentlichen erst von Neumann, J.V. und Morgenstern,O. in: Theory of games and economic behaviour, Princeton 1944, aufgegriffen und axiomatisch begründet.

68 Das U ist eine Abkürzung des englischen Wortes "utile", das mit "Nutzeneinheit" übersetzt werden kann.

69 Das Verfahren der Bestimmung der Nutzenfunktion eines Entscheidungsträgers wird im Abschnitt 6.4.6.1 anhand einer Fallstudie im Detail beschrieben.

valent zu Erwartungswert definiert werden (70), wobei das Sicherheitsäquivalent jener sichere Wert ist, der einer Wahrscheinlichkeitsverteilung aus zwei Zukunftslagen gleichgeschätzt wird (71).

Risikoneutralität ist gegeben. wenn das Sicherheitsäquivalent und der
Erwartungswert der Wahrscheinlichkeitsverteilung übereinstimmt. Risikoscheue liegt vor, wenn das Sicherheitsäquivalent über dem Erwartungswert liegt.

Das Verhältnis von Sicherheitsäquivalent und Erwartungswert wird an
den Beispielen in den Bildern 2.3 und 2.4 dargestellt. Aus Bild 2.3
ist z.B. zu ersehen, daß bei konvexer Nutzenfunktion der erwartete
Nutzen der Chance, mit je 0,5 Wahrscheinlichkeit der Kapitalwert O oder
2x zu erzielen (0,5 · U(O) + 0,5 · U(2x)) größer als der Nutzen des
sicheren Kapitalwertes U(x) ist.

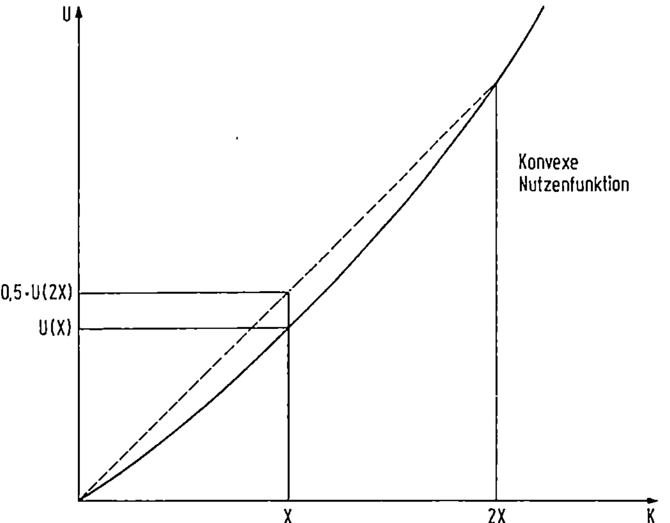

Bild 2.3: Nutzenfunktion bei Risikofreudigkeit

---

70   Vgl.: Schneeweiß,H.: Entscheidungskriterien bei Risiko, Berlin-
      Heidelberg-New York 1967, 45.

71   Angenommen, öS 30.000,-- wären das Sicherheitsäquivalent dafür,
      mit 50% Wahrscheinlichkeit öS 100.000,-- und mit 50% Wahrschein-
      lichkeit öS 10.000,-- zu erhalten, so bedeutet das, daß es dem
      Entscheidenden gleichgültig ist, ob er mit 100% Wahrscheinlich-
      keit (sicher) öS 30.000,-- oder mit einer Chance von je 50% ent-
      weder öS 100.000,-- oder öS 10.000,-- bekommt.

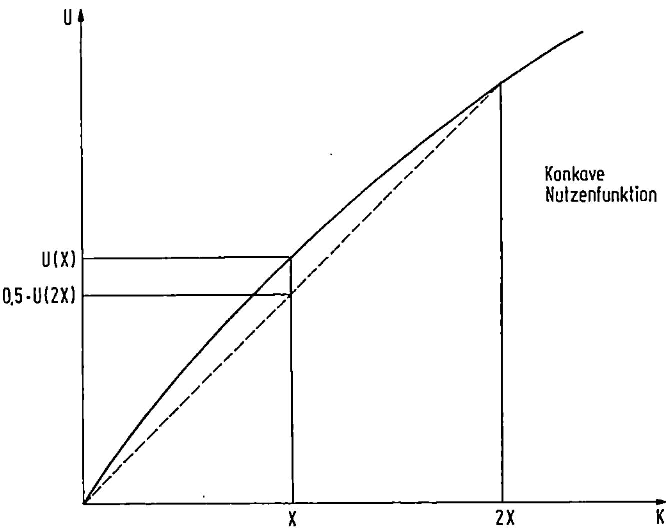

Bild 2.4: Nutzenfunktion bei Risikoscheue

Eine spezielle Form der Nutzenfunktion, die in der Entscheidungs-
theorie von Bedeutung ist, ist die quadratische Nutzenfunktion:

$$U(K) = aK^2 + bK + c \qquad\qquad\qquad \text{Formel 2.16}$$

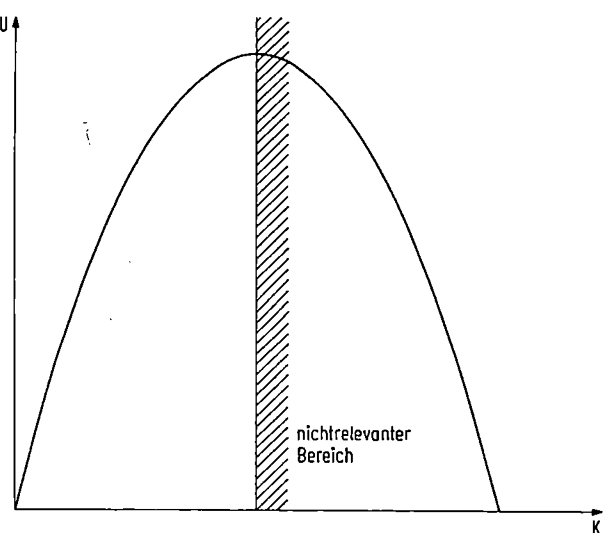

Bild 2.5: Quadratische Nutzenfunktion

Aus der graphischen Darstellung der Funktion 2.16 in Bild 2.5 geht hervor, daß U mit wachsendem K zunächst steigt, nach Erreichen eines Maximums aber wieder sinkt.

Die Annahme eines mit wachsendem Kapitalwert sinkenden Nutzens ist in der Regel nicht sinnvoll. Daher müssen im Anwendungsfall die Parameter in 2.16 so gewählt werden, daß alle praktisch relevanten Werte von K unterhalb des Maximums der Nutzenfunktion liegen. Quadratische Nutzenfunktionen sind daher nur verwendbar, wenn es eine endliche Obergrenze gibt, die K auf keinen Fall übersteigen kann. Ist diese Voraussetzung erfüllt, so läßt sich die Einstellung eines risikoscheuen Individuums, und um solche handelt es sich in der Regel bei Investoren, sehr gut durch eine quadratische Nutzenfunktion approximativ beschreiben. Durch Wahl geeigneter Werte für a und b läßt sich die Steigung und Krümmung des Kurvenlaufes stark variieren und hinreichend genau der individuellen Nutzenfunktion jedes Individuums anpassen. Quadratische Nutzenfunktionen haben vor allem den Vorteil, daß der Erwartungswert des Nutzens nur vom Erwartungswert und der Varianz der Zufallsgröße K abhängig ist.

Damit dieses nachgewiesen werden kann, müssen zunächst einige Grundbeziehungen dargelegt werden. Bezeichnet man den Erwartungswert von K mit E(K), so gilt:

$$E(K) = \sum_{k=1}^{n} w_k K_k \qquad k = 1, 2, \ .. \ n \qquad \text{Formel 2.17}$$

Die Varianz σ^2 ist folgendermaßen definiert:

$$\sigma^2 = \sum_{k=1}^{n} w_k (K_k - E(K))^2 = \sum_{k=1}^{n} w_k \cdot (K_k^2 - 2K_k E(K) + E(K)^2)$$

$$= \sum_{k=1}^{n} w_k \cdot K_k^2 - E(K)^2 \qquad \text{Formel 2.18}$$

Setzt man nun die quadratische Nutzenfunktion 2.16 in die Formel 2.15 zur Berechnung des Nutzungswertes E(U)

$$E(U) = \sum_{k=1}^{n} w_k \cdot U(K_k)$$

ein, so erhält man unter Verwendung von 2.17 und 2.18

$$E(U) = \sum_{k=1}^{n} w_k \cdot U(K_k) = a \cdot \sum_{k=1}^{n} w_k \cdot K_k^2 + b \sum_{k=1}^{n} w_k \cdot K_k + c =$$

$$= a \, (\sigma^2 + E(K)^2) + b \cdot E(K) + c \qquad \text{Formel 2.19}$$

Um den Erwartungswert des Nutzens einer Aktion zu berechnen, braucht
man also nur den Erwartungswert $E(K)$ und die Varianz σ^2 (bzw. die
Standardabweichung σ) der zugehörigen Verteilung von K zu erkennen.
Wird angenommen, daß ein Entscheidungsträger eine Wahrscheinlichkeitsverteilung einer Zufallsvariablen durch zwei Parameter dieser Verteilung - nämlich deren Erwartungswert und deren Standardabweichung - erfassen kann, dann kann der Nutzenerwartungswert einer Investition als
eine Funktion dieser beiden Parameter ausgedrückt werden.

$$E(U) = f(E(K), \sigma) \qquad \text{Formel 2.20}$$

Erfolgt eine Investitionsentscheidung nach dem Bernoulli-Prinzip, dann
wird unterstellt, daß alle Wahrscheinlichkeitsverteilungen von Kapitalwerten, die gleichen Erwartungswert und gleiche Standardabweichungen besitzen, den gleichen Nutzen für den Entscheidenden verkörpern.

2.3.2.2.2.3.2 Auswahl der optimalen Investition bzw. des optimalen
               Investitionsprogrammes

Bei der Annahme einer quadratischen Nutzenfunktion des Entscheidungsträgers erfolgt die Beurteilung von Investitionen auf Grundlage des
Nutzenerwartungswertes, der durch den Einsatz von $E(K)$ und σ der Wahrscheinlichkeitsverteilung des Kapitalwertes in die quadratische Nutzenfunktion ermittelt werden kann. Da dieser Nutzenerwartungswert eine
reelle Zahl ist und reelle Zahlen miteinander verglichen werden können, werden auch alle Investitionen miteinander vergleichbar, und die
optimale Investition wird bestimmbar. Bei der Auswahl aus mehreren
alternativen Investitionen ist die Investition mit dem höchsten Nutzenerwartungswert die vorteilhafteste für den Entscheidenden (72).

---

72   Da Investoren unterschiedliche Risikoneigungen aufweisen, muß
     die optimale Investition für verschiedene Entscheidungsträger
     nicht gleich sein.

Die Auswahl der optimalen Investition kann auch graphisch dargestellt werden. Dazu ist die Entwicklung von Nutzendifferenzkurven notwendig. In einem $E(K), \sigma^2$-Koordinatensystem kann man Indifferenzkurven einzeichnen, die alle $E(K), \sigma^2$-Kombinationen miteinander verbinden, denen gegenüber der Entscheidende neutral ist, die also den gleichen Nutzenerwartungswert (z.B. $E(U)_1$) haben (siehe Bild 2.6) (73).

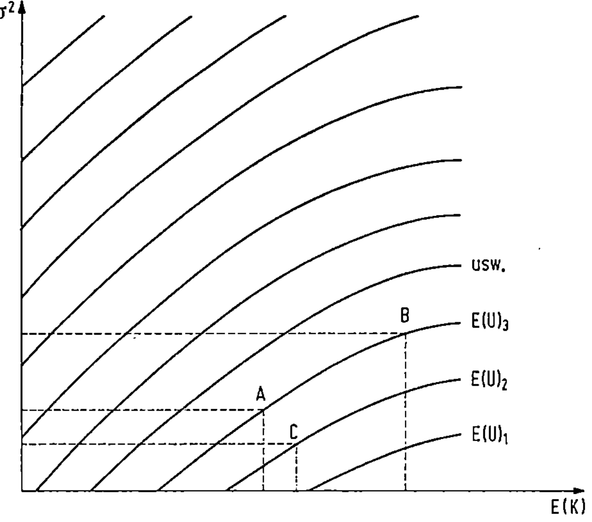

Bild 2.6: Nutzenindifferenzkurven

Je größer der Anstieg der Nutzenindifferenzkurven ist, desto weniger risikoscheu ist der Investor. Wenn man bei den in Bild 2.6 dargestellten Kurven von links nach rechts wandert, repräsentiert jede folgende Kurve ein höheres Anspruchsniveau des Investors, d.h. $E(U)_3 < E(U)_2 < E(U)_1$.

Durch Eintragung der $E(K)$ und σ^2-Werte aller alternativen Investitionsprogramme in die Nutzenindifferenzkurvenschar kann festgestellt werden, welches Programm auf der am weitesten rechts befindlichen Nutzenindifferenzkurve liegt und dadurch den höchsten Nutzenerwartungswert ergibt.

---

73   Die praktische Entwicklung von Nutzenindifferenzkurven wird im Abschnitt 6.4.6.2.2 anhand einer Fallstudie beschrieben.

In dem in Bild 2.6 dargestellten Beispiel haben die Programme A und B den gleichen Nutzenerwartungswert $E(U)_3$ und das Programm C hat einen Nutzenerwartungswert $E(U)_2$. Da $E(U)_2$ größer ist als $E(U)_3$, ist das Programm C das optimale Investitionsprogramm.

Wenn für einen Entscheidungsträger annähernd lineare Indifferenzkurven festgestellt werden können (bei Risikoneutralität des Entscheidungsträgers), dann kann die Auswahl von Investitionen aufgrund des Erwartungswertes des Kapitalwertes E(K) vorgenommen werden.

$E(U) = f(E(K))$ Formel 2.21

Die Tatsache, daß höhere Erwartungswerte des Kapitalwertes zu höheren Nutzenerwartungswerten E(U) führen, wird aus Bild 2.7 ersichtlich.

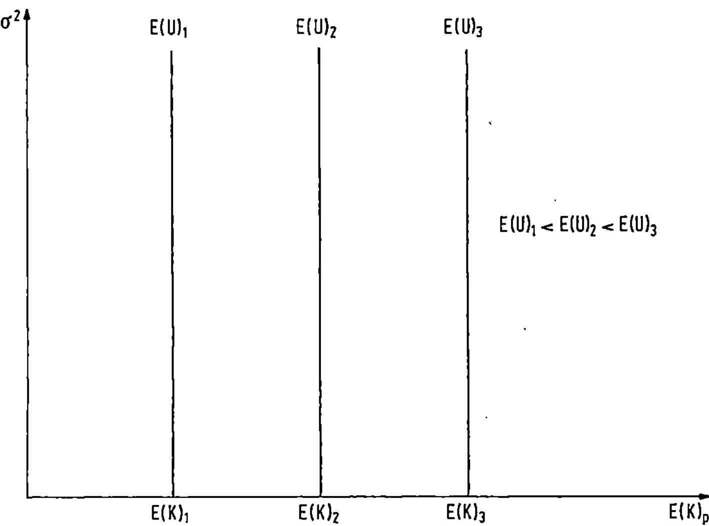

Bild 2.7: Auswahl der optimalen Investition bei linearen Indifferenzen

2.3.2.2.2.3.3 Gültigkeit des Bernoulli-Prinzips (Axiomsysteme)
Um Investitionsentscheidungen aufgrund subjektiver Risikoneigungen treffen zu können, ist zu prüfen, unter welchen Voraussetzungen sich das μ, σ -Prinzip mit dem Bernoulli-Prinzip in Einklang bringen läßt. Die Voraussetzungen für die Anwendungen des Bernoulli-Prinzips be-

stehen darin, daß einerseits Kapitalwerte der Investitionen approximativ normalverteilt sind (74) und daß andererseits den Anforderungen rationalen Entscheidens in Risikosituationen entsprochen wird.

Die Einschränkung der möglichen Wahrscheinlichkeitsverteilungen auf
Normalverteilungen schafft kein Problem bezüglich der Anwendung des
Bernoulli-Prinzips, da die Kapitalwerte in der Regel normalverteilt
angenommen werden können. Um beurteilen zu können, ob das Bernoulli-
Prinzip den Anforderungen rationalen Entscheidens in Risikosituatio-
nen entspricht, wurden verschiedene Systeme einfacher Forderungen
aufgestellt, die das Bernoulli-Prinzip zur Folge haben, aber besser
als das Bernoulli-Prinzip beurteilt und leichter als das Bernoulli-
Prinzip als rational akzeptiert werden können. Ein solches System von
Axiomen wurde von J.von Neumann und O.Morgenstern (75) angegeben.
Weitere Axiomsysteme stammen z.B. von Marschak (76), Friedmann und
Savage (77) und Samuelson (78).

Entscheidungen unter Unsicherheit unterliegen dem Bernoulli-Prinzip
entsprechend der Grundannahme des Rangordnungsprinzips, des Unabhängigkeitsprinzips, des Dominanzprinzips und des Stetigkeitsprinzips.
Das Prinzip der Rangordnung besagt, daß der Entscheidende in der Lage
sein muß, die Investition im Hinblick auf ein Ziel zu vergleichen
bzw. zu ordnen. Jede Rangordnung kann nur jeweils einem Ziel entsprechen. Wenn zwei Ziele bestehen, wie z.B. Rentabilitätsmaximierung und
Sicherheitsstreben, kann für jedes dieser Ziele eine eigene Rangordnung erstellt werden.

In der Literatur wird das Rangordnungsprinzip regelmäßig in strenger
Form vorgetragen, d.h. die Rangordnung aller Investitionen muß durch-
gehend sein, also dem Grundsatz der Transitivität entsprechen. Wenn

---

74	Vgl.: Bamberg,G., Coenenberg,A.G.: Betriebswirtschaftliche Ent-
	scheidungslehre, München 1974, 82.

75	Vgl.: Neumann,J.V., Morgenstern,O.: Theory of games and economic
	behaviour, a.a.O..

76	Marschak,J.: Rational behaviour, uncertain prospects, and mea-
	surable utility, Ec., 18/1950, 111-141.

77	Friedmann,M., Savage,L.J.: The expected-utility hypothesis and
	the measurability of utility, J.Pol.Ec., 60/1952, 463-474.

78	Samuelson,P.A.: Probability, utility and the independence axiom,
	Ec., 20/1952, 670-678.

daher z.B. die Investition A der Investition B vorgezogen wird, und
die Investition B der Investition C vorgezogen wird, dann muß auch
die Investition A der Investition C vorgezogen werden (in Symbolen:
Wenn A > B und B > C, dann A > C).

Das Unabhängigkeitsprinzip besagt, daß z.B. durch Hinzufügen einer Investition zu jeder der Investitionen, die miteinander verglichen werden, sich die ursprüngliche Rangordnung nicht ändert. Wenn z.B. A > B,
dann gilt auch A + C > B + C. Die Zusammenhänge lassen sich auch für
die Entscheidung unter Unsicherheit darstellen, in der A und B jeweils
mit der Wahrscheinlichkeit p auftreten und C die Restwahrscheinlichkeit
(1-p) hat (79).

$$p \cdot A + (1-p) \cdot C > p \cdot B + (1-p) \cdot C$$

Die Einhaltung des Unabhängigkeitsprinzips ist bei Investitionsentscheidungen eine logische Folge der Formulierung des Entscheidungsproblems, in dem sich gegenseitig ausschließenden Investitionen verglichen
werden, und daher nicht angenommen wird, daß zu einem definierten Investitionsprogramm (A oder B) eine Investition hinzugefügt werden kann.
Wenn eine solche Hinzufügung möglich erscheint, ist entsprechend der
Problemformulierung ein weiteres Investitionsprogramm bei der Entscheidungsfindung zu berücksichtigen (80).

Das Dominanzprinzip besagt, daß von zwei Investitionen jene vorzuziehen ist, die bei gleichem Risiko eine höhere Rentabilität erbringt
bzw. bei gleicher Rentabilität ein geringeres Risiko hat. Die Anwendung
des Dominanzprinzips bei der Investitionsentscheidung verhilft, alle
jene Investitionen, die von anderen dominiert werden, also entweder
eine geringere Rentabilität als die dominanten Investitionen bei
gleichem Risiko oder höheres Risiko als die dominanten Investitionen

---

79   Vgl.: Samuelson,P.: Probability, Utility and the Independence
     Axiom, a.a.O. und Friedman,M., Savage,L.J.: The expected Utility Hypothesis and Measurability of Utility, a.a.O..

80   Das Rangordnungsprinzip und implizit das Unabhängigkeitsprinzip werden auch bei Investitionsentscheidungen unter Sicherheit
     angewandt, wo Investitionen hinsichtlich ihrer Erfüllung einer
     Rantabilitätszielgröße (z.B. Kapitalwert) geordnet werden und
     jene Investition mit dem höchsten Zielerfüllungsgrad ausgewählt
     wird. Andere Zielgrößen wie z.B. das Sicherheitsstreben werden
     unterdrückt und bei der Entscheidungsfindung nicht berücksichtigt.

bei gleicher Rentabilität aufweisen, aus der Menge der betrachteten Investitionsvorhaben auszuscheiden. Durch die Feststellung von Dominanzen wird eine Ausscheidung irrelevanter Investitionsvorhaben vorgenommen. Eine für einen bestimmten Investor optimale Investition wird mittels des Dominanzprinzips in der Regel noch nicht gefunden.

Das Stetigkeitsprinzip kann in Verbindung mit der Bestimmung des Sicherheitsäquivalents erläutert werden. Wie in Abschnitt 2.3.2.2.2.3.1 ausgeführt, existiert für jede Wahrscheinlichkeitsverteilung aus einem niedrigen und einem hohen Kapitalwert ein Sicherheitsäquivalent (ein sicherer Kapitalwert).

Das Stetigkeitsprinzip fordert die Stetigkeit der Wertschätzung des Investors. So ergeben sich dem Stetigkeitsprinzip entsprechend bei sinkenden Wahrscheinlichkeiten für den höheren Kapitalwert und steigenden Wahrscheinlichkeiten für den niedrigen Kapitalwert stetig abnehmende – jedoch nicht proportional abnehmende – Sicherheitsäquivalente.

Falls bei einer Investitionsentscheidung die beschriebene Axiome, nämlich das Rangordnungsprinzip, das Unabhängigkeitsprinzip, das Dominanzprinzip und das Stetigkeitsprinzip gelten, kann aufgrund mathematischer Überlegungen die Gültigkeit des Bernoulli-Prinzips gefolgert werden (81).

2.3.2.2.2.3.4 Kritik am Bernoulli-Prinzip (82)

Das Bernoulli-Prinzip wird in der Literatur als das rationale Entscheidungsprinzip für Risikosituationen angesehen und insbesondere wegen seiner Flexibilität und seiner im Prinzip universellen Anwendbarkeit gegenüber den klassischen Entscheidungsprinzipien bevorzugt.

Die deskriptive Aussage des Bernoulli-Prinzips besagt, daß ein Entscheidungsträger in "allen" Risikosituationen eine Investition anhand des zugehörigen Nutzenerwartungswertes beurteilt. Diese Aussage über das Verhalten eines Entscheidungsträgers in Risikosituationen kann nur als Hypothese verstanden werden. Eine empirische Bestätigung im Sinne einer Verifikation ist (wie bei jeder "All"-Aussage) unmöglich.

---

81   Vgl.: Bamberg,G., Coenenberg,A.G.: Betriebswirtschaftliche Entscheidungslehre, a.a.O., 83.
82   Vgl. ebenda, 83 ff.

Die normative Aussage des Bernoulli-Prinzips lautet: "Entscheide in
Risikosituationen gemäß dem Bernoulli-Prinzip".

Die Beurteilung von Investitionen in Risikosituationen nach ihrem
Nutzenerwartungswert setzt die Kenntnis der Nutzenfunktion des Entscheidungsträgers voraus. Bei den Problemen, die sich bei der Entwicklung der subjektiven Nutzenfunktionen ergeben, setzt die Kritik
gegen das Bernoulli-Prinzip an. Kritiker führen aus, daß ein Entscheidungsträger, dessen Verhalten prognostiziert werden soll, das Verfahren der Nutzenmessung nicht gerne über sich ergehen läßt. Außerdem dauert eine Nutzenmessung zu lange, um bei raschen Entscheidungen vorgenommen werden zu können. Weiters wird kritisiert, daß, selbst
wenn der Bernoulli-Nutzen eines Entscheidungsträgers einmal gemessen
oder durch einige Meßpunkte approximiert worden ist, diese Kenntnis
wegen einer eventuellen Zeit- und Situationsabhängigkeit des Bernoul-
li-Nutzens später nicht mehr aktuell zu sein braucht. Diese Zeitab-
hängigkeit ist aber ein allgemeines Problem, das immer mit der Ver-
wertung empirischen Materials verbunden ist.

Weitere Kritikpunkte, wie z.B. das Auftreten von Schwierigkeiten bei
der Ermittlung der Wahrscheinlichkeiten, stellen keinen spezifischen
Einwand gegen das Bernoulli-Prinzip dar. Auch andere Ansätze zur Lösung von Unsicherheitssituationen erfordern die Kenntnis von Wahrscheinlichkeiten.

2.3.2.2.3 Investitionsentscheidung mit Hilfe der Protefeuille-Analyse

2.3.2.2.3.1 Risikoverbund der Investitionen eines Investitionspro-
grammes

In der Behandlung des Unsicherheitsproblems wurde bisher die Möglichkeit, daß die unsicheren Zahlungsströme der einzelnen in einem Investitionsprogramm zusammengefaßten Investitionen miteinander korrelieren,
nicht berücksichtigt. Da in vielen Fällen nicht angenommen werden kann,
daß die stochastischen Zahlungsströme der Investitionen eines Inve-
stitionsprogrammes voneinander unabhängig sind, ist versucht worden,

ein von Markowitz (83) zur Bestimmung optimaler Wertpapierportefeuilles entwickeltes Modell für die Planung von Sachinvestitionsprogrammen zu modifizieren (84).

Im Wertpapiergeschäft wird die Menge aller Wertpapiere, die sich im Besitz eines Investors befindet, als dessen Wertpapier-Portefeuille bezeichnet. In der Investitionstheorie wird der Portefeuille-Begriff als die Gesamtheit aller Investitionen eines Investors betrachtet. Investitionen, die Elemente eines Portefeuilles bilden, können unterschiedlichster Art sein. Für Bauunternehmen können z.B. Investitionen in Bauprojekte und Investitionen in Niederlassungen als Elemente verschiedener Portefeuilles definiert werden.

Bei der Bildung von Portefeuilles werden die Risiken der kombinierten Investitionen gemischt. Ziel der Bildung von Portefeuilles stellt daher nicht nur die Berücksichtigung des Sachverbundes, sondern auch die Ausnutzung des Risikoverbundes zwischen Investitionen dar. Wenn ein Sachverbund zwischen zwei Investitionen besteht, heißt das, daß der Kapitalwert der beiden gemeinsam verwirklichten Investitionen von der Summe der Kapitalwerte, die sich bei Einzelverwirklichung ergeben, abweicht. Dem Sachverbund wird man dadurch gerecht, daß die gemeinsame Verwirklichung zweier oder mehrerer Investitionen als ein Investitionsprogramm definiert und bewertet wird. Der Sachverbund interessiert bei der Portefeuille-Analyse nicht mehr, da bereits in der Problemstellung die Investitionen als Investitionsprogramme definiert werden. Ziel der Analyse ist daher, den Risikoverbund, also die Frage, wie entwickelt sich das Risiko, wenn mehrere Investitionen gemeinsam durchgeführt werden, zu analysieren und zu quantifizieren.

Generell wird angenommen, daß sich das Risiko eines Investors bzw. eines Unternehmens mit zunehmender Diversifikation   der Investitionen

---

83   Vgl.: Markowitz,H.M.: Portfolio-Selection, 3.Aufl., New York
      1959; Vgl. auch Richter,M.K.: Cardinal Utility, Portfolio-
      Selection and Taxation, Rev.of Econ.Stud., 27, 1959-60 und
      Sharpe,W.F.: A Simplified Model for Portfolio Analysis, Manag.
      Sci., 9, 1963.

84   Vgl.: Weingartner,H.M.: Capital Budgeting of Interrelated Pro-
      jects. Survey and Synthesis. Management Science, Providence,
      Vol.12 (1965/66), 485-516 und Peters,D.: Simultane Produktions-
      und Investitionsplanung mit Hilfe der Portfolio Selection, Ber-
      lin 1971.

reduziert. Das Anstreben einer hohen Diversifikation der in einem Portefeuille kombinierten Investitionen löst das Risikoproblem aber noch nicht. Will man das Risiko des Portefeuilles durch Diversifikation mindern, so muß unter Berücksichtigung der Korrelationen zwischen den Zahlungsströmen der einzelnen Investitionen diversifiziert werden.

Eine Korrelation zwischen Investitionen besteht dann, wenn gegenseitige Abhängigkeiten bezüglich der Entwicklung der Zahlungsströme vorhanden sind. Wenn sich die Zahlungsströme (Kapitalwerte) zweier Investitionen bei Eintritt bestimmter Zukunftslagen gemeinsam abwärts und aufwärts bewegen, sind sie positiv korreliert. Wenn sie sich in entgegengesetzte Richtungen bewegen, sind sie hingegen negativ korreliert. Die Korrelation zwischen zwei Investitionen wird mittels eines Korrelationskoeffizienten quantifiziert. Der Korrelationskoeffizient kann Werte von -1 bis +1 annehmen, abhängig vom Ausmaß und von der Richtung der Korrelation. Wenn sich zwei Investitionen in verschiedenen Richtungen entwickeln, also negativ miteinander korrelieren, hebt die Variation der Zahlungsströme der einen Investition die Variation der Zahlungsströme der anderen Investition (teilweise) auf, wodurch sich letztlich eine geringere Variation der Summe der Zahlungsströme der beiden Investitionen des Portefeuilles ergibt. Daher ist es, um das Risiko zu reduzieren, notwendig, Investitionen die stark positiv korrelieren, nicht im Portefeuille zu kombinieren. Die Kenntnis dieser Interdependenzen zwischen Investitionen ermöglicht ein strategisches Verhalten des Investors entsprechend seinen Zielvorstellungen bezüglich Spezialisierung oder Diversifikation des Unternehmens.

Wenn nur positive Korrelationen zwischen den möglichen Investitionen festzustellen sind, so ist es Ziel, den Risikozuwachs, der durch die Vornahme einer neuen Investition entsteht, zu minimieren. In der Portefeuille-Theorie wird jenes Risiko, das eine Investition zum Risiko eines Portefeuilles beiträgt, als dessen relevantes Risiko betrachtet. Das Risiko einer neuen Investition ist daher gleich dem marginalen Zuwachs des Risikos des um die neue Investition erweiterten Portefeuilles. Dieser marginale Zuwachs des Risikos kann in der Portefeuille-Analyse ermittelt werden.

In der Portefeuille-Analyse wird von den stochastischen Zahlungsströmen der einzelnen Investitionen ausgegangen. Die Erwartungswerte der Kapitalwerte der einzelnen Investitionen ermöglichen die Berechnung des Erwartungswertes des Kapitalwertes des Portefeuilles. Die Standardabweichung des Portefeuilles kann aufgrund der Standardabweichungen der Kapitalwerte der einzelnen Investitionen unter Berücksichtigung der Korrelationen zwischen den einzelnen Investitionen ermittelt werden. Zur Berechnung der Standardabweichung des Portefeuilles sind in einer Korrelationsanalyse die Korrelationskoeffizienten für die im Portefeuille kombinierten Investitionen festzustellen.

2.3.2.2.3.2 Korrelationsanalyse

In einer Korrelationsanalyse werden Korrelationen zwischen Investitionen festgestellt und mittels Korrelationskoeffizienten quantifiziert. Grundsätzlich kann sich eine Korrelation zwischen zwei Investitionen in Form eines Risikogleichlaufes, mit einem Korrelationskoeffizienten von +1, in Form einer Risikominderung, mit einem Korrelationskoeffizienten von unter +1 aber über -1, und in Form eines Risikoausgleiches mit einem Korrelationskoeffizienten von -1 ausdrücken.

Da für den Ansatz von Korrelationskoeffizienten in der Regel keine objektiven Erfahrungswerte aus der Vergangenheit vorliegen, müssen diese ermittelt werden. Die Ermittlung des Korrelationskoeffizienten zweier Investitionen kann z.B. mittels Berechnung von gewichteten durchschnittlichen Korrelationskoeffizienten oder mittels globaler subjektiver Schätzung vorgenommen werden.

Das Verfahren der Berechnung gewichteter durchschnittlicher Korrelationskoeffizienten geht von einer Bestimmung von Einflußfaktoren aus, die eine Korrelation zwischen zwei Investitionen verursachen. Für jeden dieser Einflußfaktoren wird das Ausmaß der Korrelation geschätzt und mittels eines Korrelationskoeffizienten (Faktorenkoeffizient) quantifiziert. Nach der Bestimmung der Gewichte, die die einzelnen Einflußfaktoren für die Ermittlung der Gesamtkorrelation haben, kann durch Multiplikation der Faktorengewichte mit den Faktorenkoeffizienten und anschließender Summierung dieser Produkte ein gewichteter durchschnittlicher Korrelationskoeffizient errechnet werden.

Bei Berechnung des gewichteten durchschnittlichen Korrelationskoeffizienten kann je nach Art und Umfang der erwarteten Korrelation zweier Investitionen von den Extremfällen, vollkommene positive, vollkom-

mene negative oder keine Korrelation, ausgegangen werden. Da für Bauunternehmen in der Regel keine negativen Korrelationen existieren,
ist die vollkommene negative Korrelation nicht zu betrachten. Geht
man von der Annahme einer vollkommenen positiven Korrelation aus, dann
sind Faktoren zu suchen, die das Eintreten dieser theoretischen vollkommenen Korrelation nicht ermöglichen. Nach der Erfassung dieser
Einflußfaktoren wird festgestellt, wie stark diese Faktoren die vollkommene Korrelation vermindern und wie stark daher die tatsächliche
Korrelation ist.

Geht man von der Annahme aus, daß keine Korrelation zwischen zwei Investitionen besteht, so wird nach Faktoren gesucht, die eine eventuell
vorhandene Korrelation verursachen. Der Einfluß dieser Faktoren bestimmt das Ausmaß dieser bestehenden Korrelation. Hierbei werden alle
Einflußfaktoren, die eine Korrelation bedingen, explizit berücksichtigt. Das Verfahren der Berechnung gewichteter durchschnittlicher
Korrelationskoeffizienten wird einmal von der Annahme einer vollkommenen positiven Korrelation ausgehend und einmal von der Annahme ausgehend, daß keine Korrelation vorliegt, beispielsweise dargestellt:

Beispiel 2.4:

Angabe: Es soll der Korrelationskoeffizient für zwei Hochbauprojekte
gleicher Dimension festgestellt werden. Beide Baustellen liegen im
gleichen geographischen Gebiet und sollen in etwa dem gleichen Zeitraum durchgeführt werden. Die zur Anwendung gelangenden Bauverfahren
sind ident.

Lösung: Da fast alle Einflußfaktoren der Ergebnisentwicklung der beiden Bauprojekte gleich sind (z.B. Kostenentwicklung für Material,
Löhne und Geräte, Kosten durch klimatische Bedingungen, etc.) kann von
der Annahme einer vollkommenen positiven Korrelation ausgegangen werden. Faktoren, die diese vollkommene positive Korrelation vermindern,
sind die speziellen Baustellenbedingungen, die unterschiedlichen Einflüsse auf die Baukosten haben können, und die möglicherweise unterschiedliche Qualifikation der Bauleitung und des Baustellenpersonals.
Gewichte und Korrelationen dieser beiden Faktoren, sowie der "sonstigen"-Faktoren, die alle jene Faktoren einschließen, für die ein Korrelationskoeffizient von +1 angesetzt wird, können der Tabelle 2.2
entnommen werden.

Tabelle 2.2: Ermittlung des gewichteten durchschnittlichen
             Korrelationskoeffizienten

Einflußfaktor	Gewicht	Korrelations-koeffizient	(1)x(2)
	(1)	(2)	(3)
spezielle Baustellenbedingungen	5%	0,5	0,025
Qualifikation des Personals	10%	0,2	0,020
sonstiges	85%	1,0	0,850
	100%	–	0,895

Aus Tabelle 2.2 wird ersichtlich, daß sich die durch die speziellen
Baustellenbedingungen verursachten Kosten (mit dem Einfluß von 5% auf
die Gesamtkosten) nicht unabhängig voneinander entwickeln, sondern
daß eine Korrelation von 0,5 angenommen wird. Diese Korrelation kann
sich z.B. durch die Verwendung gleicher Transportmittel ergeben. Die
Korrelation des Faktores "Qualifikation des Personals" wurde deswegen
nicht mit 0,0 sondern mit 0,2 angesetzt, da angenommen wird, daß durch
zentrale Kontrolle und zentrale Schulung schwache Korrelationen existieren. Da alle sonstigen Einflußfaktoren vollkommen positiv korrelieren, ergibt sich ein gewichteter durchschnittlicher Korrelationskoeffizient von 0,895.

Beispiel 2.5:

Angabe: Es soll der Korrelationskoeffizient zwischen einem Hochbau-
und einem Tiefbauprojekt festgestellt werden. Aufgrund der unterschiedlichen Bausparten sind verschiedene Technologien und verschiedenes
Know-how zur Durchführung dieser Bauprojekte notwendig. Die Baustellen befinden sich zwar beide im Inland, liegen jedoch in geographischen Gebieten, die unterschiedlichen klimatischen Verhältnissen aus-
gesetzt sind.

Lösung: Obwohl beide Inlands-Bauprojekte von Kostensteigerungen im
gleichen Ausmaß bei Material, Löhnen und Geräten betroffen werden
können, wird keine vollkommene Korrelation für diese Kostenarten angenommen, da das Verhältnis Materialkosten zu Lohnkosten, zu Geräte-
kosten für die beiden Bauprojekte unterschiedlich ist und sich daher
z.B. Lohnsteigerungen unterschiedlich stark auf die Gesamtkosten der
beiden Bauprojekte auswirken. Die Einflüsse klimatischer Verhältnis-
se sind zwar nicht unabhängig voneinander, es wird jedoch nur eine
schwache Korrelation von 0,3 geschätzt. Der Einfluß der unterschiedlichen Technologie und des unterschiedlichen Know-hows wird, wie aus
Tabelle 2.3 ersichtlich, relativ hoch mit 20% gewichtet. Da angenom-

men wird, daß man auf beiden Baustellen spezialisiertes Fachpersonal einsetzt, wird für den Faktor "Technologie und Know-how" ein Korrelationskoeffizient 0,0 angenommen. Unter "sonstige Faktoren" können Faktoren, wie z.B. die Zahlungsmoral des Bauherrn, Subunternehmerleistungen, Organisationsstruktur, Arbeitsmotivation, etc. zusammengefaßt und quantifiziert werden.

Tabelle 2.3: Ermittlung des gewichteten durchschnittlichen Korrelationskoeffizienten

Einflußfaktoren	Gewicht (1)	Korrelations-koeffizient (2)	(1)x(2) (3)
Einzelkosten (Material, Löhne, Geräte)	60%	0,8	0,480
klimatische Verhältnisse	5%	0,3	0,015
Technologie und Know-how	20%	0,0	0,000
sonstiges	15%	0,0	0,000
	100%	–	0,495

Diese beispielsweisen Berechnungen von Korrelationskoeffizienten werden im Abschnitt 5.1.3.1 durch eine Auflistung von Faktoren, die Korrelationen zwischen den Zahlungsströmen von Bauprojekten beeinflussen können, ergänzt.

2.3.2.2.3.3 Berechnung der Charakteristika eines Portefeuilles

Die Charakteristika eines Portefeuilles sind dessen Erwartungswert des Kapitalwertes (bzw. der äquivalenten Annuität) und die Standardabweichung des Kapitalwertes (bzw. der äquivalenten Annuität). Der Erwartungswert des Kapitalwertes des Portefeuilles $E(K)_p$ wird durch Summierung der Erwartungswerte der Kapitalwerte $E(K)_m$ der einzelnen Investitionen m mittels der Formel 2.22

$$E(K)_p = \sum_{m=1}^{M} E(K)_m \qquad m = 1, \ .. \ M \qquad \text{Formel 2.22}$$

wobei $E(K)_p$ = Erwartungswert des Kapitalwertes des Portefeuilles,

$E(K)_m$ = Erwartungswert des Kapitalwertes der Investition m

und M   = Anzahl der Investitionen im Portefeuille,

berechnet.

Die Standardabweichung des Kapitalwertes der Portefeuilles σ_p kann entweder mittels der Formel 2.23

$$\sigma_p = \sqrt{\sum_{m=1}^{M} \sigma_m^2 + \sum_{m=1}^{M} \sum_{m=1}^{M} \rho_{mj}\sigma_m\sigma_j} \qquad m \neq j \qquad \text{Formel 2.23}$$

oder mittels der Formel 2.24

$$\sigma_p = \sqrt{\sum_{m=1}^{M} \sum_{j=1}^{M} \rho_{mj}\sigma_m\sigma_j} \qquad\qquad \text{Formel 2.24}$$

wobei σ_p = Standardabweichung des Kapitalwertes des Portefeuilles,

σ_m^2 = Varianz des Kapitalwertes der Investition m

und ρ_{mj} = Korrelationskoeffizient der Investition m und j,

berechnet werden (85).

Der Risikoverbund zwischen den Investitionen eines Portefeuilles drückt sich dadurch aus, daß die Standardabweichung des Portefeuilles geringer ist als die Summe der Standardabweichungen der einzelnen Investitionen. Wenn bei Hinzufügung einer Investition zu einem bestehenden Portefeuille der marginale Zuwachs der Standardabweichung des Portefeuilles geringer ist als die Standardabweichung der hinzugefügten Investition bei Beurteilung in Isolierung, besteht ein Risikoverbund zwischen den Investitionen des bestehenden Portefeuilles und der neuen Investition. Die Tatsache, daß der marginale Zuwachs geringer ist als die Standardabweichung der in Isolierung beurteilten Investition wird als Portefeuille-Effekt bezeichnet.

Um die Wirkung des Portefeuille-Effektes aufzuzeigen, wird das Bespiel 2.6 ausgeführt:

Beispiel 2.6:

Angabe: Zu einer bestimmten Investition 1 soll eine zweite Investition 2 hinzugefügt werden. Die Erwartungswerte der Kapitalwerte und die Standardabweichungen der Kapitalwerte der beiden Investitionen sind:

$E(K)_1 = 100,$ $\qquad \sigma_1 = 20$

$E(K)_2 = 50,$ $\qquad \sigma_2 = 10$

---

85   Es ist zu beachten, daß bei Formel 2.23 m ungleich j sein muß, hingegen bei Formel 2.24 m gleich j sein kann. Beide Formeln ergeben dieselbe Standardabweichung des Portefeuilles.

Der Erwartungswert des Kapitalwertes des Portefeuilles und die Standardabweichung des Kapitalwertes des Portefeuilles sind unter Berücksichtigung verschiedener Korrelationskoeffizienten zu errechnen:

(a) $\rho_{mj} = +1$,   (b) $\rho_{mj} = 0$,   (c) $\rho_{mj} = -1$

<u>Lösung</u>: Der Erwartungswert des Kapitalwertes des Portefeuilles $E(K)_p$ wird durch Summierung der Erwartungswerte der Kapitalwerte der einzelnen Investitionen errechnet:

$$E(K)_p = \sum_{m=1}^{2} E(K)_m = 100 + 50 = \underline{150}$$

Die Standardabweichung des Kapitalwertes des Portefeuilles σ_p wird für die verschiedenen Korrelationskoeffizienten mit Hilfe der Formel

$$\sigma_p = \sqrt{\sum_{m=1}^{2} \sigma_m^2 + \sum_{m=1}^{2} \sum_{j=1}^{2} \rho_{mj}\sigma_m\sigma_j} \qquad m \neq j$$

errechnet.

(a) $\rho_{mj} = +1$

$$\sigma_p = \sqrt{(400 + 100) + (2)(+1)(20)(10)} = \sqrt{900} = \underline{\underline{30}}$$

Da der Korrelationskoeffizient ρ_{12} wie der Korrelationskoeffizient ρ_{21} gleich +1 ist, kann das Produkt $(+1)(20)(10)$ mit 2 multipliziert werden. Der marginale Zuwachs der Standardabweichung des Portefeuilles σ_p bei Vornahme der Investition 2 beträgt 10. Das entspricht der Standardabweichung der Investition 2 bei Beurteilung in Isolierung.
Bei einem Korrelationskoeffizienten von +1 kann daher kein Portefeuille-Effekt erzielt werden (86). Immer wenn der Korrelationskoeffizient zweier Investitionen kleiner als +1 ist, ergibt sich jedoch ein Portefeuille-Effekt.

(b) $\rho_{mj} = 0$

$$\sigma_p = \sqrt{(400 + 100) + (2)(0)(20)(10)} = \sqrt{500} = \underline{\underline{22}}$$

Der marginale Zuwachs der Standardabweichung des Portefeuilles σ_p beträgt 2. Bei einem Korrelationskoeffizienten von 0 kann daher ein starker Portefeuille-Effekt festgestellt werden, da die Standardabweichung des Portefeuilles bei Vornahme der Investition 2 nur um 2 zunahm, obwohl die Standardabweichung σ_2 10 beträgt (87).

---

86   Bei Betrachtung eines Portefeuilles aus zwei Investitionen und
     bei einem Korrelationskoeffizienten von +1 gilt:

$$\sigma_p = \sigma_1 + \sigma_2$$

87   Bei Betrachtung eines Portefeuilles aus zwei Investitionen und
     bei einem Korrelationskoeffizienten von 0 gilt:

$$\sigma_p^2 = \sigma_1^2 + \sigma_2^2$$

(c) $\rho_{mj} = -1$

$$\sigma_p = \sqrt{(400 + 100) + (2)(-1)(20)(10)} = \sqrt{400} = \underline{10}$$

Der marginale Zuwachs der Standardabweichung des Portefeuilles σ_p bei Vornahme der Investition 2 beträgt -10. Durch den negativen Korrelationskoeffizienten reduziert sich das Risiko des Portefeuilles. Bei einem Korrelationskoeffizienten von -1 ergibt sich daher der stärkste Portefeuille-Effekt (88).

2.3.2.2.3.4 Portefeuille-Auswahl (Investitionsentscheidung)

Die existierenden Investitionen eines Investors können als existierendes Portefeuille definiert werden. Durch Hinzufügung einer oder mehrerer Investitionen zu dem existierenden Portefeuille können neue alternative Portefeuilles gebildet werden (89).

Durch die Berechnung der Charakteristika $E(K)_p$ und σ_p bzw. σ_p^2 des existierenden Portefeuilles und einzelner alternativer Portefeuilles besteht die Möglichkeit, die Vorteilhaftigkeit dieser Portefeuilles zu vergleichen. Der Erwartungswert $E(K)_p$ und die Varianz σ_p^2 jedes möglichen Portefeuilles können in ein $E(K)_p$, σ_p^2-Koordinatensystem eingetragen werden. Die schraffierte Fläche des Bildes 2.8 zeigt die Menge aller möglichen Portefeuilles, welche ein Investor aus einer verfügbaren Menge von Investitionen bilden kann. Jedes Portefeuille ist durch einen Punkt dieser schraffierten Fläche repräsentiert. Der Investor ist jedoch nur an der effizienten Menge dieser Gesamtmenge möglicher Portefeuilles interessiert. Diese effiziente Menge wird von der rechten Begrenzung der schraffierten Fläche, also von der Linie zwischen den Punkten A und B gebildet. Jedes Portefeuille, das nicht auf dieser Linie liegt, wird von auf der Linie liegenden Portefeuilles dominiert.

Bei Betrachtung des Portefeuilles C wird ersichtlich, daß bei gleichem Risikoniveau Portefeuille D einen höheren Ertrag abwirft. Hin-

---

88   Bei Betrachtung eines Portefeuilles aus zwei Investitionen und bei Annahme eines Korrelationskoeffizienten von -1 gilt:

$$\sigma_p = \sigma_1 - \sigma_2$$

89   Die einzelnen Schritte der Portefeuille-Analyse werden in den Kapiteln 5 und 6 im Detail beschrieben.

gegen ist bei gleichem Ertragsniveau das Portefeuille E weniger risi-
kohaft. Daher dominieren die Portefeuilles E und D das Portefeuille C.
Die Kurve der effizienten Portefeuilles zeigt für jeden Risikowert
den maximalen Gewinn bzw. für jeden Gewinnwert das minimale Risiko.

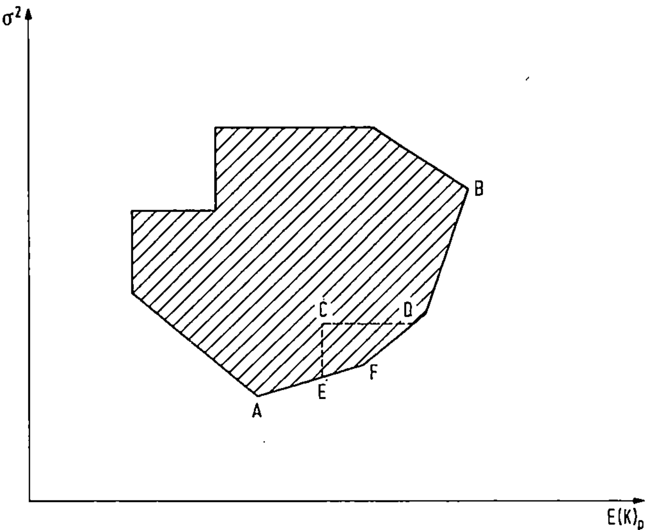

Bild 2.8: Zulässigkeitsbereich für $E(K), \sigma^2$ -Kombinationen

Ein effizientes Portefeuille auf dieser Kurve läßt sich rechnerisch
ermitteln, indem der Zielfunktion, das Risiko zu minimieren, entsprochen wird und die Nebenbedingungen, einen Mindestgewinn in der Höhe
eines absoluten Betrages zu erwirtschaften und einen verfügbaren Geld-
betrag für die Anschaffung der Investition nicht zu überschreiten,
eingehalten werden. Der Rechenansatz führt zu einem nichtliniaren Pro-
grammierungsproblem: Eine quadratische Zielfunktion ist zu minimieren, unter linearen Nebenbedingungen. Um den Verlauf der Kurve der effizienten Portefeuilles bestimmen zu können, sind zahlreiche solcher
quadratischer Programme auszurechnen und deren Ergebnisse graphisch
darzustellen. Es erfolgt eine mehrmalige Variation des Parameters
"Gewinnvorgabe" in der ersten Nebenbedingung (90).

---

90 Markowitz,H. hat ein Rechenverfahren zur Bestimmung der effi-
    zienten Menge von Portefeuilles entwickelt, das zum erstenmal
    in dem Aufsatz "Portfolio Selection", im Journal of Finance 7,
    no.1, March 1972, 77-91 beschrieben wurde.

Die Kenntnis der wichtigsten Punkte auf der Kurve der guten Handlungsmöglichkeiten löst das Problem der optimalen Portefeuille-Auswahl
nicht. Es werden nur schlechte Investitionsmischungen von guten getrennt. Welches der guten Portefeuilles optimal ist, hängt von der
Risikoneigung des Entscheidenden ab. Die Festlegung der wichtigsten
Punkte auf der Kurve schließt deshalb nur die Entscheidungsvorbereitung ab, nicht den Entscheidungsprozeß selbst. Durch die Bestimmung
der Menge der effizienten Portefeuilles kann man wesentlich zur Vorbereitung der Entscheidung beitragen, ohne die Nutzenfunktion des
Entscheidungsträgers, der das optimale Portefeuille auswählt, zu kennen. Es ist jedoch nicht möglich zu sagen, daß ein Portefeuille der
effizienten Menge ein anderes der effizienten Menge dominiert. Die
endgültige Auswahl richtet sich nach der subjektiven Risikoneigung
des Entscheidungsträgers. Die vorbereitende Rechnung erleichtert
aber diese Auswahl, weil die relevanten Wahlmöglichkeiten klar herausgestellt werden.

Strebt der Investor nicht nur eine Information über die effizienten
Portefeuilles, sondern eine Problemoptimierung an, so ist seine subjektive Nutzenfunktion festzustellen. Die Bestimmung des optimalen
Portefeuilles erfolgt dem Bernoulli-Prinzip entsprechend durch Überlagerung der Kurve der effizienten Portefeuilles und der subjektiven
Nutzenindifferenzkurven. Das optimale Portefeuille eines Investors
ist der Tangentialpunkt der effizienten Menge mit der höchstmöglichen
Nutzenindifferenzkurve. In dem in Bild 2.9 dargestellten Beispiel
ist das Portefeuille F das optimale Portefeuille für den Entscheidungsträger.

Das Portefeuille-Auswahl-Modell wurde hier als einperiodiger Lösungsversuch für die Auswahlentscheidung des Bauunternehmens dargestellt.
In der Literatur existieren bereits theoretische Ansätze für eine
mehrperiodige Planung von Wertpapierportefeuilles. Schmidt (91) formuliert ein kybernetisches Modell der Kapitalanlage-Entscheidung,
worin Handlungssequenzen mit Hilfe des Entscheidungsbaumverfahrens
zu planen sind.

---

91 Schmidt,R.: Mehrperiodige Portefeuilleplanung, Heft Nr. 24 des
      Institutes für Betriebswirtschaftslehre der Christian-Albrechts-
      Universität Kiel, Kiel 1975.

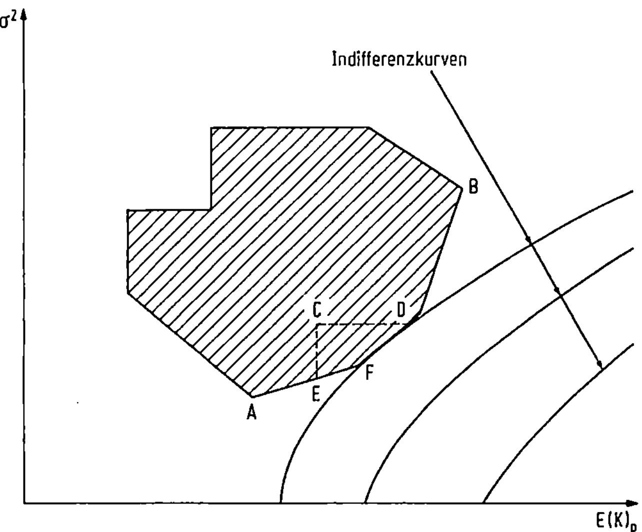

Bild 2.9: Bestimmung des optimalen Portefeuilles

Kritiker der Portefeuille-Analyse weisen primär auf das Problem der
Datenbeschaffung zur Schätzung stochastischer Zahlungströme sowie zur
Durchführung von Korrelationsanalysen hin. Man ist tatsächlich in der
Regel auf subjektive Schätzungen angewiesen. Die Möglichkeit, wider-
spruchsfreie Angaben über Erwartungswert, Varianz und Korrelation von
Zahlungsströmen zu gewinnen, erzwingt sorgfältige Schätzungen. Man
wird daher bestrebt sein, sich soweit wie möglich von rein subjektiven
Wahrscheinlichkeiten zu lösen und objektive, d.h. durch statische
Angaben fundierte Angaben zu erhalten. Wo derartige Informationen jedoch fehlen, dürfte es besser sein, auf subjektive Schätzungen zurückzugreifen als die bestehenden stochastischen Interdependenzen
ganz zu vernachlässigen. Die Forderung stochastische Zahlungsströme
zu schätzen, wird auch bei der Anwendung der traditionellen Investitionsrechnungsmethoden gestellt und ist daher nicht als besonderer
Aufwand der Portefeuille-Analyse zu bewerten. Zusätzlichen Aufwand
bildet nur die Ermittlung von Korrelationskoeffizienten, die zur
Quantifizierung der Interdependenzen zwischen einzelnen Investitionen dienen. Mit Hilfe dieser Korrelationskoeffizienten wird aber erst
eine ganzheitliche Betrachtung eines Bauunternehmens und die Aufstellung von gesamtunternehmerischer Investitionsplänen möglich.

2.4 Berücksichtigung pluralistischer Ziele bei Investitionsentscheidungen

Aufgrund einer pluralistischen Zielsetzung des Entscheidungsträgers können mehrere Kriterien für die Beurteilung von Investitionen relevant sein. Bisher wurde auf eine pluralistische Zielsetzung, nämlich auf die Maximierung des Erwartungswertes des Kapitalwertes für ein gegebenes Risiko (bzw. die Minimierung des Risikos für einen geplanten Erwartungswert des Kapitalwertes) näher eingegangen. In den folgenden Ausführungen werden Ziele bzw. Kriterien beschrieben, die zusätzlich zu diesen durch Zahlungsströme bedingten Kriterien entscheidungsrelevant sein können. Nach einer Aufzählung diesbezüglicher Kriterien, die keinen Anspruch auf Vollständigkeit erheben kann, werden die Möglichkeiten der Berücksichtigung mehrerer Entscheidungskriterien bei der Beurteilung von Investitionen angeführt.

2.4.1 Pluralistische Zielsetzung des Entscheidungsträgers
Bei einer wirklichkeitsnahen Beurteilung von Investitionen müssen in der Regel neben dem bereits beschriebenen Ziel der Kapitalwertmaximierung eine Reihe weiterer Ziele berücksichtigt werden. Bei Vorliegen mehrerer Ziele wird gegenüber einer monistischen Zielsetzung von einer pluralistischen Zielsetzung gesprochen.

Die Tatsache, daß das Gewinnstreben (92) in der Regel das bedeutendste Ziel von Entscheidungsträgern darstellt, darüberhinaus aber noch weitere Ziele angestrebt werden, ist aus der Tabelle 2.4 ersichtlich. In der Tabelle 2.4 sind Unternehmensziele und ihre Wichtigkeiten angegeben, wie sie beispielsweise in Süddeutschland bei einer Befragung des Institutes für Industrieforschung und betriebliches Rechnungswesen der Universität München ermittelt wurden.

Die in Tabelle 2.4 angegebenen Ziele stellen sogenannte Oberziele des Entscheidungsträgers dar. "Der Begriff Oberziel stammt aus der Einteilung der Ziele in Ober-, Zwischen- und Unterziele. Diese Einteilung

---

92 Das Gewinnstreben kann vereinfachend anstatt dem Ziel der Kapitalwertmaximierung verwendet werden, da langfristiges Gewinnstreben zur Kapitalwertmaximierung führt.

Tabelle 2.4: Ranghäufigkeit von Unternehmenszielen (nach Heinen, E.,
            Das Zielsystem der Unternehmung, Wiesbaden 1966, 39)

Zielinhalt \ Zielrang	mittlerer Rang	häufigster Rang
Gewinn	2,44	1
Sicherheit	3,24	2
soziale Verantwortung gegenüber Belegschaft	4,51	3
Marktanteil	5,20	4
Unabhängigkeit	4,46	5
Kundenpflege	4,50	5
wirtschaftliches Wachstum	4,87	6
Prestige	6,47	7

beruht darauf, daß ein gesetztes Ziel für bestimmte Entscheidungssi-
tuationen durch ein anderes ersetzt werden kann, ohne daß die zu tref-
fende Entscheidung davon beeinflußt wird" (93). Das Anstreben eines
Unterzieles dient gleichzeitig auch dem Erreichen des zugehörigen Ober-
zieles. Zwischen den Zielen "Vermeidung von Kosten" und "Erreichung von
Gewinn" besteht z.B. eine solche Mittel-Zweck-Beziehung. Das Vermeiden
von Kosten, das in bezug auf das angestrebte Oberziel die Bedeutung
eines Mittels hat, ist seinerseits auch Unterziel. Bei mehr als zwei
Gliedern der Kette ergeben sich dementsprechend Unterziele, Zwischen-
ziele und Oberziele.

"Die Einteilung in Ober-, Zwischen- und Unterziele ist in mehrerer
Hinsicht bedeutsam. So kann es notwendig sein, ein Betriebsziel bei
Dezentralisation von Entscheidungen für die mittleren und unteren In-
stanzen durch ein Unterziel oder mehrere Unterziele zu ersetzen, da
das Betriebsziel zwar im Rahmen des betrieblichen Entscheidungsprozesses als Ganzes, nicht aber bei jeder Einzelentscheidung operabel
ist; auch hierfür können die Ziele Gewinn und Vermeidung von Kosten
als Beispiel dienen" (94).

---

93 Diederich,H.: Allgemeine Betriebswirtschaftslehre I, a.a.O.,
    142.

94 Ebenda, 142.

Entsprechend der Einteilung in Ober-, Zwischen- und Unterziele können
Ziele zu einer Zielhierarchie aufgefächert werden. Ein Ausschnitt einer Zielhierarchie, die für Investitionen in Baugeräten relevant sein
kann, ist in Bild 2.10 dargestellt.

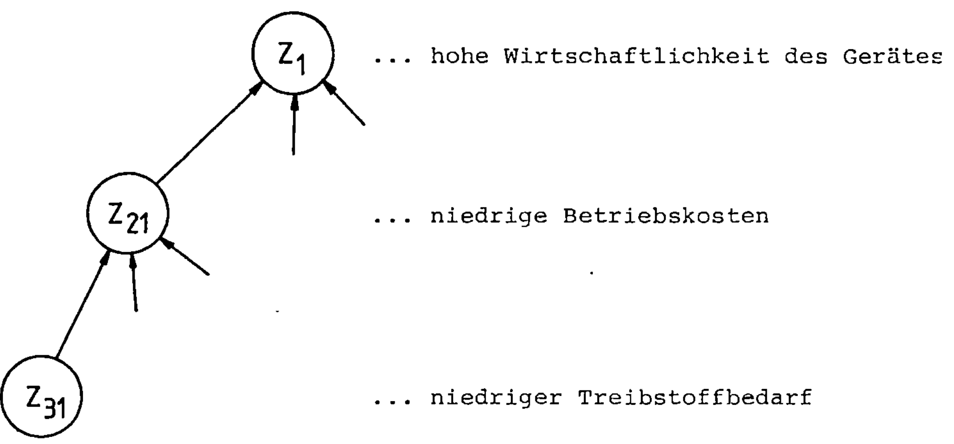

Bild 2.10: Ausschnitt einer Zielhierarchie, entnommen aus:
           Zangemeister, Ch.: Nutzwertanalyse in der Systemtechnik,
           München 1970, 102.

Die Ziele eines Entscheidungsträgers können entweder begrenzt oder unbegrenzt sein. Eine begrenzte Zielsetzung verlangt z.B. das Erreichen
eines vorgegebenen Wertes (95). Aus einer unbegrenzten Zielsetzung
folgt, daß diejenige Investition, die den höchsten Zielerfüllungsgrad
verspricht, die günstigste Beurteilung erfährt.

Die von einem Entscheidungsträger angestrebten Ziele stehen zueinander
in Beziehung, wobei zwischen ihnen Konkurrenz, Komplementarität oder
Indifferenz bestehen kann. Komplementarität liegt vor, wenn die Erhöhung des Erfüllungsgrades eines Zieles auch den Erfüllungsgrad eines
anderen Zieles steigert. Komplementarität kann z.B. zwischen Umsatz
und Gewinn, aber auch zwischen Unternehmensprestige und Gewinn bestehen. Unter der Annahme, daß sich durch die Erhöhung des Prestiges
des Unternehmens die Verbundenheit der Arbeitnehmer mit dem Unternehmen stärkt und dadurch Produktionsteigerungen bewirkt, hat das Pre-

---

95 Eine begrenzte Zielsetzung ist es, einen Marktanteil von 20%
    anzustreben.

stigestreben Auswirkungen auf den Gewinn des Unternehmens. Zwei Ziele sind konkurrierend, wenn die Erhöhung des Zielerfüllungsgrades eines Zieles den eines anderen Zieles senkt, wenn also z.B. die Erhöhung des Gewinnes mit einer Senkung des Marktanteils verbunden ist und umgekehrt. Zielindifferenz ist durch das Fehlen gegenseitiger Beeinflussung gekennzeichnet. Die möglichen Beziehungen zwischen Zielen werden in der Literatur ausführlich behandelt (96). Ob Ziele konkurrierend, komplementär oder indifferent sind, läßt sich jeweils nur für eine bestimmte Entscheidungssituation aussagen.

Das situationsgerechte Zielsystem, das einer Investitionsentscheidung zugrundegelegt wird, muß alle wesentlichen entscheidungsrelevanten Ziele beinhalten und die Beziehungen zwischen den einzelnen Zielen berücksichtigen. Ein stark spezifiziertes Zielsystem führt aber nicht unbedingt zu guten Ergebnissen bei der Beurteilung von Investitionen. Ins Detail gehende Ziele sind überflüssig, wenn keine Informationen über die Zielerfüllungen (Zielerträge) durch die zu beurteilenden Investitionen beschafft werden können. Voraussetzungen für die Beurteilung von Investitionen sind daher operationale Zielformulierungen. "Ein Ziel ist operational, wenn eine Meßvorschrift vorliegt, mit deren Hilfe die Erreichung des Zieles gemessen werden kann" (97). Auf die Messung von Zielerträgen wird in Abschnitt 2.4.3.2 eingegangen.

2.4.2 Entscheidungsrelevante Kriterien zur Beurteilung von Investitionen des Bauunternehmens

Wenn ein Entscheidungsträger einer Investitionsentscheidung mehrere Zielsetzungen zugrundelegt, sind die Zielerträge der betrachteten Investition hinsichtlich einzelner Kriterien zu beurteilen. Ein von Hirsch (98) aufgestellter Katalog von organisations- und projektspezifischen Kriterien wird in Tabelle 2.5 wiedergegeben, um beispielsweise zu zeigen, welche Kriterien bei der Beurteilung von Investitionen entscheidungsrelevant sein können. Die jeweilige Auswahl von in-

---

96 Vgl. z.B. Jöhr,W.A., Singer,H.W.: The Role of the Economist ...
    a.a.O.; Gäfgen,G.: Theorie der wirtschaftlichen Entscheidung,
    a.a.O..

97 Heinen,E.: Einführung in die Betriebswirtschaftslehre, 3.Aufl.,
    Wiesbaden 1970, 99.

98 Vgl.: Hirsch,V.: Bewertungsprofile bei der Planung neuer Produkte, ZfbF, Heft 5/1968, 300.

Tabelle 2.5: Organisations- und projektspezifische
Entscheidungskriterien

Organisationsspezifsche Kriterien

Absatzbereich:

1. Marktabhängige Kriterien

   - erreichbare Verkaufsmengen
   - voraussichtliche Preise und Gewinnspanne
   - Exportmöglichkeiten
   - Einkaufsmacht des Kunden
   - Substitutionsrisiko
   - Konjunkturabhängigkeit
   - Gegenmaßnahmen der Konkurrenz
   - Werbeaufwand
   - Erfolgsrisiko

2. Unternehmensabhängige Kriterien

   - Nutzung der vorhandenen Absatzorganisation
   - Nutzung des Goodwill bisheriger Produkte
   - Beitrag zum Verkauf der übrigen Produkte

Produktionsbereich:

1. Personelle Kriterien

   - Nutzung von Kapazitätsreserven an Arbeits-
     kräften
   - Arbeitsbedingungen am Arbeitsplatz (Lärm,
     Staub, Unfallgefahr, etc.)
   - Umstellungsschwierigkeiten und Dauer des
     Lernprozesses

2. Maschinelle Kriterien:

   - Ausnutzung vorhandener Maschinen und Anla-
     gensysteme
   - Umstellungsschwierigkeiten
   - Risiko technischen Verhaltens von neu ein-
     zurichtenden Produktionsanlagen

3. Material-Kriterien:

   - Erfahrung mit den erforderlichen Werkstoffen
   - Substituierbarkeit von Werkstoffen
   - Beschaffungsmöglichkeiten von Material
   - Lageraufwand für Material

4. Allgemeine Kriterien:

   - Beitrag zum Ausgleich von Beschäftigungs-
     schwankungen
   - Nutzung spezieller Verfahrenskenntnisse
   - Kenntnisgewinn für die Durchführung ande-
     rer Projekte

<u>Forschungs- und Entwicklungsbereich</u>:
- Forschungs- und Entwicklungsaufwand
- Vorhandenes Know-how und Patente
- Erzielung neuer Patente
- Beitrag zur Entwicklung anderer Projekte
- Vorsprung vor der Konkurrenz

<u>Beschaffungsbereich</u>:
- Zahl der leistungsfähigen Lieferanten bzw. Unterauftragnehmer
- Möglichkeiten für Gegenseitigkeitsgeschäfte
- Liefermöglichkeiten in Krisenzeiten
- Erfahrungen auf dem Beschaffungsmarkt
- Preisniveau- und stabilität am Beschaffungsmarkt

<u>Verwaltungsbereich</u>:
1. Management-Kriterien:

   - Vorhandenes Potential an erfahrenen Führungskräften und Sachbearbeitern
   - Anpassungsfähigkeit der Organisation
   - Umfang notwendiger Reorganisationsmaßnahmen

2. Finanzierungs-Kriterien:
   - Erforderliches zusätzliches Eigenkapital
   - Erforderliches zusätzliches Fremdkapital
   - Kapitalbeschaffungsmöglichkeiten

<u>Projektspezifische Kriterien</u>

1. Ökonomische Kriterien:
   - Gesamtkosten der Herstellung
   - Betriebskosten
   - Wirtschaftlichkeit

2. Leistungs-Kriterien:
   - Gesamtleistung
   - Komponentenleistungen
   - Spezifikationsmerkmale
   - Wirkungsgrade
   - Qualität-Standards

3. System-Kriterien:
   - Lebensdauer
   - Verfügbarkeit
   - Zuverlässigkeit und Betriebssicherheit
   - Kompatibilität
   - Adaptibilität, Flexibilität
   - Einfachheit
   - Rechtzeitigkeit

vestitionsentscheidungsrelevanten Kriterien hängt von der Art und
Größe der zu beurteilenden Investitionen ab. Da, wie bereits erwähnt,
eine zu starke Detailierung der Ziele bzw. Kriterien oft nicht operational ist, wird es sich empfehlen, sich auf wenige Kriterien zu
beschränken. Häufig wird es möglich sein, verschiedene Kriterien zu
Kriteriengruppen zusammenzufassen.

Folgend wird versucht, für die in dieser Arbeit untersuchten Investitionen des Bauunternehmens in Baugeräte, in Bauprojekte und in Beteiligungen, Kriterien bzw. Kriteriengruppen anzuführen, die zusätzlich
zu den durch Zahlungsströme bedingten Kriterien entscheidungsrelevant
sein können. Kriterien, die bei der Beurteilung einer Investition
in ein Baugerät relevant sein können, sind z.B. die Elastizität bezüglich der Einsatzmöglichkeiten des Baugeräts, die Typenreinheit des
neuen Gerätes mit dem bestehenden Gerätepark und die durch die Baugeräteinvestition verursachten qualitativen und quantitativen Perso- ·
nalanforderungen. Einen weiteren Einflußbereich stellen die durch die
Vornahme einer Baugeräteinvestition verursachten Arbeitsbedingungen ·
dar. In diesem Zusammenhang erscheinen sowohl Konsequenzen bezüglich
der Arbeitsorganisation (Arbeitsgliederung, Rollenspezialisierung)
als auch Konsequenzen bezüglich der physischen und psychischen Belastung des Personals, der Lärmbelästigung des Personals und der Umwelt und der Sicherheit des Baugeräteeinsatzes von Interesse. Die
Abhängigkeit der Produktivität von Bauprozessen von der durch gute
Arbeitsbedingungen geschaffenen Zufriedenheit von Bauarbeitern wird
in der Literatur ausführlich beschrieben (99). Die Konsequenzen einer
Baugeräteinvestition für die Arbeitsbedingungen dürften in der Zukunft verstärkt bei Investitionsentscheidungen berücksichtigt werden. Daß auch das Prestigestreben Entscheidungen bezüglich Baugeräteinvestitionen beeinflußt, erwähnen z.B. Kliem (100) und Huberti (101).

---

99   Vgl.dazu: Parker,H.W., Oglesby,C.H.: Methods Improvement for
     Construction Managers, New York 1972; Herzberg,F., Mausner,B.,
     Snydermann,B.B.: The Motivation to Work, 2nd Ed., New York 1959
     und Brayfield,A.H., Crockett,W.H.: Employee Attitudes and Em- .
     ployee Performance, Psychology Bulletin, vol.52, 1955, 396-424.

100 Kliem,W.: Die Reparatur von Baumaschinen, in: Der Bauingenieur
     50 (1975), 221-227.

101 Huberti,G.: Machen's die Engländer, in: Bauwirtschaft, Heft 8/
     1974, 281.

Kriterien, die zur Beurteilung von Investitionen in Bauprojekte relevant erscheinen können, sind z.B. die Anwendung spezieller Bauverfahrenstechniken und der Gewinn neuen Know-hows durch die Durchführung
eines Bauprojektes, wodurch eventuell ein Vorsprung gegenüber der Konkurrenz geschaffen werden kann. Speziell bei schlechter Konjunkturla-
ge können die Kontinuität und das Ausmaß der Beschäftigung von Personal und Maschinen Entscheidungskriterien darstellen. In Zeiten des
Strukturwandels kann auch bei schlechten Renditen das Bestreben nach
einer Sicherung des Unternehmensbestandes Investitionsentscheidungen
in Bauprojekte wesentlich beeinflussen. Diesbezüglich beeinflußte,
möglicherweise irrationale Investitionsentscheidungen können z.B. bei
Einzelunternehmen aufgrund einer starken Identifikation des Unterneh-
mers mit seinem Unternehmen, getroffen werden. Die Identifikation
der Arbeiter und Angestellten mit einem Bauprojekt kann ein weiteres
Entscheidungskriterium bei der Beurteilung von Investitionen in Bauprojekte sein. Diese Identifikation, die sich z.B.durch die Art des
Bauprojektes (Prestigebau), die Größe des Bauprojektes oder die bau-
verfahrenstechnischen Probleme bei der Durchführung des Bauprojektes,
geschaffen wird, kann den Entscheidungsträger in der Entscheidung beeinflussen und zwar sowohl aufgrund sozialpsychologischer Ziele (Zufriedenheit beim Baupersonal) als auch aus monetären Zielen. Monetäre
Zielsetzungen können dadurch eine Rolle spielen, daß eine Identifikation des Baustellenpersonals mit einem Bauprojekt zu einer starken
Motivation bei der Arbeit und zu einer geringeren Fluktuation des Baustellenpersonals führt, wodurch die Produktivität einer Baustelle positiv beeinflußt wird.

Ein Kriterium, das sowohl für die Beurteilung von Investitionen in
Bauprojekte als auch für die Beurteilung von Investitionen in Beteiligungen entscheidungsrelevant sein kann, ist das Ausmaß der sich durch
eine Investition in ein Bauprojekt oder eine Beteiligung ergebenden
Diversifikation des Bauunternehmens (102). Außerdem kann das zum Teil
irrationale Streben nach Unternehmenswachstum, nach Macht und nach
Prestige bei Investitionsentscheidungen in Bauprojekte oder Beteiligungen relevant sein. Diese Ziele sind jedoch teilweise auch rational begründet. So wird z.B. das Machtstreben verständlich, wenn man

---

102 Auf das Diversifikationsstreben des Bauunternehmens wird in den
     Kapiteln 5 und 6 besonders eingegangen.

sich die Bedeutung der Macht (Stellung am Beschaffungs- oder Absatz-
markt) in Verhandlungen mit Geschäftspartnern und Konkurrenten ver-
gegenwärtigt.

Methoden, die es ermöglichen, diese speziellen Ziele von Bauunternehmen zu berücksichtigen, werden im Abschnitt 2.4.3 beschrieben.

2.4.3 Beurteilung von Investitionen bei Berücksichtigung mehrerer Kriterien

Vorausgesetzt, "daß eine Anzahl von Kriterien gefunden sei (wobei
kein wertrelevanter Gesichtspunkt ausgelassen wurde, aber auch keiner mehrmals auftritt), so läßt sich die Entscheidungssituation als
eine Matrix darstellen, bei der die Alternativen A_i in den Zeilen, die
Kriterien K_j in den Spalten stehen" (103).

Tabelle 2.6: Matrixdarstellung der Entscheidungssituation

Alternativen	Kriterien				
	K_1	K_2	..	$K_{(n-1)}$	K_n
A_1	k_{11}	k_{12}	..	$k_{1(n-1)}$	k_{1n}
A_2	k_{21}	k_{22}	..	$k_{2(n-1)}$	k_{2n}
.	.	.	..	.	.
.	.	.	..	.	.
.	.	.	..	.	.
. $A_{(m-1)}$	$k_{(m-1)1}$	$k_{(m-1)2}$	..	$k_{(m-1)(n-1)}$	$k_{(m-1)n}$
A_m	k_{m1}	k_{m2}	..	$k_{m(n-1)}$	k_{mn}

In den Zeilen k_{ij} der Matrix werden die Zielerträge der einzelnen Alternativen A_i hinsichtlich der einzelnen Kriterien K_j festgehalten.
Die Erfassung und die Bewertung der für eine bestimmte Entscheidungssituation relevanten Zielerträge wird vom Entscheidungsträger entweder gefühlsmäßig (intuitiv) oder nach analytischen Ordnungs- und Be-

---

103 Gäfgen,G.: Theorie der wirtschaftlichen Entscheidung, a.a.O.,
      114.

wertungssystemen vorgenommen. Wenn die Beurteilung einer Investition
auf Emotion, Tradition oder Intuition basiert, wird eine globale Methode vom Entscheidungsträger angewandt. Entscheidungen aufgrund globaler Methoden sind in der Regel sachlich nicht begründet und nicht
nachvollziehbar. Methoden, die durch eine analytische Vorgangsweise
eine sachliche Begründung und eine Nachvollziehbarkeit von Entscheidungen gewährleisten, werden als analytische Methoden bezeichnet
(104).

Für die zweckentsprechende Auswahl einer globalen oder einer analytischen Methode zur Beurteilung von Investitionen ist die Wirtschaftlichkeit des Einsatzes der gewählten Methode maßgebend. Diese Wirtschaftlichkeit wird durch einen Vergleich der Kosten der Entscheidungsfindung und der Kosten von Fehlentscheidungen aufgrund unzurei-
chender Informationsaufbereitung bestimmt. In Anlehnung an Patzak
(105), werden folgend globale und analytische Methoden zur Beurteilung von Investitionen bei Berücksichtigung mehrerer Entscheidungskriterien angeführt.

2.4.3.1 Globale Methoden

Bei der Anwendung globaler Methoden zur Beurteilung von Investitionen betrachtet der Entscheidungsträger eine Investition als Ganzes
und bildet seinen persönlichen Präferenzen entsprechend mehr oder weniger methodisch eine Rangreihe. Globale Methoden sind z.B. das
Rangordnungsverfahren (Q-Sort), der paarweise Vergleich (Paired Com-
parison), die direkte Bewertung (Direct Rating) und die sukzessive
Bewertung (Successive Rating). Die Anwendung globaler Methoden zur
Beurteilung der in dieser Arbeit untersuchten Investitionen des
Bauunternehmens (Baugeräte, Bauprojekte und Beteiligungen) wird generell abgelehnt, da es in der Regel nicht möglich ist, die Konsequenzen solcher Investitionen intuitiv abzuschätzen.

2.4.3.2 Analytische Methoden

Den analytischen Methoden "liegt die Absicht zugrunde, das Global-
urteil über eine bestimmte Alternative durch eine Folge von weniger

---

104 Vgl. dazu Patzak,G.: Grundlagen, Methoden und Techniken system-
     orientierter Planung, Habilitationsschrift, TU-Wien 1976, 184.
105 Ebenda, 185 ff.

unsicheren Einzelurteilen bezüglich einzelner Systemparameter zu
ersetzen" (106).

Als bedeutende analytische Methode (107) zur Beurteilung von Investitionen bei Berücksichtigung mehrerer Entscheidungskriterien ist die
Nutzwertanalyse anzuführen. "Die Nutzwertanalyse ist die Analyse einer
Menge komplexer Handlungsalternativen mit dem Zweck, die Elemente dieser Menge entsprechend den Präferenzen des Entscheidungsträgers bezüglich eines multidimensionalen Zielsystems zu ordnen. Die Abbildung
dieser Ordnung erfolgt durch die Angabe der Nutzwerte (Gesamtwerte)
der Alternativen" (108).

Der Ablauf der Beurteilung von Investitionen mittels der Nutzwertanalyse ist in Bild 2.11 dargestellt. Aus Bild 2.11 wird ersichtlich,
daß aufgrund eines Zielsystems eine Zielertragsmatrix aufgestellt
wird (109). Die Zellen k_{ij} der Zielertragsmatrix können sowohl numerisch als auch verbal formuliert sein, je nachdem, ob ein quantifi-
zierbarer Zielertrag existiert und der Höhe nach angegeben werden
kann oder nicht. Die Gesamtheit der Zielerträge stellt die Informa-
tionsgrundlage zur Bewertung der Alternativen (Investitionen) dar.
Diese Bewertungsaufgabe besteht "zunächst darin, eindimensionale
Präferenzordnungen operational abzubilden. Sowohl die Zielkriterien
k_j untereinander als auch die Zielerträge k_{ij} der Alternativen bezüglich der einzelnen Zielkriterien müssen gegeneinander abgewogen
und präferenzgerecht geordnet werden. Formal besteht die Bewertungsaufgabe also darin, jeweils eine Menge von Elementen unter einheit-
lichen Gesichtspunkten miteinander zu vergleichen" (110). "Eine ver-
gleichende Einstufung solcher Elemente aber ist nichts anderes als

---

106 Patzak,G.: Grundlagen, Methoden und Techniken systemorientier-
     ter Planung, a.a.O., 188.

107 Weitere analytische Methoden sind z.B. die bereits behandelten
     Verfahren der Investitionsrechnung aufgrund stochastischer Zah-
     lungsströme, die Kosten-Nutzen-Analyse, die Portefeuille-Analy-
     se und das numerische Wirksamkeitsmodell (Numerical Measure of
     Effectiveness).

108 Zangemeister, Ch.: Nutzwertanalyse in der Systemtechnik,
     a. a. O., 45.

109 Vgl. dazu Tabelle 2.6.

110 Zangemeister,Ch.: Nutzwertanalyse in der Systemtechnik, a.a.O.,
     143.

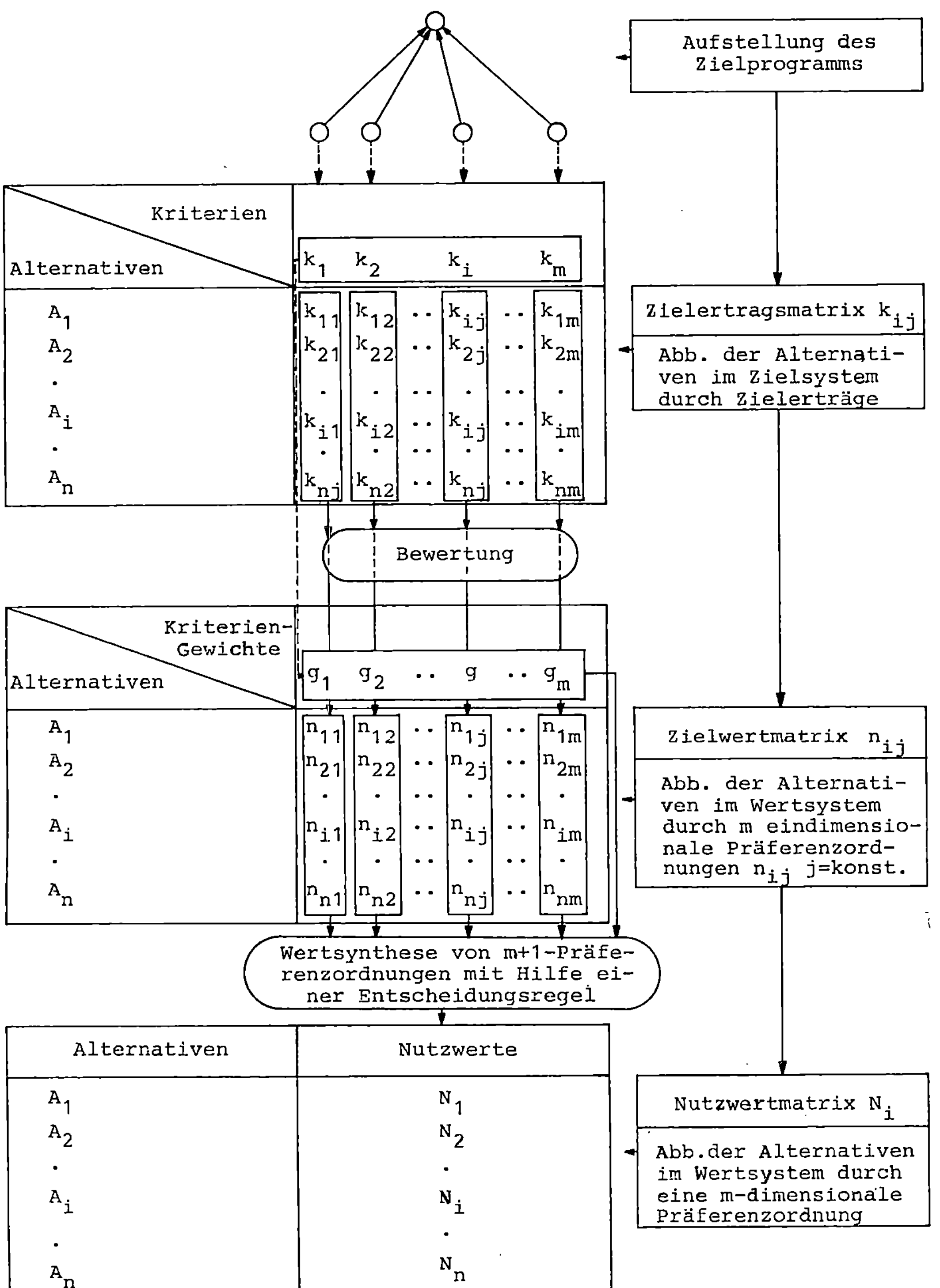

Bild 2.11: Logik der Nutzwertanalyse (nach Zangemeister)

die Vornahme einer Messung ... Das Bewertungsproblem kann daher mit
den Mitteln der modernen Messungstheorie behandelt werden" (111).

Das Messen – und demnach auch das Bewerten – der einzelnen Zielerträge setzt das Aufstellen von Skalen voraus, deren Werte den einzelnen Zielerträgen zugeordnet werden können. Als diesbezügliche
Skalen stehen Nominalskalen, Ordinalskalen und Intervall- und Ver-
hältnisskalen, die als Kardinalskalen bezeichnet werden, zur Verfügung (112). Eine Messung liegt nicht nur dann vor, wenn jedem zu mes-
senden Zielertrag aufgrund einer Kardinalskala eindeutig eine reelle
Zahl zugeordnet wird, sondern immer dann, wenn durch verschiedene
Messungsoperationen (113) die Menge der Alternativen geordnet wird.

Grundsätzlich können der Bewertung nur Kriterien zugrundegelegt werden, deren Erfüllung operational überprüfbar (meßbar) ist (114). Die
Meßbarkeit vieler Kriterien (z.B. Zahlungsströme, Marktanteil, Be-
schäftigungsgrad) ist durch deren numerische Formulierung direkt angegeben. Manche Kriterien, die nicht numerisch formuliert sind, können oft durch numerisch meßbare Hilfskriterien ersetzt werden (z.B.
Messung der Betriebssicherheit eines Baugerätes aufgrund der stati-
stischen Unfallhäufigkeit). Wenn diese kardinalen Messungen nicht
möglich sind, sind entweder ordinale oder nominale Messungen vorzunehmen. Bei einer ordinalen Messung werden die gewonnenen Zielwerte
in eine ordinale Reihenfolge gebracht, die dem Maß ihrer Vorziehungs-
würdigkeit in bezug auf das jeweilige Kriterium entspricht (z.B. gute, mittlere oder schlechte Elastizität eines Baugerätes). Eine ordinale Messung wird immer möglich sein, wenn die Zielwerte graduier-
bar sind.

Von Kriterien, wie z.B. der Erhaltung der vollen Familienkontrolle
über ein Privatunternehmen, kann man nicht sagen, daß sie bis zu diesem oder jenem Grad erreicht werden, sondern nur, ob sie überhaupt

---

111 Gäfgen,G.: Theorie der wirtschaftlichen Entscheidung, a.a.O.,
     140.

112 Vgl.dazu z.B. Zangemeister,Ch.: Nutzwertanalyse in der System-
     technik, a.a.O., 149 ff.

113 Messungsoperationen sind z.B. Befragungen, Beobachtungen oder
     Kalkulationen.

114 Vgl. dazu Abschnitt 2.4.1.

erreicht werden oder nicht. "Eine Alternative kann in bezug auf ein solches Kriterium eben nur als gut oder schlecht bezeichnet werden" (115). Diese Form der Messung wird als nominale Messung bezeichnet.

Diesen Messungen und Bewertungen, die mit Hilfe geläufiger Bewertungsskalen und Wertfunktionen (116) vorgenommen werden können, liegen subjektive Wertvorstellungen des Entscheidungsträgers zugrunde. Nach der Messung (Bewertung) der Erfüllung der einzelnen Alternativen (Investitionen) müssen die verschiedenen Maßstäbe, die diesen Messungen zugrundelagen, zu einem einzigen Maßstab zusammengeführt werden. Dieses Überführen von pluralistischen Zielen zu einem monistischen Ziel (dem Nutzwert) erfolgt in der Nutzwertanalyse mittels der Wertanalyse (vgl. Bild 2.11).

Da sich der Nutzwert einer Alternative nicht direkt aus den aufgrund von Teilurteilen bestimmten Zielwerten ablesen läßt, ist es notwendig, durch eine Vorschrift zur Verknüpfung (Synthese) der Einzelwerte zu einer Gesamtaussage über die zur Auswahl stehenden Alternativen zu kommen (117). Nach Durchführung der Wertsynthese können die Nutzwerte der einzelnen Alternativen in einer Ordinalskala dargestellt werden. Die gesuchten Nutzwerte stellen das Ergebnis einer ganzheitlichen Bewertung sämtlicher Zielerträge einer Alternative (Investition) dar. Ein Nutzwert ist nicht als Ertragsgröße zu verstehen. Er ist ein dimensionsloser Ordnungsindex, der verbal oder durch Zahlen ausgedrückt sein kann. Entsprechend der in der Wirtschaftswissenschaft gebräuchlichen Definition ist der Nutzwert der subjektive,durch die Tauglichkeit zur Bedürfnisbefriedigung bestimmte Wert eines Gutes (118).

Eine auf einer Nutzwertanalyse begründete Auswahl einer Investition unterliegt dem monistischen Ziel der Nutzwertmaximierung. Den Nutzen

---

115 Gäfgen,G. Theorie der wirtschaftlichen Entscheidung, a.a.O., 113.

116 Geläufige Bewertungsskalen und Wertfunktionen führt z.B. Zangemeister,Ch.: Nutzwertanalyse in der Systemtechnik, a.a.O., an. Bei den Zielwertfunktionen handelt es sich um einen jeweils geschätzten, subjektiv empfundenen Verlauf des Zielwertes in funktioneller Abhängigkeit zum Zielertrag.

117 Zangemeister führt eine Anzahl von Entscheidungsregeln zur Wertsynthese an (z.B. Majoritätsregel, Vorzugs-Häufigkeitsregeln, etc.).

118 Vgl.Gablers Wirtschaftslexikon, Wiesbaden 1965, 442.

zu maximieren bedeutet, jene Investition zu wählen, bei der die Gesamtheit der gewogenen Zielwerte am größten ist.

Dieser Ansatz der Nutzenmaximierung ist allgemeingültig und entspricht weitgehend den empirischen Vorgängen praktischer Entscheidungsfindung. Die formale Durchführung von Nutzwertanalysen wird jedoch zur Zeit nur selten vorgenommen. Gründe für die noch seltene Durchführung von Nutzwertanalysen gibt Patzak (119) an:

- Das Management ist an einer dokumentierten Gewichtung der Unternehmensziele nicht interessiert, da damit der Entscheidungsträger als letzte Instanz in seiner Bedeutung zu verlieren glaubt und anscheinend entbehrlich wird.
- Das Management gibt seine Präferenzstruktur bezüglich der einzelnen Ziele nicht an, da Ziele mit hineinspielen, die stark persönlich bedingt bzw. nicht für die Öffentlichkeit bestimmt sind.
- Das Management als Entscheidungsträger ist sich selbst nicht klar darüber, wie seine Zielvorstellungen aussehen, da vorwiegend intuitiv entschieden wird.
- Das Management hegt eine generelle, nicht rational begründete Abneigung gegenüber Planung ganz allgemein, aus falsch verstandener freiheitlicher Gesinnung heraus (Planung wird weitgehend als Gegensatz zur Freiheit aufgefaßt), daß Spontanität dadurch verloren gehe, daß einem zu aktuellem Anlaß schon etwas einfallen werde und daß es sich hier um eine aufwendige Spielerei nicht strukturierbarer Abläufe handle.

---

119 Vgl.:Patzak,G.: Grundlagen, Methoden und Techniken systemorientierter Planung, a.a.O., 194.

3 Investitionspolitik des Bauunternehmens

In diesem Kapitel werden investitionspolitische Richtlinien für die
Planung und Kontrolle von Investitionen des Bauunternehmens allgemein
und nach den Investitionen des Bauunternehmens in Baugeräte, in Bauprojekte und in Beteiligungen differenziert beschrieben. Es werden dabei keine normativen Aussagen bezüglich einer optimalen Investitionspolitik von Bauunternehmen gemacht, da die spezielle Investitionspolitik eines Bauunternehmens, von dessen speziellen Bedingungen wie
z.B. Unternehmensgröße und Organisationstruktur bestimmt ist (120).
Die folgenden Ausführungen beschränken sich daher auf eine generelle
Beschreibung investitionspolitischer Zielsetzungen und Maßnahmen des
Bauunternehmens.

Informationen über die Investitionspolitik eines internationalen Baukonzerns können der im Kapitel 6 dargestellten Fallstudie entnommen
werden.

3.1 Investitionspolitik, Investitionsplanung und Investitionskontrolle

Die Investitionspolitik des Bauunternehmens ist ein Instrument zur
Realisierung von Unternehmenszielen, wie z.B. von Rentabilitätszielen,
Wachstumszielen und Diversifikationszielen. Die Investitionspolitik

---

120 Vgl.dazu Gareis,R.: Geschäftspraktiken der Bauindustrie, in:
     Wiener Baubetriebs- und Bauwirtschaftsberichte, Heft 9/1978,
     49 ff.

bildet den Rahmen, aus dem Richtlinien für Investitions- und Desinvestitionsentscheidungen abgeleitet werden, indem investitionspolitische Ziele formuliert und organisatorische Aufbau- und Ablaufstrukturen für die Durchführung der Investitionsplanung und Investitionskontrolle festgelegt werden. Bei der Bildung dieser organisatorischen Aufbau- und Ablaufstrukturen stehen die organisatorischen Fragen: "Welche Mitarbeiter sollen die zur Beurteilung von Investitionsprojekten notwendigen Informationen beschaffen? Welche Mitarbeiter sollen über die vorgeschlagenen Investitions- und Desinvestitionsprojekte entscheiden, und wie sollen diese Entscheidungen koordiniert werden? Wie soll die Planung und Durchführung von Projekten überwacht und welche Konsequenzen sollen aus den damit gewonnenen Informationen gezogen werden?" (121) im Mittelpunkt des Interesses.

Bei der Festlegung der betrieblichen Investitionspolitik werden ökonomische Faktoren und sozialpsychologische Faktoren berücksichtigt, da z.B. auch Motivations- und Anreizsysteme, die eine im Hinblick auf die Unternehmensziele optimale Durchführung von Investitionen und Desinvestitionen fördern, geschaffen werden.

3.2 Organisation der Investitionsplanung

Ziel eines unternehmerischen Planungsprozesses ist es, zukünftige Entwicklungen durch unternehmerische Entscheidungen zu beeinflussen. In der Investitionsplanung veranlaßt z.B. das Erkennen eines kapazitiven Bedarfs Investitinosvorschläge, die im Zuge einer Investitionsanalyse beurteilt werden. Der Vorgang der Informationsbeschaffung und -verarbeitung wird durch Entscheidungen des Planers begleitet und durch Entscheidungen des Entscheidungsträgers abgeschlossen. Diesem Ablauf entsprechend beinhaltet die Investitionsplanung die Funktionen des Erarbeitens von Investitionsvorschlägen, des Durchführens von Investitionsanalysen und des Treffens von Investitionsentscheidungen.

---

121 Frank,G.: Betriebliche Investitionspolitik, in: Handwörterbuch der Betriebswirtschaft, Stuttgart 1975, Sp. 1997.

Diese weite Definition des Begriffes der Investitionsplanung erkennt
einerseits die planerische Funktion beim Entwerfen und Formulieren
von Investitionsvorschlägen und beachtet andererseits, daß bereits
bei der Durchführung der Investitionsanalyse laufend Entscheidungen,
die die letztliche Investitionsentscheidung beeinflussen, getroffen
werden. Der Entscheidungsprozeß wird daher als unmittelbar mit dem
Planungsprozeß verbunden gesehen. In der Literatur wird der Begriff
der Investitionsplanung oft enger definiert und ausschließlich auf
die Funktion der Investitionsanalyse (oder Wirtschaftlichkeitsrechnung) bezogen (122).

3.2.1 Investitionsvorschlagswesen

Die Funktion, einen Investitionsbedarf zu erkennen und die Vornahme
einer Investition vorzuschlagen, kann grundsätzlich von allen Mitarbeitern eines Bauunternehmens gefällt werden. Zur Erfüllung dieser
Funktion erweisen sich daher aufbauorganisatorische Maßnahmen oft
als nicht notwendig. Der Verzicht auf aufbauorganisatorische Maßnahmen wie z.B. die Bildung einer Stelle "Investitionsvorschlagswesen"
schafft ein hohes Ausmaß an Kreativität und Ideenreichtum im Investitionsvorschlagswesen. Weiters fördern ein kooperativer Führungsstil,
ein Motivationssystem und ablauforganisatorische Maßnahmen das Investitionsvorschlagswesen (123).

Diese generellen Ausführungen bedürfen spezieller Ergänzungen, wenn
man das Investitionsvorschlagswesen für die in dieser Arbeit untersuchten Investitionen des Bauunternehmens in Baugeräte, Bauprojekte
und Beteiligungen näher betrachtet.

Durch die starke Projektorientierung von Baugeräteinvestitionen erlangen jene Stellen, die mit der Planung und der Bereitstellung der
kapazitiven Ausstattung von Baustellen befaßt sind, besondere Bedeutung für das Vorschlagswesen von Geräteinvestitionen. Diese Stellen

---

122 Vgl.z.B. Schneider,E.: Wirtschaftlichkeitsrechnung, 8.Aufl.,
     Tübingen-Zürich 1973, 143.

123 Als diesbezügliche ablauforganisatorische Maßnahmen können z.B.
     die Installierung von Briefkästen zur Abgabe von betrieblichen
     Verbesserungsvorschlägen, die Abhaltung regelmäßiger Mitarbei-
     terbesprechungen auf allen Ebenen der Unternehmenshierarchie,
     die Erarbeitung von kurz-, mittel- und langfristigen Investi-
     tionsplänen, etc., angeführt werden.

sind in der Regel die Abteilung "Arbeitsvorbereitung" und die "Geräteabteilung" eines Bauunternehmens. Die starke Projektorientierung von
Geräteinvestitionen bewirkt, daß diese in der Regel nur dann
vorgenommen werden, wenn die verfügbaren maschinellen Kapazitäten des
Bauunternehmens nicht zur Durchführung eines neuen Bauprojektes ausreichen und zusätzliche Kapazitäten geschaffen werden müssen. Geräteinvestitionen erlangen daher den Charakter von Erweiterungsinvestitionen, da die Gerätekapazitäten des Unternehmens nur im Falle der
Durchführung eines Bauprojektes erweitert werden.

Bedürfnisse bzw. Vorschläge bezüglich Ersatz- und Rationalisierungsinvestitionen, die während der Projektdurchführung vorzunehmen sind,
werden in der Regel von den Bauleitern der einzelnen Bauprojekte eines Bauunternehmens formuliert (124).

Diese Verteilung der Kompetenzen zur Investitionsbedarfsweckung und
zur Lieferung von Investitionsvorschlägen deckt sich mit dem Ansatz
Gutenbergs (125) zur Organisation des Investitionsvorschlagswesens,
demzufolge Ersatz- und Rationalisierungsinvestitionen von den Leitern
der Betriebsabteilungen (hier: Bauleitern) und Erweiterungsinvestitionen von der Unternehmensführung (hier: stellvertretend für die Unternehmensführung die Abteilung "Arbeitsvorbereitung" und die "Geräteabteilung") vorzuschlagen sind.

Bei der Betrachtung von Bauprojekten als Investitionen des Bauunternehmens überschneidet sich das Investitionsvorschlagswesen mit dem Akqui-
sitionsbereich des Bauunternehmens, da es wesentliche Aufgabe der Akquisition ist, Bauprojekte, deren Durchführung für das Bauunternehmen von
Interesse sind, zu erfassen. Interessante Bauprojekte können entweder
durch Marktforschungen von Marketingstellen im In- und Ausland erfaßt
werden (126) und (oder) durch informelle Kontakte von Mitarbeitern

---

124 Der Ersatz von Baugeräten, die nicht in Bauprojekten eingesetzt
     sind, sondern am Bauhof ungenützt stehen, findet in der Regel
     nicht statt.

125 Vgl.: Gutenberg,E.: Untersuchungen über die Investitionsentschei-
     dungen in industriellen Unternehmungen, a.a.O..

126 Diese Marktforschung kann auch von externen Stellen (Marktfor-
     schungsinstituten) übernommen werden, die Ausschreibungen ver-
     schiedener regionaler und sachlicher Baumärkte den Bedürfnissen
     von Bauunternehmen entsprechend selektieren.

(Direktoren, Abteilungsleitern, Bauleitern, etc.) mit potentiellen Bauherren und Geschäftspartner gefunden werden. Die Installierung eigener Marketingabteilungen ist von der Unternehmensgröße und dem Führungsstil eines Bauunternehmens abhängig. Die informellen Beziehungen der Geschäftsführung werden auch beim Bestehen einer Marketingorganisation von wesentlicher Bedeutung sein, da Bauherren speziell bei Großbauprojekten bereits in der Akquisitionsphase den Kontakt zur Geschäftsführung wünschen.

Aufgrund von Marktforschungen über zukünftige Bauprojekte können auch mittel- und langfristige Marktprognosen aufgestellt werden. Aus solchen nach Bausparten, Bauherrn und regionalen Märkten differenzierten Marktprognosen lassen sich investitionspolitische Ziele der Bauunternehmensführung (z.B. Ziele bezüglich des Unternehmenswachstums und der Unternehmensdiversifikation) direkt ableiten (127).

Da Investitionen in Beteiligungen in der Regel Sonderfälle der Geschäftstätigkeit von Bauunternehmen darstellen, ist eine Organisation der Erfassung diesbezüglicher Investitionsmöglichkeiten nicht sinnvoll. Auf Möglichkeiten, in Beteiligungsgesellschaften zu investieren, wird die Bauunternehmensführung durch laufende Geschäftskontakte und allgemeine Marktbeobachtungen aufmerksam. Um potentielle Investitionen jedoch überhaupt als solche erkennen zu können, ist es notwendig, daß die Unternehmensführung diesbezügliche investitionspolitische Ziele festlegt. Es müssen vor allem klare Vorstellungen bezüglich der Wachstums- und Diversifikationsziele des Bauunternehmens vorliegen.

3.2.2 Investitionsanalyse

Die im Zuge von Investitionsanalysen zu erfüllenden Aufgaben ordnet Schneider in vier Stufen:

"1. Stufe: (a) Genaue Beschreibung der verschiedenen Investitionsmöglichkeiten, die im Hinblick auf einen bestimmten Zweck betrachtet werden sollen.

---

127 Die Organisation eines Auftragsmaretingwesens und der Einsatz eines für Bauunternehmen spezifischen Marketinginstrumentariums konnte der Autor bei Besuchen der Firmen Fluor Corp. und R.M. Parsons Corp., beide Kalifornien, USA, studieren. Nähere Ausführungen zu dieser Thematik würden jedoch über den Rahmen dieser Arbeit hinausgehen.

(b)   Präzisierung der für jede Investitionsmöglichkeit charakteristischen Faktoren, die quantitativer Natur sind,
      und der Faktoren, die keinen quantitativen Charakter
      haben.

(c)   Beschreibung der Unterschiede zwischen den Investitionsmöglichkeiten in nicht-monetärer Form.

2. Stufe: Bestimmung der zu diesen Investitionsmöglichkeiten unter
      verschiedenen Voraussetzungen gehörenden Zahlungsströme.

3. Stufe: Wahl eines Kalkulationszinsfußes und Durchführung der Rechnung nach der für den konkreten Fall zweckmäßigsten Methode.

4. Stufe: Kritische Beurteilung und Bewertung der Ergebnisse der Rechnung unter Berücksichtigung des Unsicherheitsgrades der Erwartungen und der qualitativen Faktoren" (128).

Die wirtschaftliche Erstellung aussagekräftiger Investitionsanalysen
setzt eine Organisation der Beschaffung von Informationen und der Verarbeitung dieser Informationen voraus. Die Realisierung einer solchen
Organisation macht aufbauorganisatorische Maßnahmen (z.B. Schaffung
einer Stabsstelle für Investitionsplanung) und ablauforganisatorsche
Maßnahmen (z.B. Formalisierung der Investitionsanalyse) notwendig.

Eine wesentliche aufbauorganisatorische Maßnahme ist die Verteilung
der Kompetenzen für die Beschaffung von Informationen über Investitionen, da in die Informationen, die der Beurteilung einer Investition
zugrundeliegen, subjektive Schätzungen der Informanten eingehen. Daher gewinnen diejenigen Mitarbeiter, die für die Beschaffung und Aufbereitung von Informationen zuständig sind, großen Einfluß auf die
Investitionsentscheidung. "Bei der Lösung dieses Zuständigkeitsproblems kann man sich u.a. von folgenden Hypothesen leiten lassen:

(a)   Die Menge des in die Information eingehenden, relevanten Wissens
      ist umso größer, je mehr die mit der Informationssuche beauftragte Stelle dieses Wissen oder damit eng verknüpftes Wissen
      auch bei der Erfüllung anderer Aufgaben benötigt. Soll das in
      die Informationen eingehende, relevante Wissen möglichst groß
      sein, dann bedeutet diese Hypothese z.B.: Absatzinformationen
      sind vom Verkaufspersonal, technologische Informationen von
      Mitarbeitern des Entwicklungs- oder Produktionsbereiches zu beschaffen.

––––––––––––––––––

128 Schneider,E.: Wirtschaftlichkeitsrechnung, a.a.O., 143.

(b)   Die von Partikularinteressen verursachten Manipulationen von In-
      formationen ist umso kleiner, je weniger die Informanten von
      den auf diesen Informationen beruhenden Entscheidungen betrof-
      fen werden. Diese Hypothese besagt, daß z.B. eine Produktions-
      abteilung ein Interesse daran hat, Informationen über Investi-
      tionsprojekte zu verfälschen, wenn diese Projekte im Fall der
      Durchführung erhebliche Änderungen in der Abteilung hervorrufen.
      Diese Verfälschungen sind gemäß Hypothese (b) dann am kleinsten,
      wenn eine neutrale Stelle die Informationen beschafft.

Während die Hypothese (a) ein dezentralisiertes Kompetenzsystem
der Informationsbeschaffung nahelegt, spricht Hypothese (b) für
ein zentralisiertes Kompetenzsystem, z.B. dergestalt, daß eine
zentrale Stabstelle für Informationsbeschaffung eingerichtet
wird. Welches Kompetenzsystem zu qualitativ besseren Informationen führt, kann jedoch generell nicht entschieden werden"
(129).

Dieses Problem der Zentralisation oder Dezentralisation ist nicht nur
auf den Funktionsbereich der Informationsbeschaffung beschränkt, sondern betrifft alle Bereiche der Investitionsplanung. Zur Lösung dieses Problems tritt Pohl für die Schaffung einer neutralen Stelle für
Investitionsplanung bei Unternehmen "mit einer ausreichenden Zahl von
Investitionsprojekten" ein, wobei "nicht die technische Planung, die
nach wie vor vom Ingenieurwesen ausgeführt werden soll, sondern die
Koordination der an der Planung Beteiligten sowie die Entscheidungsaufbereitung für die Geschäftsleitung die wichtigsten Aufgaben einer
solchen Stelle 'Investitionsplanung' sind" (130). Dadurch soll bewirkt
werden, daß in der Investitionsplanung nicht die Interessen einzelner
Bereiche dominieren, sondern daß die Interessen aller durch eine Investition betroffenen Bereiche berücksichtigt werden und somit eine In-

---

129   Franke,G.:Betriebliche Investitionspolitik, a.a.O., Sp. 1998
      und 1999. Die Erörterungen Frankes basieren zum Teil auf em-
      pirisch testbaren Hypothesen und zum Teil auf theoretischen
      Hypothesen. Ausführliches empirisches Testmaterial zu den ein-
      zelnen Hypothesen ist nicht bekannt, jedoch läßt das häufige
      Auftauchen dieser Hypothesen in der Literatur vermuten, daß
      ihnen ein Wahrheitsgehalt zukommt.

130   Pohl,H.H.: Rationelle Investitionsplanung, in: Industrielle
      Organisation, 42/1973, Nr.11, 507.

vestition in das Unternehmen als Ganzes eingeordnet wird. Die Koordination zwischen den einzelnen Bereichen in einem möglichst frühen Stadium des Planungsprozesses kann durch eine zentrale Stelle für Investitionsplanung vorgenommen werden, deren Funktionen daher über die Durchführung von Investitionsanalysen hinausgehen.

Im einzelnen würden einer Stelle für Investitionsplanung nach Pohl (131) folgende Funktionen obliegen:

- Ausarbeitung der Planungsgrundlagen in enger Zusammenarbeit mit der die Investition vorschlagenden Stelle und dem Ingenieurwesen.

- Koordination der Planungsarbeiten. Die Planung von Investitionsprojekten wird von verschiedenen Stellen, die der Koordination bedürfen, durchgeführt, z.B. Marketing, Produktion, Entwicklung, Ingenieurwesen, Planung und Finanzwesen. Es wäre die Aufgabe der Investitionsplanungsstelle, die Zusammenfassung der Teilergebnisse zu einer vollständigen Entscheidungsunterlage für die Geschäftsleitung zu koordinieren.

- Stellungnahme zur Investition. Sie dient der neutralen Entscheidungsvorbereitung für die Geschäftsleitung. Die Stellungnahme enthält eine kurze Beschreibung der Investition, Prüfung der Übereinstimmung der Investition mit den Planungsgrundlagen, Zusammenfassung der Alternativen, Bewertung der Alternativen mit begründetem Entscheidungsvorschlag, offene Fragen und kritische Annahmen.

- Überwachung der Einhaltung der genehmigten Planungsgrundlagen sowie der Bestimmung des geltenden Investitionsverfahrens und dessen Verbesserung bei der Planung und Ausführung.

- Überwachung wesentlicher Abweichungen vom Budget. Dadurch soll verhindert werden, daß nicht von der Geschäftsleitung genehmigte Zusatzarbeiten oder -einrichtungen eingefügt werden und daß bei Abschluß der Investition erhebliche Mehrkosten, die nicht mehr rückgängig gemacht werden können, festgestellt werden.

- Durchführung von Wirtschaftlichkeitsrechnungen. Es hat sich als vorteilhaft erwiesen, diese Rechnung von einer neutralen Stelle durchführen zu lassen, um stillschweigende, kritische Annahmen zu identifizieren.

- Investitionskontrolle.

---

131 Vgl.: Pohl,H.H.: Rationelle Investitionsplanung, a.a.O., 507.

Andere Autoren vertreten z.B. im Gegensatz zu Pohl die Ansicht, daß
die kreativ-gestaltenden Funktionen der Investitionsplanung nicht
durch eine starre Aufbauorganisation mit einer Stabstelle für Investitionsplanung gemacht werden können. "Wie man heute weiß, ist eine
starre Organisation mit starker hierarchischer Gliederung gut für
die Bewältigung von Ausführungsarbeiten geeignet; eine flexible Organisationsform gibt einen besseren Rahmen für kreativ-gestaltende
Arbeiten" (132). "Sowohl organisatorische als auch verhaltenswissen-
schaftliche Forschungsergebnisse bieten somit einen hinreichenden
Grund für die These, daß eine einzige Organisationsform über alle
Planungsstufen hinweg zu keinem befriedigenden Ergebnis führen
kann" (133).

Um auf die Funktionsbereiche der Investitionsanalyse zurückzukommen,
sei bemerkt, daß bei der Verteilung von Kompetenzen hinsichtlich der
Durchführung von Investitionsanalysen auf die Problematik der Trennung von "Planern" und "Entscheidern" zu achten ist (134).

Der Vorteil der Trennung von Stellen, die die Investitionsanalyse
durchführen, und Stellen, die die Investitionsentscheidungen treffen,
wird aus der Hypothese: "Bei personaler Trennung von Informationsbeschaffung und Entscheidung werden die Informationen vom Entscheidenden kontrolliert und ggf. korrigiert. Damit steigt die Qualität der Informationen" (135). Ein Nachteil der Trennung von analysierenden und
entscheidenen Stellen liegt jedoch in einer fachlichen Entfremdung
dieser beiden Gruppen. Durch den Einsatz von Stabstellen zur Vornahme
von Investitionsanalysen wird der Planungskontakt der ausführenden
Unternehmensbereiche gemindert. Die Stabstellen hingegen gewinnen maßgeblichen Einfluß auf die Investitionsentscheidung.

---

132 Vgl.: Kieser,A.: Zur Flexibilität verschiedener Organisations-
     strukturen, in:ZfO, 38.Jg., 1969, 273 ff; Fuchs-Wegner,G. und
     Welge,M.: Kriterien für die Beurteilung und Auswahl von Orga-
     nisationskonzepten, in: ZfO, 43.Jg., 1974, 71 ff und 163 ff.

133 Szyperski,N.: Planungswissenschaft und Planungspraxis, in: ZfB,
     10/1974, 679.

134 Vgl.dazu Szyperski,N.: Planungswissenschaft und Planungspraxis,
     a.a.O., 677.

135 Franke,G.: Betriebliche Investitionspolitik, a.a.O., Sp. 2000.

Bei der Durchführung von Investitionsanalysen werden in der Praxis
bereits Entscheidungen getroffen, die die endgültige Entscheidung
über Annahme oder Ablehnung einer Alternative präjudizieren können.
Insofern kann es dazu kommen, daß die endgültige Entscheidung lediglich der Sanktionierung des Ergebnisses des Informationsbeschaffungs-
prozesses dient (136). Diese Entwicklung würde den Zielsetzungen der
Investitionsplanung widersprechen. Ziel der Investitonspolitik ist
es daher, eine Aufbauorganisation zur Durchführung von Investitionsplanungen zu schaffen, die eine methodisch exakte und rationelle Investitionsplanung ermöglicht und gleichzeitig die Zielsetzungen der
ausführenden Stellen berücksichtigt.

Bei einer Betrachtung der Organisation der Investitionsanalyse des
Bauunternehmens muß wieder nach den Investitionen des Bauunternehmens
in Baugeräte, in Bauprojekte und in Beteiligungen differenziert werden.

Für Baugeräteinvestitionen ist in der Regel eine zentrale Investitionsanalyse durch die Geräteabteilung des Bauunternehmens vorteilhaft.
Die Geräteabteilung empfiehlt sich zur Durchführung von Analysen für
Baugeräteinvestitionen, da sie in der Regel gerätebezogene Daten, wie
z.B. Anschaffungspreise, durchschnittliche Nutzungsdauern für bestimmte Baustellenbedingungen, Reparaturkosten, etc. sammelt und speichert.
Da die Geräteabteilung außerdem in der Regel mit der Anbahnung und Abwicklung von Gerätekäufen und -verkäufen betraut ist, steht sie in
ständigem Kontakt mit dem Baugerätemarkt. Die aus diesem Kontakt re-
sultierenden Informationen gewährleisten einerseits eine möglichst
komplette Berücksichtigung aller Investitionsmöglichkeiten (Geräte verschiedener Fabrikate und Kapazitäten) und andererseits die Verfügbarkeit aktueller Marktpreise. Informationen bezüglich der speziellen An-
fordernisse an bestimmte Geräte, die von der Arbeitsvorbereitung oder
von den Baustellen einzuholen sind, ermöglichen der Geräteabteilung
eine eventuelle Modifikation der gespeicherten Gerätedaten.

Die zentrale Investitionsanalyse für Baugeräteinvestitionen durch die
Geräteabteilung erscheint nur für Investitionen in Großgeräte als

---

136 Vgl.: Witte,E.: Entscheidungsprozesse, in: HWO, Stuttgart 1969,
     Sp. 497-506.

sinnvoll (137). Da für die Planung von Investitionen in Kleingeräte
in der Regel die ausführenden Stellen des Bauunternehmens (Bauleiter)
verantwortlich sind, werden Investitionsanalysen für Kleingeräte de-
zenral durchgeführt. Häufig wird die Beurteilung der Vorteilhaftigkeit einer Kleingeräteinvestition aufgrund einfacher Investitionsrechnungen (z.B. Kostenvergleichsrechnung, Amortisationsrechnung, etc.)
vorgenommen.

Für die Investitionsanalyse von Bauprojekten empfiehlt sich aufgrund
der Organisation der Datenbeschafffung eine zentralisierte Durchführung, die entweder von der Kalkulationsabteilung des Bauunternehmens
oder eventuell von einer eigenen Abteilung "Angebotsplanung" übernommen werden kann. Die zentralisierte Datenbeschaffung zur Erstellung
von Angeboten für Großbauprojekte durch die zentralen Abteilungen
Arbeitsvorbereitung, Terminplanung und Kalkulation ist bei Großbauunternehmen manchmal nach Bausparten, die unterschiedliches Know-how
voraussetzen, gegliedert. Wenn eine solche organisatorische Gliederung
der Datenbeschaffung besteht und die Durchführung der Investitionsanalyse nicht von der jeweiligen Kalkulationsabteilung übernommen
wird, würde eine zentrale Abteilung "Angebotsplanung" zur Durchführung der Investitionsanalysen für Bauprojekte aller Bausparten genügen,
da in der Investitionsanalyse kein bauspartenspezifisches Know-how
mehr eingeht, sondern nur die bereits aufbereiteten Daten verarbeitet
werden. Bezüglich eventueller Abgrenzungen und Zuordnungen von Zahlungsströmen muß jedoch die Kommunikation mit den datenbeschaffenden
Abteilungen erhalten bleiben.

Für Investitionsanalysen von Investitionen in Beteiligungen des
Bauunternehmens wird sich in der Regel eine dezentrale Organisation
ergeben, da Beteiligungsinvestitionen nur selten vorgenommen werden.
Da Beteiligungsinvestitionen den Umfang normaler Investitionen des
Bauunternehmens (in Baugeräte oder in Bauprojekte) weit übersteigen,
werden für diesbezügliche Investitionsanalysen Spezialisten verschiedener Fachbereiche herangezogen. Der Bedeutung von Beteiligungsinvestitionen für das Gesamtunternehmen wird in der Regel auch durch spezielle Bewertungsmethoden Rechnung getragen (138).

---

137 Bei der Fragebogenaktion "Geschäftspraktiken der Bauindustrie"
     bezeichneten die antwortenden Bauunternehmen Baugeräte bis zu
     einem Anschaffungspreis von S 200.000,- als kleine bzw. mittle-
     re Geräte.

138 Vgl.dazu Kapitel 6.

Für die reibungslose Durchführung von Investitionsanalysen ist neben der Schaffung einer unternehmensspezifischen Aufbauorganisation (zentralisiert oder dezentralisiert) der Einsatz ablauforganisatorischer Hilfsmittel Voraussetzung. Solche ablauforganisatorische Hilfsmittel stellen einerseits diverse Formulare der Investitionsanalyse und andererseits Richtlinien zur Durchführung der Investitionsanalyse (z.B. Investitionsrechnungsmethode, Bestimmung des Kalkulationszinsfußes, Berücksichtigung der Inflation, etc.) dar.

Die Formalisierung der Investitionsanalyse bzw. der gesamten Investitionsplanung ist notwendig, um Ergebnisse mehrerer Analysen vergleichen zu können bzw. Pläne aufeinander abstimmen zu können. Der Einsatz von Formularen fördert die Entwicklung von Planungsgewohnheiten und beschleunigt die Durchführung des Planungsprozesses (139). Es darf aber nicht übersehen werden, daß gerade die Formalisierung dazu verführt, den gedanklichen Prozeß, das gedankliche Durchdringen der zukünftigen Möglichkeiten zu vernachlässigen, um eilfertig Formulare auszufüllen (140).

3.2.3 Investitionsentscheidung

Neben einer Kompetenzverteilung für die Beschaffung und Verarbeitung von Informationen über Investition bedarf es auch einer Kompetenzverteilung hinsichtlich der Investitionsentscheidungen. Die diesbezügliche Kompetenzverteilung kann von einem streng zentralisierten Kompetenzsystem, indem eine zentrale Stelle über Investitionen entscheidet, bis zu einem System der Teilbarkeitskompetenz, indem jeder Teilbereich (z.B. Niederlassungen, Baustellen) selbständig über Investitionen, die im betreffenden Teilbereich durchgeführt werden, entscheidet, reichen.

---

139 Vgl.zu unterschiedlichen Bemühungen auf diesem Gebiet die Beiträge in Vancil,R.F., Aguilar,F.J., Howell,R.F., und Mc Farlan, W. (Hrsg.): Formal Planning System, Havard Business School, 1969.

140 Eine beispielhafte Sammlung von Formularen zur Investitionsplanung seines Konzerns führt der Vorsitzende des Vorstandes der Phönix-Gummiwerke AG, Harburg, H.W.Kolb, in: Investitionsplanung und Investitionsentscheidung, in: Schriften zur Unternehmenführung, a.a.O., 84 ff, an.

Unter anderen erscheinen folgende Hypothesen für die Verteilung der
Kompetenzen zum Treffen von Investitionsentscheidungen relevant:

"(a) Die Zentrale ist im allgemeinen dank ihrer besseren Übersicht
      über das gesamte Unternehmen eher als die Teilbereiche in der
      Lage, die zwischen den Teilbereichen bestehenden Interdependenzen
      bei der Investitionsentscheidung zieladäquat zu berücksichtigen.
      Umgekehrt sind die Teilbereiche eher in der Lage, die innerhalb
      des Teilbereiches bestehenden Interdependenzen zieladäquat zu
      berücksichtigen.

 (b) Die Zentrale entscheidet eher gemäß den Zielen des gesamten Un-
      ternehmens, während die Teilbereiche eher zu einer Verfolgung
      ihrer Partikularinteressen neigen.

 (c) Eine Verlagerung der Kompetenzen zu den Teilbereichen hin erhöht
      die Innovationsfreudigkeit und Leistungsmotivation der Teilbe-
      reichsmitglieder.

Diese Hypothesen stoßen denjenigen, der das Kompetenzverteilungssystem
festlegen soll, in ein Dilemma: Während Hypothese (b) eindeutig für
eine Zentralisierung spricht, befürwortet Hypothese (c) eine Dezentralisierung (sofern eine Erhöhung der Innovationsfreudigkeit als Vorteil
angesehen wird). Hypothese (a) spricht für eine Zentralisierung, wenn
die Interdependenzen zwischen den Teilbereichen besonders ausgeprägt
sind, für eine Dezentralisierung, wenn die Interdependenzen innerhalb
der Teilbereiche besonders ausgeprägt sind" (141).

Zur Lösung des Problems der Verteilung der Kompetenzen zum Treffen
von Investitionsentscheidungen schlägt Terborgh (142) vor, zwischen
Groß- und Kleininvestitionen zu unterscheiden. Bei Großprojekten müssen
dann wegen der möglichen nachhaltigen Folgen alle vorhandenen Informationen von der Unternehmensleitung geprüft werden. Die Entscheidungen
über kleinere Projekte können die mittleren Führungskräfte übernehmen.

Da viele kleinere Investitionen häufig vorgenommen werden, und zudem
oft gleichartig sind, ist auch nach Gutenberg (143) eine Delegierung

141 Franke,G.: Betriebliche Investitionspolitik, a.a.O., Sp. 1999
     und 2000.

142 Vgl. Terborgh,G.: Leitfaden der betrieblichen Investitionspoli-
     tik, Übers.v.Albach,H., Wiesbaden 1962, 49 ff.

143 Vgl. Gutenberg,E.: Grundlagen der Betriebswirtschaftslehre, 1.Bd.
     5.Aufl., Berlin-Göttingen-Heidelberg 1960, 174.

der Entscheidungen über Kleininvestitionen vertretbar. In Bauunternehmen delegiert die Unternehmensführung häufig die Entscheidungsbefugnis über Geräteinvestitionen kleineren Umfangs (öS 50.000,- bis 200.000,-) an Bereichsleiter (Niederlassungsleiter) bzw. an Bauleiter.

Diese Aussage wird durch die Antworten auf die Frage "Wer fällt die Investitionsentscheidung", die im Zuge einer Fragebogenaktion an Bauunternehmer gestellt wurde (144) bestätigt. Diese Antworten sind in der Tabelle 3.1 nach Kleinfirmen und Großfirmen differenziert zusammengestellt.

Tabelle 3.1: Antworten auf die Frage: Wer fällt die Investitionsentscheidung?

	Unternehmensführung	Niederlassungsleiter	Leiter der Geräteabteilung	Bauleiter
Kleinfirmen:				
kleine Investitionen	13	1	–	20
mittlere Investitionen	22	2	–	11
große Investitionen	27	5	–	4
Großfirmen:				
kleine Investitionen	5	4	6	16
mittlere Investitionen	14	11	1	10
große Investitionen	25	7	–	2

Die Eigenverantwortlichkeit dieser kompetenten Entscheidungsträger ist in der Regel budgetär begrenzt. Die budgetären Rahmen sind für Bauleiter meist niedriger als für Niederlassungsleiter. Für einzelne Bau-

---

144 Vgl. Gareis,R.: Geschäftspraktiken der Bauindustrie - eine Fragebogenaktion, a.a.O..

leiter bzw. Niederlassungsleiter können die Budgets jedoch in Abhängigkeit von der Größe der Baustellen bzw. der Niederlassungen unterschiedlich hoch sein. Auch die Entscheidungen über Investitionen in Bauprojekte, also die Entscheidungen über Angebotsabgaben, werden für kleinere Bauprojekte in Großunternehmen an Niederlassungsleiter delegiert.

Die Delegierung von Investitionsentscheidungskompetenzen setzt ein funktionierendes Informationssystem innerhalb des Bauunternehmens voraus, das trotz Delegierungsmaßnahmen eine Koordination der Entscheidungen über Investitionen in Bauprojekte gewährleistet. Diesbezügliche Investitionsentscheidungen dürfen nicht unabhängig voneinander getroffen werden, sondern es sind die zwischen den einzelnen Investitionen bestehenden Abhängigkeiten zu berücksichtigen. Zur Koordinierung der Investitionsentscheidungen dient in der Praxis häufig das bereits erwähnte Budgetsystem (145).

Bei Anwendung des Budgetsystems legt die Zentrale periodisch nach Rücksprache mit den zum Treffen von Investitionsentscheidungen kompetenten Stellen für jede dieser Stellen ein Budget für Investitionen fest. Über dieses Budget kann diese Stelle selbständig verfügen. Das Budgetsystem scheint die Zentrale im Vergleich zu einer streng zentralen Entscheidung über Investitionen zu entlasten. "Wie aber kann die Zentrale, die eine optimale Allokation ihrer knappen Ressourcen anstrebt, jedem Teilbereich einen Investitionsetat gemäß dem Budgetprinzip vorgeben, ohne sich genaue Informationen über die Investitionsmöglichkeiten in den einzelnen Teilbereichen zu verschaffen? Bei Verzicht auf Information läuft die Zentrale Gefahr, das Kapital bevorzugt denjenigen Teilbereichen zu überlassen, die sich am geschicktesten darum bemühen" (146). Eine optimale Verteilung der für Investitionen verfügbaren Mitteln entlastet daher die Zentrale weniger, als es zunächst erscheinen mag.

Bei der Verteilung der Kompetenzen zum Treffen von Investitionsentscheidungen ist auch die fachliche Ausbildung des Entscheidungsträgers (bzw. die fachlichen Ausbildungen der einzelnen Mitglieder von Entscheidungsgremien) zu berücksichtigen.

---

145 Ein anderes Koordinationssystem wäre z.B. die Steuerung des Investitionsprozesses durch Lenkpreise (Pretiale Lenkung).

146 Franke,G.: Betriebliche Investitionspolitik, a.a.O., Sp. 2001.

Bei Befragungen hat Gutenberg (147) herausgefunden, daß wirtschaftliche Faktoren von Investitionen stärker von Befragten mit kaufmännischer Ausbildung betont werden, während sich "Techniker" mehr für technische Eigenschaften von Investitionen interessieren. Die Betonung technischer oder wirtschaftlicher Momente in der Investitionsplanung hängt damit wesentlich von der Ausbildung des Entscheidungsträgers bzw. von der Zusammenstellung des Entscheidungsgremiums ab.

3.3 Organisation der Investitionskontrolle

Um die Gefahr von Fehlentscheidungen zu verringern, sind die einzelnen Phasen der Investitionsplanung und die Durchführung von Investitionen einer begleitenden und steuernden Kontrolle zu unterwerfen. Die Investitionskontrolle (148) erstreckt sich auf die Planung der Investitionen, die Durchführung von akzeptierten Investitionen sowie die nachträgliche Überprüfung der Vorteilhaftigkeit von vollständig abgeschlossenen Investitionen. Zweck der Kontrolle der Investitionsplanung ist es,

- festzustellen, ob die entscheidungsrelevanten Daten vollständig vorliegen und alle Investitionsmöglichkeiten berücksichtigt wurden,

- falsche Daten und Angaben zu berichtigen sowie zwischenzeitliche Prämissenänderungen zu berücksichtigen,

- Unterlagen für steuernde Eingriffe zu schaffen und

- im Ergebnis zu einer Empfehlung zu gelangen, ob und wann die geprüfte Investition zu realisieren oder zu modifizieren ist.

Daneben sollen nach Möglichkeit Erkenntnisse über denkbare Verbesserungen der Planungsmethoden und -organisation gewonnen werden. So gesehen rechnet auch die präventive Manipulationsverhinderung und die effektive Manipulationsaufdeckung in der Investitionsplanung zu den

---

147 Vgl. Gutenberg,E.: Untersuchungen über die Investitionsentscheidungen in industriellen Unternehmungen, a.a.O..

148 Vgl.Lüder,K.: Investitionskontrolle, Wiesbaden 1969.

Kontrollzielen. Schwerpunkte der Kontrolle der Investitionsplanung
stellen die Kontrolle der geschätzten Zahlungsströme einer Investition
und die Kontrolle der Qualifikation der Planer, die diese Zahlungsströme schätzen, dar. Der Vergleich der tatsächlich eintretenden Zahlungsströme mit den geschätzten Zahlungsströmen ist relativ unproblematisch, wenn bereits bei der Planung der Unsicherheitsspielraum der
Zahlungsströme klein ist. Diese Voraussetzung ist in der Regel nur
bei der Anfangsauszahlung einer Investition gegeben. Die Folgeauszah-
lungen sind außer bei reinen Ersatzinvestitionen mit unterschiedlichen
Unsicherheiten behaftet.

"Wird vom Schätzenden lediglich verlangt, für das zu schätzende Datum
eine Bandbreite festzulegen und daraus einen Wert als repräsentativ zu
wählen, dann läßt sich ein Verdacht auf ungewollte Fehler oder Manipu-
lation in der Planung nur dann erhärten, wenn der tatsächlich eintre-
tende Wert des Datums außerhalb der Bandbreite liegt...... Wird vom
Schätzenden zusätzlich die Angabe von Wahrscheinlichkeiten für den Eintritt bestimmter Werte des Datums verlangt, dann könnte man versuchen,
ex post einen Index der Schätzqualität aus der Wahrscheinlichkeitsverteilung und dem tatsächlich eingetretenen Wert zu errechnen. Zeigt
sich bei einer größeren Zahl von Schätzungen wiederholt eine schlechte
Schätzqualität, so ist das ein Zeichen dafür, daß der Schätzende die
Kunst des Schätzens nur wenig beherrscht. Solche Personen werden
dann besser aus der Investitionsplanung herausgenommen" (149).

Gestaltet die zunehmende Unsicherheit von Zahlungsströmen die Pla-
nungskontrolle schwieriger, so gewinnt die Durchführungskontrolle zur
Vorbereitung von Anpassungsentscheidungen bei zunehmender Unsicherheit an Bedeutung. Die Kontrolle der Durchführung soll verhindern, daß
die Durchführung vom vorgeschriebenen Plan abweicht, sowie Anpassungsentscheidungen vorbereiten helfen, wenn Soll-Ist-Abweichungen einge-
treten sind (150).

Ziel der Kontrollaktivitäten während der Durchführung ist es, festzustellen, ob und inwieweit das angestrebte Investitionsziel durch intern
bedingte Abweichungen vom Durchführungsplan und extern bedingte Daten-

---

149 Franke,G.: Betriebliche Investitionspolitik, a.a.O., Sp. 2002
     und 2003.

150 Als Phase der Durchführung wird der Zeitraum vom Zeitpunkt der Vor-
     nahme der Investition bis zur Desinvestition angesehen.

und Prämissenänderungen positiv oder negativ beeinflußt wird. Damit sollen rechtzeitige Korrekturmaßnahmen ermöglicht und zugleich Erfahrungen zur besseren Planung und Durchführung zukünftiger Investitionen gewonnen werden. Kontrollschwerpunkte sind die Kontrolle der Termine, der Auszahlungen und der technischen Konzeption.

Die langfristige Ergebniskontrolle besteht in einer Kontrolle der Ergebnisse von größeren Investitionen über einen längeren Zeitraum. Diese Ergebnisse erlauben eine Investitionsnachrechnung und eine Abweichungsanalyse. In der Abweichungsanalyse können die Gründe der Abweichungen der Ist-Ergebnisse von den Soll-Ergebnissen festgestellt werden. Diese Ergebnisse können dazu dienen, zukünftige Planungsfehler und eventuelle Manipulationen zu verhindern.

Die verschiedenen Investitionskontrollverfahren - Kontrolle der Investitionsplanung, Durchführungskontrolle und Ergebniskontrolle - sind sowohl für Baugeräteinvestitionen als auch für Investitionen in Bauprojekte und Beteiligungen durchzuführen, wobei vor allem bei Baugeräteinvestitionen die Investitionsgröße eine Kontrolldeterminante darstellt. Bei Baugeräten kann sich im Hinblick auf die Herausnahme von Kleingeräten aus der Einzelkontrolle die Bildung unternehmensspezifischer Größenklassen empfehlen. Bei Bauprojekten hat außer der Investitionsgröße auch die Art der Durchführung - als Alleinbaustelle eines Bauunternehmens oder als Arbeitsgemeinschaft mit anderen Bauunternehmen - Einfluß auf die Möglichkeit und den Umfang der Durchführung von Investitionskontrollen (151).

Wegen der unterschiedlichen Aufgaben-, Organisations- und Größenstrukturen von Bauunternehmen lassen sich auch für die Verteilung von Kompetenzen zur Investitionskontrolle keine normativen Regeln aufstellen. Maßgeblich für die Kompetenzverteilung sollten jedoch die Objektivität des Kontrollprozesses, das Sachverständnis der Kontrollstellen und

---

151 Das höchst entwickelte Instrument zur Kontrolle von Bauprojekten ist die Netzplantechnik, die neben der Terminkontrolle auch die Kontrolle der Projektkosten, der Ein- und Auszahlungen und der eingesetzten Kapazitäten ermöglicht. Weitere Kontrollinstrumente stellen z.B. Arbeits- und Nachkalkulationen dar. Da alle diese Instrumente in der bauwirtschaftlichen Literatur umfassend behandelt sind, erscheint es nicht notwendig, auf diese Methoden einzugehen.

die wirtschaftliche Durchführung der Kontrolle sein. Als mögliche Organisationsformen sind grundsätzlich die Kontrolle durch zentrale Unternehmensstellen, die Selbstkontrolle durch die die Investition verantwortenden Planungsstellen oder gemischte, auf Zusammenarbeit zwischen Planungsstellen und Zentralstellen aufbauende Organisationsformen denkbar.

In der Praxis wird auf eine Investitionskontrolle durch eine unabhängige Zentralstelle meist verzichtet. Die Kontrolle wird in der Regel von den Planungsstellen selbst durchgeführt (152). Begründet wird dieses Verhalten von den Praktikern mit den hohen Personalkosten einer unabhängigen Kontrollinstanz und der fragwürdigen Hypothese, daß die Planer am ehesten aus ihren Fehlern lernen, wenn sie sich selbst kontrollieren. Als organisatorische Hilfsmittel der Investitionskontrolle erscheint der Einsatz von Standardformularen zweckmäßig. Das Formular eines Kontrollberichtes müßte z.B. Angaben zur Termin- , Auszahlungs-, und Ergebniskontrolle, neue Ergebnisprognosen, die Antworten zu einer Reihe spezieller, beurteilungsrelevanter Fragen, eine zusammenfassende Investitionsbeurteilung sowie die aus den Kontrollen abzuleitenden Vorschläge zur Projektverbesserung und zur Verbesserung der Entscheidungsvorbereitung und -findung vorsehen.

---

152   Vgl. Lüder,K.: Investitionskontrolle, a.a.O., 31 f.

4 Planung von Investitionen in Baugeräte

Investitionen in Baumaschinen und Baugeräte (153) stellen die wesentlichsten Anlageninvestitionen von Bauunternehmen dar. Die volks- und betriebswirtschaftliche Bedeutung der Investitionen in Baugeräte wird im ersten Abschnitt dieses Kapitels beschrieben. Nach einer Darstellung der Zielvorstellungen und der generellen Funktionen des Gerätewesens eines Bauunternehmens wird auf die Planung von Geräteinvestitionen als spezieller Funktionsbereich des Gerätewesens eingegangen. Dabei wird die Zurechnung von Ein- und Auszahlungen zu einzelnen Geräteinvestitionen besonders betrachtet. Besondere Bedeutung wird weiters der Ermittlung der wirtschaftlichen Nutzungsdauer sowie der Ermittlung des optimalen Ersatzzeitpunktes eines Baugerätes beigemessen. Diesbezügliche Methoden werden durch mehrere Beispiele veranschaulicht.

4.1 Entwicklung der Investitionen in Baugeräte

Die Vornahme von Investitionen in Baugeräte durch Bauunternehmen ist auf

- die Zielsetzung der kapazitiven Substanzerhaltung,
- die Fortentwicklung der Verfahrenstechniken,
- den Ausgleich von Kostensteigerungen im Personalbereich durch Substitution menschlicher Arbeit durch Maschinenarbeit,

---

153 In den folgenden Ausführungen werden die Begriffe "Baugeräte" und "Baumaschinen" in Anlehnung an die österreichische Baugeräteliste als gleichbedeutend verwendet.

- die Steigerung der Produktivität (z.B. durch kürzere Bauzeiten),
- die Erhaltung bzw. Steigerung der Konkurrenzfähigkeit und
- die konjunkturelle Lage und Entwicklungstendenzen des Baumarktes
  insgesamt und in den einzelnen Bereichen der Bautätigkeit (154)

zurückzuführen.

Die Tatsache, daß die Reduzierung des personellen Arbeitsvolumens und
das Rationalisierungsbestreben der Bauunternehmen wesentliche Motive
für die Vornahme von Baugeräteinvestitionen sind, ist an der Entwicklung der maschinellen Ausstattung von Baustellen im Verhältnis zur
Zahl der Baustellenbeschäftigten ersichtlich. Bei einigen ausgewählten
Geräte- und Maschinenarten hat sich die Zahl der Maschineneinheiten
bezogen auf die Zahl der Baustellenbeschäftigten, in den letzten Jahren vervielfacht (siehe Tabelle 4.1).

Tabelle 4.1: Stückzahl ausgewählter Gerätearten je 10 000 Baustellen-
             beschäftigte. (Quelle: Landesamt für Datenverarbeitung
             und Statistik Nordrhein-Westfalen: Das Bauhauptgewerbe
             in NW, Totalerhebung)

Geräteart	1950	1960	1970	1976
Turmdrehkrane	5	99	251	469
Stahlrohrgerüste (t)	12	222	398	1808
Kompressoren	74	148	184	481
Bagger	25	114	146	388
Planierraupen	–	73	64	89
Lader	–	31	64	284
Rammer	36	68	52	73
LKW	167	352	528	1033

Durch die Vornahme von Investitonen in Baugeräte werden aber nicht
nur quantitativ bessere Ergebnisse (höhere Produktivität, geringere
Kosten je Leistungseinheit, etc.) sondern auch qualitative Verbesserungen erzielt, da die neuen Baumaschinen in der Regel besser ausge-

---

154 Vgl.dazu: Betriebswirtschafltiches Institut der westdeutschen
    Bauindustrie: Zur Entwicklung der Geräte und Investitionen,
    Düsseldorf 1978.

stattet sind, eventuell Schallschutz- oder sonstige Umweltschutzvor-
kehrungen haben und durch eine höhere Leistungsfähigkeit auch mehr
Sicherheit im Betrieb bieten.

Als nachteilige Folgen des kontinuierlich gestiegenen Mechanisierungs-
grades der Bauproduktion und der damit verknüpften zunehmenden Kapi-
talintensität ergab sich in der bauausführenden Wirtschaft eine zunehmende Kapitalbindung im Anlagensektor und gleichzeitig eine abnehmende finanzielle und technologische Elastizität und Flexibilität.
Eine steigende Anlagenintensität erhöht die Fixkosten von Bauunternehmen, woraus eine erhöhte Krisenanfälligkeit resultiert. Der kontinuierliche Einsatz der Fixkosten verursachenden maschinellen Kapazitäten
stellt eine wesentliche Zielsetzung der Bauunternehmensführung dar.
Die Frage der Kapazitätsauslastung wird bei zunehmendem Mechanisie-
rungsgrad immer bedeutsamer. Der Kostenvorteil des geräteintensiven
Bauunternehmens ergibt sich dadurch, daß pro Leistungseinheit geringere variable Kosten anfallen als beim weniger stark mechanisierten
Bauunternehmen. Dieser Vorteil kehrt sich aber ins Gegenteil um,
wenn die Kapazitätsauslastung nicht gewährleistet ist.

Um die Bedeutung der maschinellen Kapazitäten für Bauunternehmen
bzw. für einzelne Großbaustellen aufzuzeigen, werden beispielsweise
Werte des deutschen Bauunternehmens "Philipp Holzman AG" sowie der
Baustelle "Donaukraftwerk Altenwörth" angeführt: "Der Holzmann-Kon-
zern besitzt und betreibt weltweit eine differenzierte Baumaschinen-
flotte im Gesamtwert von über 700 Millionen Deutsche Mark; ca. 350
Millionen davon sind heute im Auslandsbau eingesetzt. Der weitaus
überwiegende Teil sind ortsbewegliche Geräte. Der geringere Teil besteht aus stationären Anlagen" (155).

Die auf der Baustelle Donaukraftwerk Altenwörth eingesetzten Baumaschinen hatten einen Geräteneuwert von mehr als 300 Millionen
Schilling. Unter Zurechnung von sonstigen Aufwendungen für die Bau-
stelleneinrichtung ergab sich daraus ein installierter Wert von ca.
öS 500.000,- je Arbeitsplatz, bezogen auf die mittlere Belegschafts-
stärke. Jedem Mann der Baustelle standen bei Bereinigung des Schicht-

---

155 Leufert,W.: Bau- und Baustoffmaschineneinsatz im Auslandsbau
     im Hinblick auf das Maschinenpersonal, BMT 4/1977, 227.

betriebes etwa 45PS zur Verfügung (installierte PS je Arbeiter)(156).
Diese Pro-Kopf-Quote, die für dieses spezielle Erdbau- und Betonbau-
projekt erzielt wurde, liegt weit über dem österreichischen Durchschnitt. Aus Tabelle 4.2 ist ersichtlich, daß die Pro-Kopf-Quote, die
seit Kriegsende sowohl nach PS als auch nach Tonnen kontinuierlich
gestiegen ist, 1977 Werte von 2,6PS/Arbeiter bzw. 3,2t/Arbeiter erreicht (157).

Tabelle 4.2: Bestand an Baumaschinen und -geräten am 31. Dezember 1977
             (Quelle: Österreichisches Statistisches Zentralamt)

Baugewerbe	2 315 417 PS
	281 637 t
	25,0 PS/Arbeiter
	3,0 t/Arbeiter
Bauindustrie	831 223 PS
	131 438 t
	23,4 PS/Arbeiter
	3,7 t/Arbeiter
Baugewerbe und Bauindustrie	3 146 640 PS
	413 075 t
	24,6 PS/Arbeiter
	3,2 t/Arbeiter

Die volkswirtschaftliche Bedeutung der Investitionen von Bauunternehmen in Baugeräte wird durch ein jährliches Investitionsvolumen von
etwa 3 Mrd. Schilling dokumentiert. Die Entwicklung des jährlichen
Investitionsvolumens des Baugewerbes und der Bauindustrie für Baugeräteinvestitionen und die Entwicklung der Investitionsquote, des An-

---

156 Vgl. Altenwört-Donaukraftwerk, in: Mayreder Firmennachrichten,
     Heft März 1974.

157 Zum Vergleich dazu betrug 1977 der Gerätebestand pro Arbeiter
     in der BRD 4 Tonnen.

teils der Investitonen am Umsatz aus Bautätigkeit in Prozent, sind in
Tabelle 4.3 zusammengefaßt.

Tabelle 4.3: Entwicklung des Investitionsvolumens und der Investitionsquote (Quelle: Österreichisches Statistisches
Zentralamt)

Jahr	Umsatz aus Bautä-tigkeit (in Mio.S)	Investitionen (in Mio.S)	Investitions-quote
1968	22 018	1 609	7.3%
1969	23 042	1 883	8.2%
1970	25 557	2 359	9.2%
1971	31 019	3 095	10.0%
1972	39 762	4 393	11.0%
1973	40 616	3 730	9.2%
1974	45 410	3 460	7.6%
1975	46 888	3 031	6.5%

Für die Jahre 1976 bis 1979 liegen bisher nur Schätzungen des Investitionsvolumens aus Unternehmensangaben vor. Demnach betragen die
Investitionen 1976: 2 774 Mill. öS, 1977: 2 930 Mill. öS, 1978 und 1979
je 2 900 Mill. öS. Bei einer Interpretation dieser Werte kann festgestellt werden, daß sich nach dem starken Rückgang der Investitonen
in den Jahren 1973 bis 1975 (durchschnittliche nominelle Investition p.a. -14,5%) die Investitionstätigkeit 1976 und 1977 dank der Er-
holung der Baukonjunktur in Österreich wieder belebt hat. (1976:
+16%, 1977: +5,5%). Obgleich die Bautätigkeit auch in der ersten Jah-
reshälfte 1978 noch relativ rege war, haben die Bauunternehmen in Erwartung einer Nachfragedämpfung das Investitionsvolumen 1978 auf
2 900 Mill. öS reduziert. Dies bedeutet gegenüber 1977 einen nominellen
Rückgang von etwa 1%. Unter Berücksichtigung der Preissteigerungen
liegen die realen Werte um 4% unter dem Wert von 1977 und damit deutlich unter dem längerfristigen Trend.

Aufgrund eines Berichtes des Wirtschaftsforschungsinstitutes (158)
wird für 1979 eine mäßige Investitionstätigkeit erwartet. Nach den
ersten Investitionsplänen für 1979 und unter Berücksichtigung einer
schwachen Konjunkturkomponente wird die Bauwirtschaft ihre Maschinen-
und Gerätekäufe voraussichtlich 1979 nicht ausweiten. Mit einem Investitionsvolumen von 2 900 Mill. öS wird die Bauwirtschaft nominell
etwa gleich viel investieren wie 1978. Dies bedeutet allerdings einen
Rückgang der realen Werte um etwa 3,5% bis 4%. Aufgrund der zurück-
haltenden Investitionstätigkeit und der zu erwartenden mäßigen Umsatz-
entwicklung wird die Investitionsquote 1979 mit 4,5% voraussichtlich
deutlich unter dem längerfristigen Trend liegen (durchschnittliche
Investitonsquote 1968 bis 1977: 6,5%). Da die Bauunternehmer ihre
Investitionsentscheidungen besonders stark den Nachfrageänderungen anpassen, wird das tatsächliche Investitionsvolumen stark von der Änderung der Baunachfrage während des Jahres 1979 abhängen.

Das Wirtschaftsforschungsinstitut berichtet weiters, daß sich die Investitionstätigkeit der Bauunternehmen 1979 (so wie in den letzten
Jahren) vorwiegend auf Ersatzbeschaffung beschränken wird. Erweiterungsinvestitionen werden aufgrund der Nachfrageentwicklung kaum in
Betracht gezogen werden. In diesem Zusammenhang ist zu bemerken, daß
die Höhe des Investitonsvolumens bzw. die Höhe der Investitionsquote
allein noch kein Maßstab für die Einschätzung der Rationalisierungs-
bemühungen des Baugewerbes und der Bauindustrie sind. Zusätzlich sind
die Rationalisierungseffekte zu berücksichtigen, die sich beispielsweise durch neue Arbeitsverfahren und -techniken, durch Strukturver-
änderungen zur Vorfertigung und Spezialisierung und durch Substitution der Baustoffe ergeben.

4.2 Gerätewesen und Gerätepolitik

Durch die starke Mechanisierung der Bauunternehmen stellt das Gerätewesen einen bedeutenden Funktionsbereich eines Bauunternehmens
dar. Eine klar formulierte Gerätepolitik kann als Voraussetzung für

---

158 Vgl. Monatsberichte 1-4/1979, Österreichisches Institut für
     Wirtschaftsforschung, Wien 1979.

eine effiziente Bewältigung des Gerätewesens angesehen werden. Die Gerätepolitik eines Bauunternehmens wird durch die Setzung gerätepolitischer Ziele sowie durch Richtlinien zur Realisierung dieser Zielvorstellungen festgelegt.

4.2.1 Zielvorstellungen bezüglich des Gerätewesens

Die Formulierung von Zielvorstellungen bezüglich des Gerätewesens stellt eine wesentliche gerätepolitische Maßnahme dar. In den folgenden Ausführungen werden die Ziele

- Erreichen eines optimalen Maschinisierungsgrades,
- Erhalten (bzw. Schaffen) einer möglichst großen Elastizität des Geräteparks und
- Realisieren einer unternehmensorientierten anstelle einer rein bauprojektorientierten Geräteinvestitionsplanung

beispielsweise näher betrachtet.

Die Bestimmung des optimalen Maschinisierungsgrades kann baustellenbezogen, unternehmensbezogen oder auf eine Volkswirtschaft bezogen, vorgenommen werden. Der Maschinisierungsgrad d kennzeichnet daher entweder die Maschinisierung einer Baustelle oder eines Unternehmens oder einer Volkswirtschaft. Zum Ausdruck dieser Maschinisierung wurden in der Baubetriebslehre verschiedene Kennzahlen entwickelt, wie z.B.

$$d = \frac{B}{A} = \frac{\text{Gerätegewicht}}{\text{Arbeiteranzahl}} \quad \text{oder} \quad d = \frac{B \cdot h}{A \cdot h} = \frac{\text{Gerätetonnenstunden}}{\text{Arbeiterstunden}} \quad .$$

Komoli (159) bezeichnet den durch das Verhältnis von Gerätegewicht zur Arbeiterzahl definierten Maschinisierungsgrad auch als Maschinen-Kopfquote. Durch eine Betrachtung der Relationen unterschiedlicher Maschinisierungsgrade und der den jeweiligen Maschinisierungsgraden entsprechenden Produktionskosten erhält die Bestimmung des optimalen Maschinisierungsgrades instrumentalen Charakter. Burkhardt (160) hat z.B. den Einfluß des Maschinisierungsgrades auf Kostensteigerungen des Baumarktes untersucht.

---

159 Vgl. Komoli,L.H.: Gedanken zur Rationalisierung in der Bauwirtschaft, in: Österreichische Ingenieur-Zeitschrift, 11.Jg., Heft 9, Wien 1968, 316.

160 Burkhardt,G.: Die Bestimmung von Produktion und Kapazität im Bauwesen, Gutachten im Auftrage des Bundeswirtschaftsministeriums in Bonn, T.H.München 1958, 51.

In Bauunternehmen kann der baustellenbezogene Maschinisierungsgrad ein
Kriterium für Geräteinvestitionsentscheidungen darstellen. Solange
nämlich der optimale Maschinisierungsgrad einer Baustelle nicht erreicht ist, lassen sich theoretisch die Baukosten senken. Solange also $d < d_{opt}$ ist, bewirken Geräteinvestitionen eine Senkung der Baukosten. Voraussetzung für Investitionsentscheidungen, die sich am Maschinisierungsgrad orientieren (161), ist daher die Kenntnis des optimalen Maschinisierungsgrades.

Eine Methode zur Bestimmung des optimalen Maschinisierungsgrades einer Baustelle ist z.B. die kalkulatorisch - graphische Lösung, bei der
die Kosten einer Baustelle unter Zugrundelegung verschiedener Maschinisierungsgrade durchkalkuliert werden. Für den jeweiligen Maschinisierungsgrad können die entsprechenden Lohnkosten K_L und Maschinenkosten K_M getrennt festgehalten und zu einer Lohnkostenkurve und einer Maschinenkostenkurve entwickelt werden. Die Maschinenkostenkurve
steigt mit zunehmendem Maschinisierungsgrad und die Lohnkostenkurve
fällt mit zunehmendem Maschinisierungsgrad. Wenn man das Minimum der
Summenkurve aus Lohn- und Maschinenkosten K_S auf die Abszisse proji-
ziert, erhält man den optimalen Maschinisierungrad.

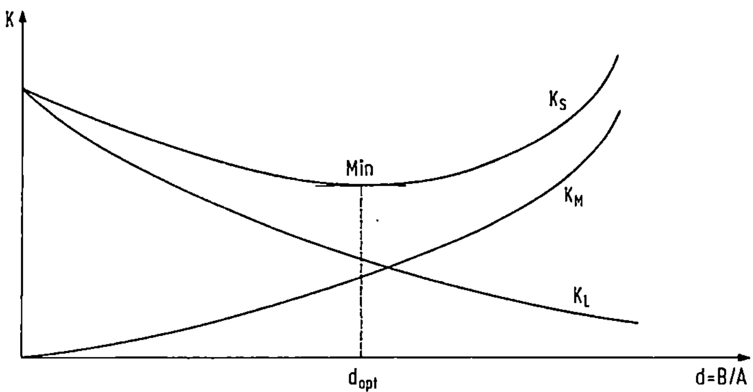

Bild 4.1: Bestimmung des optimalen Maschinisierungsgrades

---

161 Der optimale Maschinisierungsgrad wird zwar in der Praxis kaum
     alleiniges Kriterium für Geräteinvestitionsentscheidungen dar-
     stellen, kann jedoch als Orientierungshilfe wesentlichen infor-
     mativen Wert erlangen.

Den instrumentalen Wert der Berechnung des optimalen Maschinisierungsgrades beschreibt Baron (162), der den optimalen Maschinisierungsgrad als Kriterium für Investitionsentscheidungen und gleichzeitig
als Maß für die Berechnung des Investitionsbudgets darstellt.

Der Zielsetzung des Erreichens des optimalen Maschinisierungsgrades
steht das Ziel des Erhaltens einer möglichst großen Leistungselastizität teilweise gegenüber. Ein Bauunternehmen legt sich durch seine
Baumaschinen und -geräte in seiner Produktions- und Leistungsstruktur
stark fest. Insofern ergeben sich bei stark mechanisierten Bauunternehmen Gefahren nicht nur aus Beschäftigungsschwankungen, sondern auch
aus strukturellen Veränderungen der Baunachfrage. Bei der Zielsetzung
des Erreichens bzw. Erhaltens einer großen Leistungselastizität muß
zwischen quantitativer und qualitativer Elastizität unterschieden werden.

Die quantitative Elastizität drückt den Grad der Anpassungsfähigkeit
an unterschiedliche Leistungsmengen aus. Die qualitative Elastizität
hingegen bezieht sich auf die Umstellungsfähigkeit zur Erstellung verschiedener Bauleistungen. Je elastischer daher ein bestimmtes Baugerät
bzw. der gesamte Baugerätepark eines Bauunternehmens ist, desto elastischer ist das Bauunternehmen bei der Anpassung an mengen- und artmäßige
Schwankungen der Baunachfrage. Die Elastizität des vorhandenen Geräteparks eines Bauunternehmens bestimmt den Entscheidungsspielraum für
zukünftige Geräteinvestitionsentscheidungen. Die Gefahr, nicht ela-
stisch genug zu sein, um die Leistungskapazität der variierenden Baunachfrage anpassen zu können, kann durch die Anschaffung von Geräten,
die vielseitig einsetzbar sind, verringert werden. Die Anschaffung eines Spezialgerätes statt eines Allroundgerätes erweist sich nur dann
als vorteilhaft, wenn für das leistungsfähigere Spezialgerät dauer-
haft die entsprechenden Einsatzmöglichkeiten geschaffen werden können.
Vielfach erweist es sich als zweckmäßig, Spezialgeräte nicht anzu-
schaffen, sondern zu mieten.

Der Übergang von einer bauprojektbezogenen zu einer unternehmensbezo-
genen Betrachtungsweise in der Investitionsplanung ist bei Baugeräte-

---

162 Vgl. Baron,A.: Der Maschinisierungsgrad des Baubetriebes als
     Kriterium in der Investitionsrechnung, in: Baumaschinen und
     Bautechnik, 22.Jg., Heft4/1975, 111 ff.

investitionen und -desinvestitionen schwierig zu realisieren. In der
Untersuchung "Geräteverwaltung im Bauunternehmen" (163) wurde festgestellt, daß nahezu alle untersuchten Bauunternehmen einen Gerätebe-
schaffungsplan (finanziellen Rahmenplan), und zwar in der Mehrzahl der
Fälle für 12 Monate, haben. In dieser Planung, in die nur größere Geräte bzw. ausgesprochene Großgeräte einbezogen werden, bestehen Vorstellungen darüber, welche Geräte gekauft werden sollen und wie hoch
die Gesamtsumme für Geräteinvestitionen sein kann. Üblicherweise wird
jedoch erst dann ein Gerätekauf getätigt, wenn die Notwendigkeit dazu
besteht, d.h. wenn maschinelle Kapazität für die Durchführung eines
Bauprojektes geschaffen werden muß.

Ziel der Bauunternehmensführung sollte es sein, mit Hilfe der Gerätepolitik Unternehmenspolitik zu betreiben, indem die Planung von Geräteinvestitionen nicht ausschließlich vom Tagesgeschehen, speziell
also von den momentanen kapazitiven Bedürfnissen einzelner Baustellen,
abhängig gemacht wird, sondern indem aufgrund eines Konzeptes der
technisch-organisatorischen Entwicklung des Baugerätewesens eine mit-
tel- und langfristig strategische Investitionsplanung durchgeführt
wird.

4.2.2 Funktionen des Gerätewesens
Neben der Aufbereitung von Informationen für Geräteinvestitions- und
Gerätedesinvestitionsentscheidungen stellen folgende Funktionen Aufga-
benbereiche des Gerätewesens dar: Gerätekauf, technische Geräteeingangskontrolle, rechnerische Geräteeingangskontrolle, Führung einer Geräte-
bestandskartei, Disposition des Geräteeinsatzes, technische Geräteüber-
wachung im Einsatz, Erstellen und Auswerten von Geräteberichten, Analyse von Reparaturen, Entwicklung eines Instandhaltungsprogrammes,
Überprüfung der Einhaltung von Sicherheitsbestimmungen, Gerätemieten-
berechnung und -verrechnung, Geräteversicherung, Geräteverkauf, Perso-
nalausbildung und Sammlung von Bedienungsanleitungen.

---

163 Institut für Baubetriebslehre der Technischen Hochschule
     Stuttgart und Betriebswirtschaftliches Institut der West-
     deutschen Bauindustrie GmbH, Geräteverwaltung im Bauunter-
     nehmen - eine betriebsvergleichende Untersuchung, Düsseldorf,
     1966.

Eine detaillierte Betrachtung aller Funktionen des Gerätewesens würde
über den Rahmen dieser Arbeit hinausgehen. Die folgenden Ausführungen
beschränken sich daher auf die wesentlichsten Funktionen bzw. Funk-
tionsgruppen, nämlich auf das Erstellen von gerätebezogenen Dateien,
auf das Planen und Steuern des Geräteeinsatzes, auf das Planen der Reparaturen und Instandhaltungen sowie auf das Planen von Geräteinvestitionen und Gerätedesinvestitionen.

4.2.2.1 Erstellen von gerätebezogenen Dateien

Die Sammlung aller mit dem Kauf, Einsatz und Verkauf eines Gerätes
verbundenen Daten (z.B. Anschaffungswert, Reparatur- und Instandhal-
tungsausgaben, Leistungsstatistik) stellt sowohl für die Erfüllung
der Funktionen des Gerätewesens als auch für die Durchführung der Ar-
beitsvorbereitungen, Kalkulationen und Terminplanungen eine wesentliche Informationsbasis dar.

Bei der Erstellung gerätebezogener Dateien werden die Daten einzelner
Geräte, man beschränkt sich dabei in der Regel auf Großgeräte (164),
auf sogenannten Gerätekarten erfaßt. Auf einer Gerätekarte werden die
wesentlichsten technischen, kaufmännischen und Einsatz-Daten eines
Baugerätes festgehalten. Verschiedene Bauunternehmen haben in der Regel unterschiedliche Auffassungen über die Wichtigkeit der einzelnen
Gerätedaten und entwickeln daher unternehmensspezifische Gerätekarten-
formulare. Folgende Datengruppen sollten in einer Gerätekarte berücksichtigt werden:

"1. Gerätetechnische Daten einschließlich Lichtbild oder Zeichung,

 2. Jährliche Abschreibung und Verzinsung (Soll-Ist-Gegenüberstellung),

 3. Daten für die Gerätemiete (BGL-Satz, interner Verrechnungssatz),

 4. Kosten durchgeführter Reparaturen (Art, Lohn- und Stoffanteil),

 5. Standortnachweis (Baustelle, Versandtag, Freimeldung),

 6. Mietbelastung (Baustellen-Nummer, Betrag)" (165).

---

164   In der Baupraxis wird der Begriff "Großgerät" unterschiedlich
      definiert:
      - Großgeräte werden durch den Anschaffungswert bestimmt oder
      - Großgeräte sind Geräte der BGL, für die allgemeine Geräte-
        miete berechnet wird, d.h. Geräte mit Einzelnachweis oder
      - Großgeräte sind solche, die nur von Maschinisten bedient
        werden können.

165   Institut für Baubetriebslehre der Technischen Hochschule Stutt-
      gart und betriebswirtschaftliches Institut der Westdeutschen
      Bauindustrie GmbH, Geräteverwaltung im Bauunternehmen - eine
      betriebsvergleichende Untersuchung, a.a.O., 24.

Die Informationen für die Erstellung gerätebezogener Dateien werden
einerseits vom Rechnungswesen (Geräterechnung, Reparaturrechnung,
Mietenverrechnungen, etc.) und andererseits von den Baustellen, auf
denen die jeweiligen Geräte eingesetzt sind, in Form von Geräteberichten geliefert. Unter dem Begiff "Gerätebericht" sind alle Aufzeichnungen auf Formularen zu verstehen, die eine Kontrolle der Baugeräte im
Baustelleneinsatz erlauben. Diese Aufzeichnungen sind möglichst vom
Geräteführer selbst vorzunehmen und können z.B. die Art der ausge-
führen Arbeiten, den Betriebsstoffverbrauch, Zeitangaben über Ein-
satz-, Wartungs-, Reparatur- uns Stillstandszeiten und Angaben über
besondere Vorkommnisse beinhalten. Geräteberichte werden in der Regel täglich geschrieben, wöchentlich an die Zentrale geschickt und
monatlich ausgewertet.

Die Auswertung der Geräteberichte kann kaufmännisch und technisch
ausgerichtet sein. Das kaufmännisch ausgerichtete Geräteberichtswe-
sen wird in erster Linie zur innerbetrieblichen Verrechnung der Ge-
rätekosten verwendet.

4.2.2.2 Planen und Steuern des Geräteeinsatzes
Der ständige Wechsel des Einsatzstandortes und die starke Streuung der
Betriebsstätten des Bauunternehmens machen eine laufende Planung und
Steuerung des Geräteeinsatzes zu einer Hauptaufgabe des Gerätewesens.
Ziel dieses Planens und Steuerns ist es, einerseits alle Baustellen
rechtzeitig mit den benötigten Maschinenkapazitäten auszustatten und
andererseits eine möglichst hohe Nutzung der einzelnen Baugeräte zu
gewährleisten. Obwohl die Geräteeinsatzplanung primär als baustellenbezogene Planung zu verstehen ist, kann eine möglichst hohe Auslastung
des Geräteparks eines Bauunternehmens nur durch eine optimale Koordination des Geräteeinsatzes auf allen Baustellen des Unternehmens erzielt werden.

Zur Realisierung dieser Ziele ist eine enge Zusammenarbeit der Stelle,
die mit der Planung und Steuerung des Geräteeinsatzes betraut ist, mit
den Abteilungen Arbeitsvorbereitung und Terminplanung Voraussetzung,
da die baustellenbezogene Geräteeinsatzplanung sich unmittelbar an der

Bauaufgabe und den daraus abgeleiteten Terminen der Erstellung einzelner Teilleistungen orientiert (166).

Neben der termingerechten kapazitiven Ausstattung der Baustellen sind bei der baustellenbezogenen Geräteeinsatzplanung die folgenden Problemkreise zu berücksichtigen (167):

- Notwendigkeit besonderer technischer Vorsorgemaßnahmen wegen außergewöhnlicher Arbeitsbedingungen einzelner Geräte,
- Erzielung eines Maximums an Standardisierung des Baustellengeräteparks,
- Sicherstellung der Ersatzteilversorgung,
- Transport der Geräte zur Baustelle,
- Planung der Beistellung des Gerätepersonals (Maschinisten).

Für die Planung und Steuerung des Geräteeinsatzes können verschiedene Organisationsmittel verwendet werden. Zur Steuerung und Kontrolle der Bewegungen von Großgeräten können z.B. Schautafeln oder Standortkarteien, in denen die jeweiligen Standorte der einzelnen Geräte einzutragen sind, herangezogen werden. Der Einsatz kleinerer Geräte wird in der Regel in informeller Art in Bauleiterbesprechungen festgelegt. Um die Gerätebewegungen überhaupt zentral feststellen zu können, ist ein Informationssystem aus schriftlichen und mündlichen Mitteilungen Voraussetzung. Diese Mitteilungen über den Bedarf, den Versand und die

---

166 Als Instrument zur Bestimmung der kapazitiven Ausstattung von Baustellen kann das CYCLONE-Modell eingesetzt werden. (Das CYCLONE-Modell wird beschrieben in: Gareis,R., Halpin,D.W.: Planung und Kontrolle von Bauproduktionsprozessen, Berlin-Heidelberg-New York 1979). Weitere Verfahren zur Bestimmung der optimalen kapazitiven Ausstattung von Baustellen werden durch die Warteschlangentheorie angeboten (Vgl.dazu z.B. Danner,F.: Warteschlangentheorie und Simulationstechnik - Hilfsmittel zur Leistungsbestimmung maschineller Produktionsketten im Baubetrieb, VDI-Forschungsber., Reihe 4, Nr. 22, Düsseldorf 1975 und Beisswenger,K.: Leistungsermittlung mehrgliedriger Produktionsketten des Baubetriebs mit Hilfe der Warteschlangentheorie, VDI-Fortschrittsber., Reihe 4, Nr. 46, Düsseldorf 1979). Einen weiteren Problemkreis in diesem Zusammenhang stellt die Bestimmung der optimalen Größe der einzusetzenden Baugeräte dar. Als diesbezüglich weiterführende Literatur können beispielsweise Gates,M., Scarpa,A.: Optimum Size of Hauling Units, Journal of the Construction Division, ASCE, Vol. 101, No.Co4, Proc.Paper 11771 and 11772, 1975, 853-867 und Griffis,F.H.: Optimizing Haul Fleet Size Using Queuing Theory, Journal of the Construction Division, ASCE, Vol. 94, No.Co1, Proc.Paper 5753, 1968, 75-88 angeführt werden.

167 Vgl. dazu Leufert,W.: Bau- und Baustoffmaschineneinsatz im Auslandsbau im Hinblick auf das Maschinenpersonal, a.a.O., 227 ff.

Freisetzung von Baugeräten werden in der Regel in Geräteanforderungs-
formularen, Versandanzeigen und Gerätefreimeldungen vorgenommen (168).

4.2.2.3 Planen der Reparaturen und Instandhaltungen

Die Erzielung einer möglichst hohen Zuverlässigkeit der auf einer Baustelle eingesetzten Baugeräte stellt die Grundlage einer erfolgreichen
Baudurchführung dar. Der Ausfall eines Baugerätes erweist sich besonders erfolgswirksam, da "im Baubetrieb Maschinen selten allein zur Pro-
duktionserstellung eingesetzt sind, sondern fast immer mit Personal
und (oder) anderen Maschinen zusammenarbeiten müssen. Können die auf
eine solche Zusammenarbeit angewiesenen Kolonnen und (oder) Maschinen
einzeln nicht produktiv eingestzt werden, so entstehen unter Umständen
erhebliche Ausfallkosten, zu denen noch Bauzeitverluste hinzutreten
können" (169). Da die Zuverlässigkeit von Baugeräten wesentlich durch
die Häufigkeit und die Dauern von Reparaturen bzw. Instandhaltungen
bestimmt ist (170), ist die Planung von Reparaturen und Instandhaltungen eine wesentliche Funktion des Gerätewesens.

"Üblicherweise werden im Baubetrieb Reparaturen ausgeführt, wenn die
Maschine zum Ausfall gekommen ist. Dabei wird entweder nur das ausge-
fallene Einzelteil ausgewechselt, vereinzelt aber auch Teile ausgewechselt, bei denen angenommen werden darf, daß sie in mehr oder weniger
kurzer Zeit ebenfalls ausfallen werden. Dieses Verfahren wird als
Schadensreparaturverfahren bezeichnet (unschedulded maintenance). Darüberhinaus wäre es denkbar, Reparaturstrategien zu entwickeln (pre-
ventive maintenance) bei denen zu vorgeplanten Zeiten Reparaturen
durchgeführt werden und dabei noch betriebsfähige Ersatzteile ausge-
tauscht werden, bei denen entweder

(a)   durch Messungen ein fortgeschrittener Verschleiß festgestellt
      und demgemäß ein baldiger Ausfall prognostiziert werden kann,

      oder

---

168 Gestaltungsvorschläge dieser Formulare finden sich z.B. in: In-
     stitut für Baubetriebslehre der Technischen Hochschule Stuttgart
     und betriebswirtschaftliches Institut der Westdeutschen Bauin-
     ustrie, Geräteverwaltung im Bauunternehmen - eine betriebsver-
     gleichende Untersuchung, a.a.O., 46 f.

169 Jurecka,W.: Kosten und Leistungen von Baumaschinen, Wien-New
     York 1975, 58.

170 Ebenda, 60-70.

(b)   aufgrund statistischer Aufzeichnungen allein dieser prognosti-
      zierte Ausfall baldigst erwartet werden kann" (171).

"Eine Reparaturstrategie besteht darin, zu vorher festgelegten Zeitpunkten bestimmte Einzelteile oder Baugruppen auszutauschen, gleich-
gültig, ob die tatsächliche Verschleißgrenze schon nahezu erreicht ist
oder nicht. Bezeichnet man dann das Zeitintervall zwischen zwei solchen Austauschzeitpunkten mit τ, so kann dieses Zeitintervall entweder in Besitzstunden oder in Betriebsstunden ausgedrückt werden. Im
ersteren Fall spricht man von einer exakt periodischen Strategie,
im zweiten Fall von einer Strategie mit konstantem Instandhaltungsabstand. Eine exakt periodische Strategie hat den Vorteil, die Aus-
tausch- und Reparaturarbeiten zeitlich exakt einplanen zu können,
ist aber nur dort sinnvoll, wo Maschinen kontinuierlich mit regelmäs-
sigen Betriebsunterbrechungen eingesetzt sind. Diese Bedingung trifft
nur bei stationären Anlagen, z.B. einer Betonmischanlage eines Fer-
tigbetonwerkes zu. Bei Baumaschinen ist sie jedoch im allgemeinen
nicht erfüllt, da solche von Baustelle zu Baustelle unterschiedlich
lang und von der Auftragslage abhängig eingesetzt sind. Das führt bei
einer exakt periodischen Strategie dazu, daß Teile oder Baugruppen
bereits zu Zeitpunkten ausgewechsel werden, in denen sie wegen zwi-
schenzeitlichem Stillstand der Maschine von der zu erwartenden Verschleißgrenze noch weit entfernt sind. Für Baumaschinen werden daher
im allgemeinen nur Strategien mit (hinsichtlich der Betriebszeit) konstantem Instandhaltungsabstand τ in Frage kommen" (172).

Das Reparieren nach eingetretenem Schaden hat auf Baustellen mit einem leicht überschaubaren Maschinenark und einer nicht zu großen Anzahl von Schlüsselgeräten eine Berechtigung. Je nach Dauer und Schwere
des zu beurteilenden Maschineneinsatzes und abhängig von der Größe und
Art des zu betreibenden Maschinenparks einer Baustelle ist zu überlegen, ob der vorbeugenden Instandhaltung der Vorzug vor dem Reparieren
nach eingetretenem Schaden zu geben ist.

Grundsätzlich sollte für Großbaustellen ein vorbeugender Instandhal-
tungsplan ausgearbeitet werden, denn nur durch den geplanten rechtzei-

---

171 Jurecka,W.: Kosten und Leistungen von Baumaschinen, a.a.o.,71.
172 Ebenda, 84.

tigen Austausch von verbrauchten Geräteteilen kann die Bauleitung den
Zeitpunkt des Werkstattaufenthaltes bestimmen und dessen Dauer planen.
Voraussetzung der vorbeugenden Instandhaltung ist die Entwicklung einer Reparaturstrategie, die den Instandhaltungsabstand und den Umfang
der jeweiligen Reparaturen beinhalten muß. Die Anzahl der Betriebsstunden je Zeitintervall zwischen zwei Instandhaltungen wird von den spezifischen Baustellenbedingungen und dem Zustand des jeweiligen Gerätes
abhängig sein. Eine Reparaturstrategie für ein bestimmtes Baugerät wird
von einer Analyse der bisher an diesem Gerät durchgeführten Reparaturen und einer Untersuchung der Ausfallsgründe ausgehen.

Die in der Literatur (173) beschriebenen Modelle für die Entwicklung
von Reparaturstrategien können von den mit der Planung der Reparaturen
und Instandhaltung betrauten Stellen des Bauunternehmens herangezogen
werden. Wesentliche Unterstützung für diese Planungen kann aus den Her-
stellerempfehlungen entnommen werden. Die Bauunternehmen haben weiters
die Möglichkeit, die vorbeugenden Instandhaltungen durch Geräteherstel-
ler planen und durchführen zu lassen. Die Übertragung der Aufgaben der
vorbeugenden Instandhaltung aufgrund von Wartungsverträgen an Geräte-
hersteller hat den Vorteil, daß Spezialisten bzw. Spezialanlagen zur
Erfüllung dieser Wartungsaufgaben eingesetzt werden und das Wartungs-
management für das Bauunternehmen entfällt. Sinnvoll erscheint der Abschluß von Wartungsverträgen bei Großgeräten, die auf Baustellen eingesetzt werden, die weit vom zentralen Bauhof eines Bauunternehmens
entfernt sind. Kleine Bauunternehmen mit kleinen Geräteparks, deren
Baustellen sich in geringer Entfernung vom zentralen Bauhof befinden,
werden die Instandhaltung ihrer Geräte kostengünstiger durch eigenes
Personal durchführen.

Durch geplante vorbeugende Instandhaltung können die Reparaturen nach
eingetretenem Schaden zwar nicht ausgeschaltet, sicherlich aber stark
reduziert werden.

Da die Zuverlässigkeit von Baugeräten von den Dauern der Reparaturen
abhängig ist, gewinnt die personelle und maschinelle Ausstattung der

---

173 Vgl.z.B. Jurecka,W.: Kosten und Leistungen von Baumaschinen
     a.a.O., 85 ff, und Keller,M.: Instandhaltungsstrategien zur
     Lenkung der Schadens- und Schadensfolgekosten, in: Bauwirt-
     schaft, Heft 47/1973, 2341 f.

Bauhöfe bzw. der Baustellenwerkstätten sowie die Ausstattung der Ersatzteillager an Bedeutung. Die Werkstätten von Großbaustellen sind heute bereits mit Drehbänken, Bohrwerken, Fräsbänken, Düsenprüfgeräten und Einspritzpumpenprüfständen ausgestattet. Aber auch Bergungsfahrzeuge für Unfallgeräte und Hebezeuge sind wesentliche Hilfen für kürzere Werkstattaufenthalte der ausgefallenen Maschinen.

Diese Werkstattausstattungen sind durch umfangreiche und gut organisierte Ersatzteillager zu ergänzen. Besonders kostensparend für die Instandhaltung größerer Geräteflotten ist die Vorhaltung komplett überholter Aggregate wie Motoren, Getriebe, Wandler, Steuerblöcke, usw. Im Schadensfall braucht nur ein Austausch der betreffenden Gruppe vorgenommen zu werden. Eine langwierige Fehlersuche bei wartendem Gerät entfällt. Der Werkstattaufenthalt ist dadurch besser absehbar, und die eigentliche Reparatur kann in Ruhe und zu Zeiten geringerer Werkstattbelastung durchgeführt werden.

Die Entscheidung, ob große Reparaturen direkt auf der Baustelle oder auf einem zentralen Bauhof vorgenommen werden, ist von den eben beschriebenen Faktoren, Ausstattung der Werkstätten und der Ersatzteillager, sowie vom Standort des ausgefallenen Gerätes abhängig und stellt eine der Aufgaben der Planung von Reparaturen und Instanhaltungen dar.

4.2.2.4 Planen von Geräteinvestitionen

Die Funktion des Planens von Geräteinvestitionen, nämlich das Erarbeiten von Investitionsvorschlägen, das Durchführen von Investitionsanalysen und das Treffen von Investitionsentscheidungen, wurde in Kapitel 3 generell beschrieben und bedarf daher hier keiner Wiederholung. Es erscheint auch nicht notwendig, die empfohlenen Investitionsrechnungsverfahren (Kapitalwertmethode und Annuitätenmethode) in Form einer beispielsweisen Anwendung zur Beurteilung von Investitionen in Baugeräte nochmals zu beschreiben. Vielmehr ist es notwendig, auf die in diesen Investitionsrechnungen zu berücksichtigenden Zahlungsströme näher einzugehen und festzustellen, welche Ein- und Auszahlungen durch Baugeräteinvestitionen verursacht werden. Von der Kenntnis dieser speziellen Zahlungsströme ausgehend, werden zwei Sonderprobleme der Planung von Geräteinvestitionen betrachtet, nämlich die Bestimmung der wirtschaftlichen Nutzungsdauer eines Baugerätes und die Bestimmung des optimalen Einsatzzeitpunktes eines Baugerätes.

Die Analyse der Zahlungsströme und die Ermittlung der wirtschaftli-
chen Nutzungsdauer und des optimalen Einsatzzeitpunktes erfolgt nach
Abschluß des Abschnittes 4.2 "Gerätewesen und Gerätepolitik" in den
Abschnitten 4.3, 4.4 und 4.5.

4.2.3 Aufbauorganisation des Gerätewesens

Die Ausführung der Funktionen des Gerätewesens wird in größeren Bauunternehmen von einer eigenen Abteilung, der sogenannten Geräteabteilung, übernommen (174). "Der maschinentechnischen Abteilung obliegen
sämtliche maschinentechnischen Aufgaben, die die Baumaschinen-Einsatz-
planung in der Angebotsphase, die Baumaschinenbeschaffung, den Baubetrieb, die erforderliche Nachschub-Organisation und letztlich auch
die Verschrottung betreffen. Hinzu kommt die oft schwierige Aufgabe
der Beistellung des erforderlichen Maschinenpersonals" (175).

Auf die Aufgaben der Geräteabteilung und deren organisatorische Eingliederung im Bauunternehmen wurde schon in Abschnitt 3.2.2 eingegangen. Die organisatorische Eingliederung der Geräteabteilung im Bauunternehmen wird auch aus der bereits zitierten Untersuchung "Geräteverwaltung im Bauunternehmen" ersichtlich, wo festgestellt wird, daß
bei Großbauunternehmen, bei denen dem Vorstand (oder der Geschäftsleitung) eine Reihe von Direktoren unterstellt ist, auch der Leiter der
Geräteabteilung Direktorenstatus hat. Bei mittleren Firmen ist die Geräteabteilung entweder der Firmenleitung oder einem technischen Leiter, dem der gesamte technische Bereich untersteht, direkt unterstellt.
Weiters bestätigte diese Untersuchung, daß die Geräteabteilung im allgemeinen einen festen Platz in der Unternehmensorganisation hat und in
die gleiche Kategorie wie andere Betriebsabteilungen eingereiht wird.

---

174 Die mit dem Gerätewesen hauptsächlich befaßte Abteilung des
     Bauunternehmens wird häufig auch als Maschinenabteilung, Maschi-
     nentechnische Abteilung, Maschinenwesen und Geräteverwaltung
     bezeichnet.

175 Leufert,W.: Bau-und Baustoffmaschineneinsatz im Auslandsbau im
     Hinblick auf das Maschinenpersonal, a.a.O., 227.

4.2.4 Gerätepolitische Richtlinien

Die Gerätepolitik eines Bauunternehmens wird durch eine Anzahl gerätepolitischer Richtlinien, die auf den Zielvorstellungen bezüglich des Gerätewesens basieren, festgelegt. Diese Richtlinien können an die mit der Erfüllung der Funktionen des Gerätewesens befaßten Stellen und Abteilungen entweder informell, in Form von mündlichen und schriftlichen Anweisungen, oder formell, durch vorgegebene Ablaufschemen und Formulare, ausgegeben werden. Wenn eine starke Formalisierung des Gerätewesens angestrebt wird, ist es oft vorteilhaft, die Zielvorstellungen und die gerätepolitischen Richtlinien in einem Handbuch (Manual) zu sammeln.

Da die Festlegung gerätepolitischer Richtlinien eine unternehmensspezifische Aufgabe ist, können hier diesbezüglich keine allgemeingültigen Aussagen gemacht werden. Es sollen daher beispielsweise nur einige Problemkreise angeführt werden, für die die Erstellung gerätepolitischer Richtlinien notwendig erscheint. Diese Problemkreise sind z.B. die Beurteilung von Geräteinvestitionen, die Vornahme von Desinvestitionen, das Mieten oder Leasen von Baugeräten, die zwischenbetriebliche Kooperation am Gerätesektor, die Lagerung von Baugeräten und Ersatzteilen und das Geräteverrechnungswesen.

Für die Beurteilung von Baugeräteinvestitionen sind z.B. außer den Angaben über die anzuwendende Investitionsrechnungsmethode, den Kalkulationszinsfuß und minimale Rentabilitätsansprüche Richtlinien bezüglich der Beachtung von personellen und finanziellen Randbedingungen festzulegen. Personelle Randbedingungen müssen insofern berücksichtigt werden, als Investitionen, die hohe technische Anforderungen an die Arbeitskräfte stellen, nicht vorgenommen werden können, wenn keine qualifizierten Arbeitskräfte zur Verfügung stehen. Eine finanzielle Randbedingung ist primär durch das verfügbare Investitionsbudget gegeben. Daneben werden aber z.B. Richtlinien zur Sicherung der Fristenkongruenz zwischen Investitionen und Finanzierungen als sinnvoll erscheinen. Die Kongruenz der Investitionsfristen und Finanzierungsfristen soll erreicht werden, um die Gefahr der Illiquidität, die entsteht, wenn man langfristige Investitionen mit kurzfristig rückzahlbaren oder zumindest kurzfristig bindbaren Krediten finanziert, zu vermeiden. Andererseits entspricht auch der umgekehrte Fall, bei dem z.B. mittelfristige Investitionen mit langfristigen Krediten finanziert werden, nicht den Bedürfnissen der Unternehmung. Ungenützte Finanzmittel, die man verzinsen muß, aber nicht zurückzahlen kann, mindern die Rentabilität (176).

Bei der Beurteilung von Geräteinvestitionen sind eventuell auch Richtlinien bezüglich der Standardisierung des Geräteparks eines Bauunternehmens zu berücksichtigen. Ziel der meisten Bauunternehmen ist es, die Zahl unterschiedlicher Maschinentypen im Gerätepark so klein wie möglich zu halten. Nach Möglichkeit möchte man einen bestimmten Maschinentyp nur von einem Hersteller beziehen. Falls diese Typenreinheit nicht erzielt werden kann, wird es aber häufig Ziel sein, in den verschiedenen Gerätearten wenigstens die Typen der Antriebsmotoren, Getriebe und elektrischen Ausrüstungen zu standardisieren. Das gleiche gilt für Hydraulik-Verbindungen, Reifen und ähnliche Grundelemente.

Die Vornahme von Desinvestitionen erfolgt bei Baugeräten und Baumaschinen in wirtschaftlich sinnvoller Weise am Ende der wirtschaftlichen Nutzungsdauer. Die wirtschaftliche Situation kann aber ein Unternehmen veranlassen, bereits vor dem Erreichen der wirtschaftlichen Nutzungsdauer durch Desinvestitionen Kapital freizusetzen und dadurch die Liquidität des Unternehmens zu verbessern. Dieser Kapazitätsabbau kann jedoch nicht willkürlich erfolgen. Vielmehr ist aufgrund gerätepolitischer Richtlinien zu berücksichtigen, daß verschiedene Geräte und Anlagen technisch aufeinander abgestimmt eingesetzt werden. Bei Herausnahme von "Kapazitätsbausteinen" muß also deren technisch-organisatorische Verflechtung mit anderen Baugeräten berücksichtigt werden (177).

Im Zusammenhang mit Investitions- und Desinvestitionsrichtlinien sind auch Zielvorstellungen und Richtlinien bezüglich des Mietens und Leasens von Baugeräten bzw. bezüglich Kooperationen mit anderen Bauunternehmen am Gerätesektor zu betrachten. Das Mieten und Leasen von Baugeräten, das besonders in den USA und in Großbritannien in großem Umfang betrieben wird, könnte in Zukunft auch in Österreich an Bedeutung gewinnen. Die diesbezüglichen Zielvorstellungen von Bauunternehmen

---

176 Das Problem der Fristenkongruenz wurde von Mülhaupt ausführlich
     behandelt (Vgl.: Mülhaupt,L.: Der Bindungsgedanke in der Finan-
     zierungslehre unter besonderer Berücksichtigung der holländi-
     schen Finanzierungsliteratur, Wiesbaden 1966).

177 Vgl.dazu Abschnitt 4.4

können sich an den Argumentationen der Geräteverleihfirmen orientieren:

"1. Unabhängigkeit von der Rendite eines eigenen Geräteparks,
2. weniger Kapitalbindung,
3. klare Grundlagen für die Angebotskalkulation,
4. keine Kosten für Lagerung des unbeschäftigten Gerätes,
5. geringere Unterhaltungskosten, Reparatur und Austausch in Notfällen durch den Verleiher,
6. keinen Transportärger,
7. kein veraltetes Gerät,
8. verringerte Gemeinkosten" (178).

Weniger Zukunftschancen werden hingegen einer stärkeren Kooperation von Bauunternehmen am Gerätesektor, z.B. in Form eines Baugerätepools, eingeräumt (179). Zur Erleichterung der Zusammenarbeit mit anderen Bauunternehmen im bestehenden Ausmaß (Gerätevermietung, Bildung von Arbeitsgemeinschaften) erwiesen sich aber umfangreiche Richtlinien als sinnvoll. Die Schaffung von Ordnungsnummern zur eindeutigen Bestimmung der verschiedenen Gerätetypen wäre nur eine diesbezügliche Richtlinie.

Zur einfachen Identifizierung von Baugeräten auf den Baustellen erstellen viele Bauunternehmen Richtlinen zur Beschilderung und Beschriftung ihrer Baugeräte. Dabei wird häufig eine einheitliche Bauunternehmensfarbe bestimmt und die graphische Darstellung des Firmennamens und (oder) des Firmensymbols festgelegt. Weitere gerätepolitische Richtlinien können sich auf die Lagerung und Einstellung von Geräten, auf die Lagerhaltung von Ersatzteilen und auf Umweltschutzmaßnahmen beziehen.

Da der gesamte Bereich des Geräterechnungswesens in der Regel durch ein innerbetriebliches Informationssystem weitgehend geregelt und formalisiert ist, werden sich diesbezügiche Richtlinien vor allem auf die Aufbereitung und Verdichtung von gerätebezogenen Daten beziehen, um deren direkten Einsatz in der Arbeitsvorbereitung, in der Kalkulation und Terminplanung sowie in der Investitionsplanung zu ermöglichen.

---

178 Huberti,G.: Machen's die Engländer, in:Bauwirtschaft, Heft 8/ 1974, 281.
179 Vgl.dazu: Reismann,W.: Gedanken zur Problematik eines Baugerätepools, in:Bau-intern, Juni 1973, 5f.

4.3 Zahlungsströme von Baugeräten

Um eine Baugeräteinvestition quantitativ beurteilen zu können, ist
festzustellen, welche Zahlungsströme durch die Vornahme der Investition verursacht werden und wann und in welcher Höhe die verschiedenen Ein- und Auszahlungen der Investitionen zugerechnet werden können.

Die Zurechnung von Zahlungsströmen zu einem einzelnen Baugerät ist nur
bei Baugeräten, die unabhängig von anderen Geräten arbeiten, möglich.
Wenn mehrere Geräte zur Erstellung einer Bauleistung zusammenarbeiten,
bestehen hinsichtlich ihrer Ein- und Auszahlungen Interdependenzen
(180). In diesem Fall ist in der Investitionsanalyse die zusammenar-
beitende Gerätegruppe als Investition zu betrachten. Die von der Gerätegruppe verursachten Zahlungsströme sind mit den Zahlungsströmen alternativer Gerätegruppen zu vergleichen.

Die Zurechnung von Auszahlungsströmen zu Baugeräteinvestitionen be-
reitet keine Probleme, da in der Regel festgestellt werden kann, welche Auszahlungen von einem Baugerät verursacht werden. Da die verursachungsgerechte Zurechnung von Einzahlungsströmen zu Baugeräteinvestitionen meistens nicht möglich ist, muß man sich in der Investitionsanalyse beim Vergleich von Geräteinvestitionen bzw. bei der Bestimmung der wirtschaftlichen Nutzungsdauer und des optimalen Ersatzzeitpunktes eines Baugerätes oft auf die Verwendung von Auszahlungsströmen beschränken.

Die in der Investitionsanalyse zu berücksichtigenden Zahlungsströme
sind, mit Ausnahme der Anschaffungsauszahlung, zukünftige Zahlungsströme, da sowohl die Auszahlungen verursachenden pagatorischen Kosten
als auch die Umsatzerlöse aus der Erstellung von Bauleistungen in der
Zukunft anfallen. In die Analyse von Baugeräteinvestitionen gehen daher, wie auch in die Kalkulation und in die Terminplanung, zukunfts-
bezogene Schätzwerte ein, die entweder deterministisch oder stocha-
stisch sein können.

---

180 Vgl.: Bock: Leistungs- und Kostenermittlung des Bagger- und Fahr-
     zeugbetriebes im Steinbruch als Grundlage der Investitionspla-
     nung, Wiesbaden-Berlin 1971.

Da bei Erstellung einer Investitionsanalyse über die zukünftige Auslastung und die speziellen Einsatzbedingungen eines Baugerätes in der Regel keine exakten Angaben gemacht werden können, sind für die Ein- und Auszahlungen Durchschnittswerte anzusetzen, die bei einer für das Bauunternehmen durchschnittlichen Auslastung und "normalen" Einsatzbedingungen erwartet werden. Da Investitionen über jenen Planungszeitraum analysiert werden sollen, für den sie optimale wirtschaftliche Ergebnisse erzielen, ist als Planungszeitraum die wirtschaftliche Nutzungsdauer anzunehmen (181).

Um möglichst genaue Schätzungen der zukünftigen Zahlungsströme zu erlangen, können sowohl empirisch gewonnene Erfahrungswerte als auch in der Literatur (182) angeführte Daten und Methoden zur Kostenschätzung angewandt werden. In jedem Fall setzt die Anwendung solcher historischer Daten die Berücksichtigung der unterehmensspezifischen Situation zum Zeitpunkt der Investitionsentscheidung voraus. "Die Vorteilhaftigkeit einer Investition läßt sich nicht ohne Berücksichtigung der einzelbetrieblichen Auftragslage, zukünftiger Entwicklungstendenzen, sich abzeichnender struktureller Veränderungen und Annahmen über Einsatz und Auslastungsmöglichkeiten des jeweiligen Gerätes ... machen" (183). Die Entscheidung über den Ansatz von Werten, die die jeweilige Unternehmenssituation berücksichtigen, hat daher der verantwortliche Fachmann zu treffen.

In den folgenden Ausführungen wird das Schätzen der Zahlungsströme von Baugeräten mit Hilfe des Datenmaterials, das innerbetrieblich gesammelt und aufbereitet wird bzw. aus Literatur und diversen Informationsquellen (z.B. Baugerätelisten) verfügbar ist, beschrieben.

4.3.1 Auszahlungsströme

Die in den Gruppen besitzbedingte, betriebsbedingte und ertragsbedingte Auszahlungen zusammengefaßten Auszahlungsarten werden durch Investitionen in Baugeräte verursacht (siehe Tabelle 4.4).

181　Die Bestimmung der wirtschaftlichen Nutzungsdauer wird in Abschnitt 4.4 beschrieben.

182　Die Ermittlung von Kostenfunktionen für verschiedene Kostenarten von Baumaschinen beschreibt z.B. Jurecka,W.: Kosten und Leistungen von Baumaschinen, Kapitel 5, a.a.O..

183　Tiedemann,P.: Planung und Rentabilität von Investitionen im Baubetrieb, Beilage in: Das Baugewerbe, 10/1973.

Tabelle 4.4: Auszahlungsarten von Geräteinvestitionen

Besitzbedingte Auszahlungen	Betriebsbedingte Auszahlungen	Ertragsbedingte Auszahlungen
- Anschafffungspreis - Transportkosten und Gebühren - Versicherungs-kosten - Vermögenssteuer - Wartungskosten	- Treibstoffe und Schmierstoffe - Reparaturen - Verschleißteile (Reifen, Raupen) - Löhne und Lohn-kosten für Fahrer	- Gewinnsteuer (EST oder KÖST)

Die Ermittlung bzw. Schätzung dieser Auszahlungsarten wird folgend beschrieben.

4.3.1.1 Besitzbedingte Auszahlungen

Mit Ausnahme der Auszahlungen für Wartungen können besitzbedingte Auszahlungen mit relativ großer Genauigkeit ermittelt bzw. geschätzt werden, da sie entweder sofort zum Zeitpunkt der Investitionsentscheidung
(z.B. Anschaffungspreis) oder in der nahen Zukunft (z.B. Transportkosten) anfallen.

Informationen über die Preisentwicklungen auf dem Baumaschinenmarkt
(Neugeräte und Gebrauchtgeräte) werden von Bauunternehmen laufend auf
Messen und Ausstellungen eingeholt. Daneben werden Informationen durch
die Auswertung von Fachzeitschriften und Firmenprospekten gewonnen.

Die konkretesten Angaben bezüglich der Anschaffungspreise von Geräten
bzw. der Ratenzahlungen (184), im Falle eines Ratenkaufes, können direkt vom Baugerätehersteller bzw. Baugerätehändler eingeholt werden.

---

184 Fremdkapitalzinsen, die z.B. in den Ratenzahlungen beinhaltet
    sind, dürfen in der Investitionsanalyse nicht als Auszahlungen
    berücksichtigt werden (Vgl. Abschnitt 2.2.2.1.2).

Wenn der Baugerätehändler den Transport des Baugerätes vornimmt, kann
er auch die anfallenden Transportkosten und sonstigen Gebühren angeben.
Wird eine Spedition eingesetzt, sind Kostenvoranschläge von Speditio-
nen einzuholen. Erfolgt der Transport durch firmeneigene Fahrzeuge,
sind die entstehenden Transportkosten zu kalkulieren.

Die jährlichen Versicherungsprämien sowie die jährliche Vermögenssteuer sind ebenfalls bereits zum Zeitpunkt der Vornahme der Investition
genau bekannt. Versicherungsprämien können beim Versicherungsmakler
ermittelt werden, die unternehmensspezifischen Vermögenssteuersätze
sind im Rechnungswesen bekannt bzw. können beim Finanzamt erfragt werden.

Die Wartungskosten eines Baugerätes werden als vom Geräteeinsatz unabhängig und daher als besitzbedingte Auszahlungen betrachtet. Ihre
Schätzung kann in der Regel nicht mit so hoher Genauigkeit wie die
übrigen besitzbedingten Auszahlungen vorgenommen werden. Die Schätzwerte müssen aufgrund historischer Daten über Wartungskosten bei
gleichen oder ähnlichen Geräten angesetzt werden. Die Wartungskosten
können entweder speziell als Auszahlungen in der Investitionsanalyse
berücksichtigt werden, oder in die Kosten der Geräteverwaltung eingehen. Eine spezielle Berücksichtigung der Auszahlungen für Wartungen wird nur bei Großgeräten, für die aussagekräftiges Datenmaterial
vorliegt, sinnvoll sein. In der Regel werden die Wartungskosten Teil
der Kosten der Geräteverwaltung darstellen.

Die Kosten der Geräteverwaltung (z.B. Lagerkosten, Kosten der Geräteeinsatzplanung, etc.) sind jedoch in der Investitionsanalyse nur dann
zu berücksichtigen, wenn sich diese Kosten durch die Vornahme einer
bestimmten Investition verändern. Da die Gemeinkosten der Geräteverwaltung zumindest kurz- und mittelfristig Fixkostencharakter haben,
sind diese Kosten in der Regel nicht als Auszahlungen in der Investitionsanalyse anzusetzen.

4.3.1.2 Betriebsbedingte Auszahlungen
Betriebsbedingte Auszahlungen können nicht so genau wie die besitzbedingten Auszahlungen ermittelt werden, da sie einerseits gänzlich
in der Zukunft anfallen und dadurch mit Unsicherheit behaftet sind

und andererseits umfassendes historisches Datenmaterial über die Betriebskosten von Baugeräten nur in wenigen Bauunternehmen vorliegt und
auch nur begrenzt der Literatur und sonstigen Informationsquellen entnommen werden kann. "Daß über die Maschinenleistungen und Maschinenbetriebskosten so wenig bekannt ist, liegt nur zum geringsten Teil an
der Vertraulichkeit solcher Erkenntnisse, zum überwiegenden Teil ist
der Grund für mangelnde Kenntnisse im Fehlen von genauen Aufzeichnungen zu suchen. Mit Hilfe der modernen Rechenanlagen ist es ohne große
Mühe möglich, mehr Wissen über dieses Gebiet zu erarbeiten" (185).

"Hinsichtlich der Höhe und des zeitlichen Verlaufes der Reparaturkosten von Produktionsmaschinen liegen bei keinem Wirtschaftszweig ver-
öffentlichte Angaben vor. Auch hinsichtlich der Baumaschinen ist das
nicht anders, wenn man von den Baugerätelisten (186) absieht. In diesen werden zwar Durchschnittswerte der Reparaturkosten über die ange-
nommene Nutzungsdauer angegeben, jedoch ohne eine entsprechende Angabe über den zeitlichen Verlauf. Ferner ist nicht ersichtlich, wo-
her diese Werte stammen und wie sie ermittel wurden" (187).

Die Möglichkeit, die Werte der Baugeräteliste für bauunternehmeri-
sche Entscheidungen heranzuziehen, bewertet Reismann folgendermaßen:
"Da es sich bei allen Ansätzen für die Maschinenkosten um Mittelwerte
handelt, ist die wichtigste Frage darin zu erblicken, wo und wann
die Sätze verwendet werden dürfen. Zur Beurteilung der Kosten eines
gesamten Baumaschinenparks mit vielfältigen Maschinentypen und über
einen längeren Arbeitszeitraum mit unterschiedlichen Einsatzbedingungen können die Werte der Geräteliste ohne Gefahr herangezogen werden. Als Kostengrundlage für die Entscheidungen der Verfahrenstechnik oder als Kalkulationsgrundlage für die Beurteilung von Einzel-
aufgaben sind die Werte der Geräteliste ungeeignet, weil sie den
außerordentlich unterschiedlichen Maschinenkosten in Abhängigkeit

---

185   Reismann,W.: Kostenerfassung im maschinellen Erdbau, Diss., TU-
      Karlsruhe 1973, 129.

186   Bundesinnung der Baugewerbe, ÖBGL Österreichische Baugeräteliste
      1971, Wien 1971 und Hauptverband der Deutschen Bauindustrie, BGL
      Baugeräteliste 1971, Wiesbaden 1971.

187   Jurecka,W.: Die Reparaturkosten und ihr zeitlicher Verlauf bei
      einigen Arten von Erdbaumaschinen, in: Baumaschinen und Bautech-
      nik, Heft 9/1976, 472.

von den Einsatzbedingungen, der Einsatzintensität, der Maschinenart und dem Maschinenfabrikat in keiner Weise Rechnung tragen" (188).

Diese Aussagen von Jurecka und Reismann folgend können die Reparatur-
sätze der Baugeräteliste nicht für die Investitionsanalyse herangezogen werden. Für die Durchführung von Investitionsanalysen für Baugeräte müssen sich Bauunternehmen daher vorwiegend auf betriebsinterne
Daten über Treibstoff- und Schmierstoffkosten, Reparatur- und Ver-
schleißteilkosten sowie Lohn- und Lohnnebenkosten der Fahrer stützen.
Da diese Daten, wie bereits erwähnt, durch das Fehlen detaillierter
Aufzeichnungen oft nur teilweise verfügbar sind, müssen sich die In-
vestitionsplaner manchmal mit Analogieschlüssen (Schätzung der Kosten
aufgrund der Kostenwerte ähnlicher Geräte, Ansatz von Umrechnungsfak-
toren zur Berücksichtigung unterschiedlicher Leistungskapazitäten
bzw. unterschiedlicher Einsatzbedingungen etc.) behelfen.

Um den speziellen Bedingungen einer zu analysierenden Investition
möglichst gerecht werden zu können, muß es Zielvorstellung der Unternehmensführung sein, gerätebezogene Daten nach den wesentlichsten
Einflußgrößen der Maschinenbetriebskosten, nämlich den spezifischen
Einsatzbedingungen, dem Maschinenfabrikat, dem Maschinenalter, der
Maschinenart und der Maschinenbetreuung differenziert zu erstellen
(189). Wie aus einzelnen Literaturstellen ersichtlich wird (190),
entsprechen die gerätebezogenen Dateien einzelner Großbauunternehmen bereits diesen Zielvorstellungen.

Die Möglichkeit der Bauunternehmen, bei den Schätzungen von betriebs-
bedingten Auszahlungen auf in der einschlägigen Literatur veröffent-
lichten Daten zurückzugreifen, ist nur im geringen Ausmaß gegeben.

---

188 Reismann,W.: Kostenerfassung im maschinellen Erdbau, a.a.O., 61.

189 Die Funktion des Erstellens von gerätebezogenen Dateien, an der
     in der Regel sowohl die zentrale Geräteabteilung und das betrieb-
     liche Rechnungswesen als auch die datenerfassenden Stellen (Ge-
     rätefahrer, Bauleiter) auf den Baustellen beteiligt sind, wurde
     bereits im Abschnitt 4.2.2.1 beschrieben. (Vgl. dazu auch: Kliem,
     W.: Die Reparatur von Baumschinen, in: Der Bauingenieur, 50/1975,
     221-227).

190 Vgl.: Reismann,W.: Kostenerfassung im maschinellen Erdbau, a.a.O..

Die verfügbaren Daten beschränken sich auf wenige Maschinenarten
und dabei vorwiegend auf Erdbaugeräte (191).

4.3.1.3 Ertragsbedingte Auszahlungen

Ertragsbedingte Auszahlungen in der Form von Gewinnsteuern sind bei
Baugeräten nur dann zu berücksichtigen, wenn das Bauunternehmen als
Ganzes einen steuerlichen Gewinn erwirtschaftet. Die Berechnung von
Zahlungsströmen nach Gewinnsteuer wurde im Abschnitt 2.2.1.2.1 im De-
tail behandelt.

In diesem Zusammenhang ist auch die Berücksichtigung von Auszahlungen
durch die Versteuerung außerordentlicher Erträge zu erwähnen. Außer-
ordentliche Erträge entstehen z.B. beim Verkauf von Geräten, wenn der
erzielte Verkaufspreis höher ist als der Buchwert des Gerätes. Die
positive Differenz zwischen Verkaufspreis und Buchwert ist als außerordentlicher Ertrag zu versteuern. Die Versteuerung eines außeror-
dentlichen Ertrages kann vor allem bei Ersatzinvestitionen notwendig
werden. Die diesbezügliche Steuerzahlung ist in der Investitionsanalyse als Auszahlung, die durch die Vornahme der Investition in das
neue Gerät verursacht wird, anzusetzen.

Im Fall, daß beim Verkauf einer Anlage der Buchwert höher ist als der
erzielte Verkaufspreis, ist diese Differenz als außerordentlicher Aufwand in der Buchhaltung zu verbuchen. Für die Investitionsanalyse
hat dieser Aufwand, der aus buchhalterischen Abschreibungen resultiert, die niedriger als der tatsächliche Wertverzehr des Gerätes
waren, keine Auswirkungen.

4.3.2 Problem der Zurechnung von Einzahlungsströmen

Eine verursachungsgerechte Zurechnung von Einzahlungsströmen zu
Baugeräteinvestitionen ist möglich, wenn einer Baugeräteinvestition

---

191   So bilden z.B. Aufzeichnungen über die Reparaturkosten von Planierraupen, Ketten- und Radladern Grundlage der Untersuchungen
Jureckas. (Vgl.: Jurecka,W.: Die Reparaturkosten und ihr zeitlicher Verlauf bei einigen Arten von Erdbaumaschinen, a.a.O.;
vgl.dazu auch: Talirz,H.: Der Reparaturkostenverlauf von Baumaschinen dargestellt am Beispiel der Planierraupen, Diss.,
TU-Wien 1975; Kühn,G.: Der gleislose Erdbau, Berlin-Göttingen
Heidelber 1956 und Reismann,W.: Die Verfahrenstechnik im Baubetrieb und ihre Anwendung zur Ermittlung der Maschinenkosten,
in: Baumaschinen und Bautechnik, Heft 7/1973).

Umsatzerlöse aus Bauleistungen zugerechnet werden können. Das ist
bei Baugeräten, die zur alleinigen Herstellung von marktfertigen
Produkten angeschafft werden, der Fall. Solche Geräte sind z.B. ein
Gerät zur Bimssteinherstellung, eine stationäre Betonmischanlage
und ein Bagger im ständigen Kiesgrubeneinsatz. Die mit diesen Geräten hergestellten Produkte - Bimsstein, Kubikmeter Beton und Kubikmeter Kies - werden zu Marktpreisen abgesetzt. Durch die Multiplikation der durchschnittlichen Jahresproduktion eines solchen Gerätes mit dem Marktpreis je Produktionseinheit kann der jährliche
Umsatzerlös, der in die Investitionsrechnung als Einzahlung eingeht, ermittelt werden. Die Rentabilität bzw. Vorteilhaftigkeit dieser Geräteinvestitionen kann daher aufgrund von Ein- und Auszahlungsströmen festgestellt werden.

Die Anschaffung von Baugeräten zur alleinigen Herstellung von marktfertigen Produkten stellt einen Sonderfall dar. In der Regel werden
Baugeräte zur Durchführung von Bauprojekten angeschafft. Für die
Durchführung von Bauprojekten ist der gemeinsame Einsatz der Produktionsfaktoren menschliche Arbeitskraft, Baugeräte und Baustoffe notwendig. Für die durch diese Produktionsfaktoren gemeinsam erstellten
Bauprojekte bezahlt der Bauherr dem Bauunternehmen ein Entgelt in der
Form von Abschlagszahlungen und einer Schlußzahlung. Da diese Zahlungen des Bauherrn für die einzelnen Teile der Bauleistung bzw. für das
gesamte Bauprojekt entrichtet werden, besteht keine Möglichkeit, etwas über die Verursachung dieser Umsatzerlöse durch die einzelnen
eingesetzten Produktionsfaktoren auszusagen. Es kann auch keine Aussage über den Anteil der Umsatzerlöse, der durch den Einsatz der Baugeräte verursacht wird, gemacht werden. Es besteht daher keine Möglichkeit einer Baugeräteinvestition Umsatzerlöse aus einem Bauprojekt als
Einzahlungen zuzurechnen (192).

---

192 Die Möglichkeit, Gerätemietsätze zur Berechnung von Einzahlungs-
     strömen zu verwenden, wird nicht gesehen. Mietsätze (intern er-
     rechnet bzw. in Gerätelisten angeführt) werden in der Regel so
     festgelegt, daß sie eine Deckung der Gerätekosten gewährleisten.
     Da die aufgrund von Mietsätzen errechneten Einzahlungsströme
     daher ausschließlich kostenbezogen wären, könnte über die tat-
     sächliche Rentabilität bzw. Vorteilhaftigkeit eines Baugerätes
     keine Aussage gemacht werden. Auch Mietsätze, die einen Gewinn-
     aufschlag beinhalten (für eventuelle Fremdvermietungen), können
     nicht zur Berechnung von Einzahlungsströmen herangezogen werden,
     da auch diese Mietsätze die tatsächlichen Zahlungsströme, die
     durch den Einsatz eines Baugerätes mitverursacht werden - näm-
     lich die Umsatzerlöse von Bauprojekten - nicht berücksichtigen.

4.3.3 Ausschließliche Berücksichtigung von Auszahlungsströmen bei der Auswahl von Baugeräteinvestitionen.

Da kein ursächlicher Zusammenhang zwischen den Einzahlungsströmen aus Bauprojekten und dem Einsatz von Baugeräten zur Durchführung von Bauprojekten festgestellt werden kann, ist es in der Regel nicht möglich, Baugeräteinvestitionen Einzahlungen zuzurechnen.

Die Projektbezogenheit von Baugeräteinvestitionen schafft aber die Möglichheit, auch ohne Berücksichtigung von Einzahlungsströmen richtige Investitionsentscheidungen zu treffen. Wenn nämlich zur Durchführung eines Bauprojektes eine Geräteinvestition aus der Menge einander ausschließender Investitionsmöglichkeiten ausgewählt werden muß, so variieren die Auszahlungsströme des Bauprojektes in Abhängigkeit von der Art und der Leistungskapazität der einzelnen Investitionsmöglichkeiten, die Einzahlungsströme aus dem Bauprojekt sind jedoch alleine vom festgelegten Angebotspreis des Bauprojektes bestimmt. Da die Einzahlungsströme aus dem Bauprojekt nicht von der Art und Leistungskapazität der einzelnen Investitionsmöglichkeiten abhängig sind, sind sie auch für die Investitionsanalyse von Baugeräteinvestitionen nicht relevant. In der Analyse von Baugeräteinvestitionen kann man sich daher auf die Berücksichtigung von Auszahlungsströmen beschränken, ohne Informationsverluste in Kauf nehmen zu müssen.

Wenn mehrere zur Auswahl stehende, einander auschließende Baugeräteinvestitionen die gleiche Verfahrenstechnik zur Durchführung eines Bauprojektes bedingen und annähernd die gleiche Leistungskapazität aufweisen, genügt es, um die optimale Investition zu ermitteln, die jeweiligen Auszahlungsströme der einzelnen Investitionen zu vergleichen.

Wenn hingegen die einander ausschließenden Baugeräteinvestitionen die Anwendung unterschiedlicher Bauverfahrenstechniken notwendig machen oder (und) unterschiedliche Leistungskapazitäten aufweisen, genügt es nicht, nur die Auszahlungsströme der einzelnen Baugeräteinvestitionen zu vergleichen, sondern es müssen die Auswirkungen der jeweiligen Baugeräteinvestitionen auf die gesamten Auszahlungsströme des untersuchten Bauprojektes berücksichtigt werden. So können in Abhängigkeit von unterschiedlichen Kapazitäten oder Verfahrenstechniken die Personalkosten, die Materialkosten und die Gemeinkosten eines Bauprojektes

variieren (193). Diese Analysen, die einen Verfahrensvergleich mitein-
beziehen, sind in der Regel nur bei Investitionen in Großgeräte notwendig (194). Meistens wird sich der Vergleich von Baugeräten auf den
Vergleich von Geräten verschiedener Fabrikate mit gering unterschiedlichen Kapazitätsmerkmalen quantitativer und qualitativer Art beschränken. Für diese Vergleiche genügt die Berücksichtigung der Auszahlungsströme der einzelnen Investitionsmöglichkeiten. Die Investitionsentscheidung fällt bei ausschließender Berücksichtigung von Auszahlungsströmen auf jene Investitionsmöglichkeit, deren Auszahlungsstrom den niedrigsten Kapitalwert hat. Allgemein gesagt: Die Auswahl
aus einer Menge einander ausschließender Investitionsmöglichkeiten ist
so zu treffen, daß der Kapitalwert des entstehenden Auszahlungsstro-
mes minimiert wird.

Auch bei der Bestimmung der wirtschaftlichen Nutzungsdauer und des
optimalen Ersatzzeitpunktes eines Baugerätes kann man sich, außer bei
jenen Fällen, wo einem Baugerät die Umsatzerlöse aus Bauleistungen
als Einzahlungen zugerechnet werden können, auf die Berücksichtigung
der Auszahlungsströme beschränken.

4.4 Wirtschaftliche Nutzungsdauern von Baugeräten

4.4.1 Definition der Nutzungsdauer
In der Literatur wird die Nutzungsdauer eines Baugerätes meistens in
Abhängigkeit vom wirtschaftlichen Einsatz des Baugerätes definiert.
Eymer (195) definiert z.B. die Nutzungsdauer als die Zeitspanne in

---

193 Es können sich z.B. aufgrund unterschiedlicher Verfahrenstech-
     niken unterschiedliche Baudauern ergeben, die die im wesent-
     lichen zeitabhängigen Gemeinkosten einer Baustelle beeinflus-
     sen.

194 Wenn ein solches Großgeräte bei mehreren Bauprojekten einge-
     setzt werden soll, dann sind die Auswirkungen der Investition
     auf die Auszahlungsströme mehrerer Bauprojekte abzuschätzen.

195 Vgl.: Eymer: Wirtschaftlicher Baumaschineneinsatz unter Berück-
     sichtigung der Baubetriebsstruktur, in: Das Baugewerbe, Heft 5/
     1974, 17.

Stunden oder Jahren, in der ein Baugerät wirtschaftlich eingesetzt
ist. In der österreichischen Baugeräteliste wird die Nutzungsdauer
eines Gerätes definiert als "die Zeitdauer, innerhalb der das Gerät
wirtschaftlich eingesetzt werden kann... Von der Nutzungsdauer ist die
Lebensdauer eines Gerätes zu unterscheiden. Diese ist in der Regel
größer als die Nutzungsdauer und endet bei endgültiger Außerbetrieb-
nahme" (196, 197).

Baumaschinenhersteller veröffentlichen Richtwerte bezüglich Nutzungsdauern von Baugeräten. So gibt z.B. die amerikanische Firma Caterpillar Nutzungsdauern für Baugeräte unter der Berücksichtigung unterschiedlicher Einsatzbedingungen an (198). Dazu werden die Einsatzbedingungen nach den Klassen A, B und C unterschieden, wobei A für leich-
tern Einsatz, B für mittelschweren Einsatz und C für schweren Einsatz steht. Für einige Baugeräte werden in Tabelle 4.5 die den Klassen
A, B und C entsprechend beschriebenen Einsatzbedingungen und die aufgrund dieser Einsatzbedingungen geschätzten Nutzungsdauern beispielsweise dargestellt.

Die Angaben der Nutzungsdauern von Baugeräteherstellern stellen Orientierungshilfen bezüglich des technischen Verschleißes von Baugeräten
dar. Investitionsentscheidungen sind jedoch nicht auf technischen Daten, sondern auf wirtschaftlichen Faktoren zu begründen. Wirtschaftliche Nutzungsdauern sind daher die aus wirtschaftlichen Gründen optimalen Nutzungsdauern. Die wirtschaftliche Nutzungsdauer eines Baugerätes ist von den durch den Besitz und Betrieb des Gerätes verursachten Zahlungsströmen abhängig. Diese Zahlungsströme sind unter Berücksichtigung der unternehmensspezifischen Einsatzbedingungen zu
schätzen.

Wenn einem Baugerät Einzahlungen zugerechnet werden können, dann hat
die Bestimmung der wirtschaftlichen Nutzungsdauer unter Berücksichtigung von Ein- und Auszahlungsströmen zu erfolgen. Falls die verur-

---

196 Bundesinnung der Baugewerbe, Österreichische Baugeräteliste 1971,
     a.a.O., X.

197 Theoretisch kann die physische Lebensdauer durch die ständige
     Vornahme von Reparaturen unendlich werden.

198 Vgl.dazu Caterpillar Tractor Co., Caterpillar Performance Hand-
     book, Peoria 1976.

Tabelle 4.5: Einsatzbedingungen und Nutzungsdauern von Baugeräten

	KLASSE A	KLASSE B	KLASSE C
Kettendozer	Ziehen von Schürfkübeln und landwirtschaftlichen Geräten, Lagermaterial- und Kohlenstapeln, Müllauffüllung Keine Stoßlasten, gelegentlich Vollgas 12 000 Stunden	Planieren und Schieben von Ton, Sand, Kies, Scraper-Schubladen, Abtrag aufreißen, Räumen, Roden und Stämme schleppen Mittlere Stoßlasten 10 000 Stunden	Schweres Felsreißen, Tandemreißen, Schubladen und Planieren auf Fels, Arbeiten auf Fels Dauernde schwere Stoßlasten 8 000 Stunden
Radlader	Zeitweise Laden von LKW vom Stapel, einfüllen in Silos auf festen, glatten Flächen, körnige leichte Materialien, Unterhaltsarbeiten bei Strassenverwaltungen und Industrie, leichtes Schneeräumen 12 000 Stunden	Dauerndes Beladen von LKW von Stapel, leichtes bis mittelschweres Material mit richtiger Schaufelgröße, füllen von Silos mit niedrigem bis mittleren Rollwiderstand, graben aus Böschungen mit gutem Material 10 000 Stunden	Gesprengten Fels laden (große Lader), Umschlag schwerer Materialien mit Gegengewichten, dauerndes Laden von festen Böden, Dauerbetrieb auf unebenen oder weichen Böden 8 000 Stunden
Muldenkipper	Tagbau- und Steinbrucheinsatz mit passendem Ladegerät, gute Fahrstrecken, auch Baueinsätze unter obigen Verhältnissen 18 000 Stunden	Wechselnde Lade- und Fahrverhältnisse, typische Straßenbaueinsätze mit wechselnden Arbeitsverhältnissen 12 000 Stunden	Ausschließlich schlechte Fahrverhältnisse, schwere Überladungen, zu große Ladegeräte 10 000 Stunden

sachungsgerechte Zurechnung von Einzahlungen nicht möglich ist, erfolgt die Bestimmung der wirtschaftlichen Nutzungsdauer aufgrund von
Auszahlungsströmen. In jedem Fall werden die Restwerterlöse als Einzahlungen in der Rechnung berücksichtigt (199).

Die Ermittlung der Nutzungsdauern von Baugeräten wird in der Literatur vielfach behandelt (200). Jurecka (201) weist auf verschiedene
Methoden zur Ermittlung der Nutzungsdauern hin, so z.B. auf die Grenz-
zeit- und Grenzkostenberechnung, auf statische und dynamische Inve-
stitionsplanungsverfahren und auf Methoden der dynamischen Programmierung. Als methodisch korrektes und praxisrelevantes Verfahren wird
folgend die Kapitalwertmethode zur Ermittlung der wirtschaftlichen
Nutzungsdauer herangezogen. Da die wirtschaftliche Nutzungsdauer eines Baugerätes davon abhängig ist, ob man das untersuchte Baugerät
nach seiner Nutzung ersetzt oder nicht ersetzt, wird folgend die Ermittlung der wirtschaftlichen Nutzungsdauer bei geplantem Ersatz und
bei Nicht-Ersatz des Baugerätes beschrieben.

4.4.2 Ermittlung der wirtschaftlichen Nutzungsdauer bei geplantem Ersatz des Baugerätes

Wenn man voraussetzt, daß eine Geräteinvestition durch nachfolgende
Investitionen ersetzt wird, kann die Nutzungsdauer des Gerätes nicht
isoliert ermittelt werden. Es ist vielmehr die zeitliche Interdependenz zwischen der ursprünglichen Geräteinvestition und nachfolgenden
Ersatzinvestitionen zu beachten. Einerseits beeinflußt eine Änderung
der Nutzungsdauer der zum Zeitpunkt t=0 vorzunehmenden Investition
den Investitionstermin und damit den Kapitalwert der nachfolgenden

---

199 Bezüglich der zeitlichen Entwicklung von Zahlungsströmen sei er-
     wähnt, daß der Restwert eines Baugerätes im Laufe der Zeit ab-
     nimmt. Die betriebsbedingten Auszahlungen steigen mit zunehmen-
     der Nutzungsdauer an. Zurechenbare Einzahlungen gehen in der Re-
     gel mit zunehmender Nutzungsdauer durch die abnehmende Produkti-
     vität des Gerätes zurück.

200 Vgl. dazu z.B. Burkhardt,G.: Nutzungsdauer und Kosten der Bau-
     maschinen, Baumaschine und Bautechnik 2/1964, 45 ff; Hayssen, W.:
     Nutzungsdauer und Abschreibungsverlauf von Baumaschinen, Diss.,
     TH-München, 1963; Peurifoy, R.L.: Construction Planning, Equip-
     ment and Methods, New York 1956 und Terborgh, G.: Dynamic Equip-
     ment Policy, New York 1949.

201 Jurecka, W.: Kosten und Leistungen von Baumaschinen, a.a.O.,
     41 ff.

Investitionen und andererseits beeinflußt die Kenntnis der Zahlungsströme der Ersatzinvestitionen die wirtschaftliche Nutzungsdauer der ursprünglichen Investiton.

Da in der Regel keine Aussagen über die Häufigkeit und die Art des Ersatzes einer Geräteinvestition durch Ersatzinvestitionen gemacht werden können, wird für die Bestimmung der wirtschaftlichen Nutzungsdauer angenommen, daß die ursprüngliche Geräteinvestition nach Ende ihrer Nutzungsdauer von einem gleichartigen neuen Gerät ersetzt wird, dieses wieder durch ein gleichartiges ersetzt wird und unbegrenzt so weiter. Dadurch entsteht eine unendliche Kette gleichartiger Investitionen. "Gleichartig" bedeutet dabei nicht unbedingt, daß die Geräte technisch identisch sind. Wesentlich ist, daß die durch die Geräte verursachten Zahlungsströme identisch sind. Da für jedes Gerät der unendlichen Investitionskette gleiche Zahlungen gelten, ist die wirtschaftliche Nutzungsdauer aller Geräte der unendlichen Investitionskette gleich.

Die Ermittlung der wirtschaftlichen Nutzungsdauer erfolgt, indem über einen unendlichen Planungszeitraum die Kapitalwerte von Investitionsketten aus Investitionen mit unterschiedlichen Nutzungsdauern ($\bar{t}=1$, 2, 3, ... n) berechnet werden. Bei ausschließlicher Berücksichtigung von Auszahlungsströmen (202) bestimmt jene Investitionskette, deren Auszahlungsstrom den minimalen Kapitalwert ergibt, die wirtschaftliche Nutzungsdauer. Geht man von einer Nutzungsdauer $\bar{t}$ für die einzelnen eine Investitionskette bildenden Investitionen aus, so kann man einen unendlichen Auszahlungsstrom entwickeln:

$$z_o, \; z_1, \; z_2, \; \ldots\ldots, \; z_{\bar{t}-1}, \; z_{\bar{t}} - R_{\bar{t}} + z_o, \; z_1,$$

$$z_2, \; \ldots\ldots, \; z_{\bar{t}-1}, \; z_{\bar{t}} - R_{\bar{t}} + z_o, \; z_1, \; \ldots \text{ usw.}$$

wobei

z_o = Anschaffungsauszahlung des Gerätes,

z_t = laufende Betriebsauszahlungen des Gerätes in der t-ten Periode ihrer Nutzungsdauer (t=1, ... $\bar{t}$),

$R_{\bar{t}}$ = Restwert der Maschine nach einer Nutzungsdauer von $\bar{t}$ Perioden.

---

202 Es wird beispielsweise angenommen, daß der Investition keine Einzahlungen zugerechnet werden können.

Gesucht ist der Wert für $\bar{t}$, bei dem der Kapitalwert dieser unendlichen Ausazhlungsreihe $\bar{K}_{\bar{t}}$ minimiert wird.

Die Ermittlung des minimalen Kapitalwertes erfolgt, indem die Zahlungsströme aller möglichen Investitionsketten durch äquivalente Annuitäten, die den Charakter ewiger Renten bekommen, ersetzt werden.

Da es sich bei der ursprünglichen Investition mit der Nutzungsdauer $\bar{t}$ und den Ersatzinvestitionen einer Investitionskette um gleichartige Investitionen handelt, ist es nicht notwendig, den gesamten unendlichen Zahlungstrom einer Investitionskette bei der Berechnung der äquivalenten Annuität zu betrachten. Es genügt vielmehr die Berücksichtigung des Zahlungsstromes Z_o, Z_1, Z_2, ..., $Z_{\bar{t}-1}$, $Z_{\bar{t}} - R_{\bar{t}}$ der ursprünglichen Investition. Für diesen Zahlungsstrom wird zuerst der Kapitalwert $K_{\bar{t}}$ (203) und anschließend mittels der Formel 2.9 die äquivalente Annuität $A_{\bar{t}}$ berechnet. Durch diese äquivalente Annuität kann dann sowohl die ursprüngliche Investition als auch die Ersatzinvestitionen ersetzt werden.

Diese äquivalente Annuität ist für jede der möglichen Investitionsketten zu berechnen. Die wirtschaftliche Nutzungsdauer der Investition wird dann entweder durch den Vergleich der verschiedenen äquivalenten Annuitäten oder durch den Vergleich der Kapitalwerte dieser ewigen Renten $\bar{K}_{\bar{t}}$ gefunden.

Die Kapitalwerte der ewigen Renten können mittels der Formel 4.2

$$\bar{K}_{\bar{t}} = \frac{A_{\bar{t}}}{i} \qquad\qquad\qquad \text{Formel 4.2}$$

wobei

$\bar{K}_{\bar{t}}$ = Kapitalwert der ewigen Rente $A_{\bar{t}}$,

$A_{\bar{t}}$ = äquivalente Annuität bei einer Nutzungsdauer von $\bar{t}$ Jahren und

i = Kalkulationszinsfuß,

---

203 Der Kapitalwert $K_{\bar{t}}$ errechnet sich aus:

$$K_{\bar{t}} = \sum_{t=0}^{\bar{t}} \frac{Z_t}{(1+i)^{\bar{t}}} - \frac{R_{\bar{t}}}{(1+i)^{\bar{t}}} \qquad\qquad t = 0,...\bar{t}$$

berechnet werden. Die bisherigen Ausführungen sollen mit Hilfe eines
Beispiels (204) veranschaulicht werden:

Beispiel 4.1:

Es sei Z_0 = 100, Z_1 = 10, Z_2 = 20, Z_3 = 30, Z_4 = 40, Z_5 = 50,
  i = 0,06, R_1 = 50, R_2 = 40, R_3 = 30, R_4 = 20, R_5 = 10.

Hieraus ergeben sich folgende Zahlungsströme:

Tabelle 4.6: Zahlungsströme bei verschiedenen Nutzungsdauern

Periode	Auszahlungsstrom bei einer Nutzungsdauer von $\bar{t}$ Jahren				
	1	2	3	4	5
0	100	100	100	100	100
1	10-50+100	10	10	10	10
2	10-50+100	20-40+100	20	20	20
3	10-50+100	10	30-30+100	30	30
4	10-50+100	20-40+100	10	40-20+100	40
5	10-50+100	10	20	10	50-10+100
6	10-50+100	20-40+100	30-30+100	20	10
$K_{\bar{t}}$	62,264	91,634	127,234	168,264	213,996
$A_{\bar{t}}$	66	50	47,7	48,3	50,8
$\bar{K}_{\bar{t}}$	1100,00	833,33	795,00	805,00	864,67

Da der minimale Kapitalwert der ewigen Rente $\bar{K}_{\bar{t}}$ bei drei Jahren liegt,
beträgt die wirtschaftliche Nutzungsdauer drei Jahre. Diese Entscheidung kann bereits aufgrund der äquivalenten Annuitäten $A_{\bar{t}}$ getroffen
werden, da sich die Kapitalwerte $K_{\bar{t}}$ durch eine Division der variierenden Annuitäten $A_{\bar{t}}$ mit dem Kalkulationszinsfuß i ergeben.

4.4.3 Ermittlung der wirtschaftlichen Nutzungsdauer bei Nicht-Ersatz
       des Baugerätes

Die wirtschaftliche Nutzungsdauer einer Investition hängt davon ab,
ob die Investition nach Ablauf ihrer Nutzungsdauer durch eine neue
Investition ersetzt wird oder nicht. Wie aus Abschnitt 4.4.2 ersichtlich wurde, entspricht unter der Voraussetzung des Ersatzes einer In-

---

204 Dieses Beispiel wurde entnommen aus Hax, H.: Investitionstheo-
     rie, a.a.O., 40f.

vestition und bei ausschließlicher Berücksichtigung von Auszahlungsströmen, jene Nutzungsdauer, die den Kapitalwert der unendlichen Investitionskette minimiert, der Zielsetzung der Maximierung des Kapitalwertes des Unternehmens.

Da unter der Voraussetzung, daß eine Investition nach Ablauf ihrer
Nutzungsdauer nicht ersetzt wird (205), nur die Betrachtung des durch
die einmalige Investition verursachten Zahlungsstromes notwendig ist,
wird durch jene Nutzungsdauer, die den Kapitalwert der Auszahlungen
der einmaligen Investition minimiert, der Zielsetzung der Maximierung des Kapitalwertes des Unternehmens entsprochen.

Bei unterschiedlichen Voraussetzungen,geplanter Ersatz einerseits
Nicht-Ersatz andererseits, können sich unterschiedliche Nutzungsdauern ergeben. Das wird am Beispiel 4.2 dargestellt.

Beispiel 4.2:

Es wird angenommen, daß zum Zeitpunkt der Vornahme einer Baugeräteinvestition t=0 eine einmalige Auszahlung in der Höhe von öS 600 000,-
anfällt. Die Zahlungen zu den Zeitpunkten t=1 bis t=5 sind jeweils
positive Zahlungen, also Einzahlungsüberschüsse, die Zahlung zum
Zeitpunkt t=6 ist eine negative Zahlung, also ein Auszahlungsüberschuß. Bei den Einzahlungsüberschüssen soll es sich um Zahlungen nach
Steuer handeln. Die Restwerte am Ende der einzelnen Jahre entsprechen
den Buchwerten des Gerätes zu diesen Zeitpunkten. Die Zahlungen und
die Restwerte des Gerätes sind in den Spalten (A) und (B) der Tabelle 4.7 zusammengefaßt.

Tabelle 4.7: Angaben und Ergebnisse des Beispiels 4.2

Jahr	Zahlungen ohne Restwerte	Restwerte	Kapitalwerte $K_{\overline{t}}$	äquivalente Annuitäten $A_{\overline{t}}$
	(A)	(B)	(C)	(D)
0	-600 000	600 000	0	
1	250 000	350 000	- 33 960	- 35 997
2	200 000	300 000	80 850	44 095
3	150 000	250 000	149 690	55 999
4	100 000	200 000	177 420	51 203
5	20 000	100 000	108 676	25 799
6	- 10 000	0	26 900	5 471

205 Die Annahme, daß ein Baugerät nach seiner Nutzungsdauer nicht
     ersetzt wird, ist z.B. bei Spezialgeräten, die nur zur Durch-
     führung eines Bauprojektes angeschafft werden, realistisch.

Unter Berücksichtigung der jährlichen Ein- bzw. Auszahlungsüberschüsse und der jeweiligen Restwerte kann bei Annahme eines Kalkulationszinsfußes von 6% die wirtschaftliche Nutzungsdauer des Gerätes bestimmt werden.

Unter der Voraussetzung, daß das Baugerät nach Ablauf seiner Nutzungsdauer nicht ersetzt wird, ist jene Nutzungsdauer, die den maximalen
Kapitalwert des Gerätes ergibt, die wirtschaftliche Nutzungsdauer.
Unter Berücksichtigung der jeweiligen Restwerte sind für jede mögliche Nutzungsdauer ($t=1, \ldots 6$) die Kapitalwerte K_t zu berechnen. Die
Ergebnisse dieser Berechnungen sind in Spalte (C) der Tabelle 4.7 zusammengefaßt. Unter der Zielsetzung der Kapitalwertmaximierung beträgt
die wirtschaftliche Nutzungsdauer vier Jahre, da sich bei einer Nutzungsdauer von vier Jahren der maximale Kapitalwert in der Höhe von
öS 177 420,- ergibt.

Unter der Voraussetzung, daß das Baugerät nach Ablauf seiner Nutzungsdauer durch ein gleichartiges Gerät ersetzt wird, ist jene Nutzungsdauer, die den maximalen Kapitalwert der unendlichen Investitionskette ergibt, die wirtschaftliche Nutzungsdauer. Da sich die Kapitalwerte aus der Division der äquivalenten Annuität durch den Kalkulationszinsfuß ergeben, ist es nicht notwendig, die einzelnen Kapitalwerte
zu berechnen, sondern es ist möglich, die wirtschaftliche Nutzungsdauer bereits aufgrund der äquivalenten Annuität festzustellen. Es
ist daher für jede mögliche Nutzungsdauer die äquivalente Annuität
A_t zu berechnen (siehe Spalte (D) der Tabelle 4.7). Da die maximale
äquivalente Annuität in der Höhe von öS 55 999,- bei einer Nutzungsdauer von drei Jahren auftritt, ist die wirtschaftliche Nutzungsdauer
des Baugerätes drei Jahre. Dabei wird angenommen, daß das Gerät jeweils nach drei Jahren durch ein neues Gerät mit gleichen Zahlungsströmen ersetzt wird.

Aus diesem Beispiel wird ersichtlich, daß sich bei unterschiedlichen
Voraussetzungen unterschiedliche wirtschaftliche Nutzungsdauern ergeben. Bei Nicht-Ersatz des Baugerätes beträgt die wirtschaftliche
Nutzungsdauer vier Jahre, bei Ersatz durch ein gleichartiges Gerät
beträgt sie hingegen nur drei Jahre.

4.5 Optimaler Ersatzzeitpunkt eines Baugerätes

4.5.1 Einfluß des technischen Fortschrittes

Da, wie im Abschnitt 4.4 beschrieben, eine Investition dann optimal
zur Zielsetzung der Maximierung des Kapitalwertes des Unternehmens
beiträgt, wenn ihre Nutzungsdauer gleich der wirtschaftlichen Nutzungsdauer ist, stellt grundsätzlich das Ende der wirtschaftlichen
Nutzungsdauer den optimalen Ersatzzeitpunkt eines Baugerätes dar. Bedingt durch den technischen Fortschritt erweist sich der Ersatz eines

alten Gerätes durch ein neues, verbessertes Gerät jedoch oft bereits
vor Ablauf der ermittelten wirtschaftlichen Nutzungsdauer des alten
Gerätes als vorteilhaft. Verbesserte Geräte sind Geräte, die entweder höhere Produktivitäten bzw. geringere Betriebskosten als die alten Geräte aufweisen. Wenn verbesserte Geräte auf den Markt kommen,
liegt der optimale Ersatzzeitpunkt am Ende der Periode, bis zu der
der Erhalt des vorhandenen Gerätes trotz verbesserter Geräte wirtschaftlich vorteilhaft ist. Die Ermittlung des optimalen Ersatzzeitpunktes des alten Gerätes durch ein neues, verbessertes Gerät kann
mittels einer Ersatzinvestitionsanalyse erfolgen (206). Dabei steht
die zeitliche Interdependenz des vorhandenen Gerätes und der nachfolgenden Geräte im Mittelpunkt der Betrachtung.

In der Literatur wurden Versuche unternommen, durch besondere Annahmen den Einfluß des technischen Fortschrittes in der Investitionsrechnung zu berücksichtigen. Der bekannteste Versuch dieser Art ist jener
von Terborgh (207), der von der Annahme eines kontinuierlichen technischen Fortschritts ausgeht. Daß es sich dabei um eine wirklichkeits-
fremde Annahme handelt, ist wiederholt bemerkt worden (208). Wie in
einer Befragung ermittelt werden konnte (209), erfolgt in der Baupraxis die Ermittlung des Ersatzzeitpunktes von Baugeräten planmäßig,
jedoch nach verschiedenen Kriterien. Am häufigsten wurden als diesbezügliche Kriterien Reparaturstatistiken bzw. Einsatzstatistiken genannt.

Die Ermittlung des optimalen Ersatzzeitpunktes von Baugeräten aufgrund von Ersatzinvestitionsanalysen dürfte in der Zukunft für Bauunternehmen an Bedeutung gewinnen, da angenommen werden kann, daß in
Zukunft im Baugewerbe und in der Bauindustrie der technische Fortschritt in noch stärkerem Ausmaß zum Tragen kommen wird. Erkenntnis-

---

206 Alternative Methoden zur Erzielung einer optimalen Ersatzpoli-
    tik des Bauunternehmens werden z.B. in: Seeling, R.: Mathemati-
    sche Modelle für die optimale Ersatzpolitik von Baumaschinen,
    in: Baumaschine und Bautechnik, Heft 11/1972, angeführt.

207 Terborgh, G.: Dynamic Equipment Policy. A MAPI Study, New York,
    Toronto and London 1949; derselbe: Business Investment Policy,
    A MAPI Study and Manual, Washington D.C. 1958.

208 Vgl.: Schneider,E.: Wirtschaftlichkeitsrechnung, a.a.O., 137.

209 Vgl.: Gareis,R.: Geschäftspraktiken der Bauindustrie - eine
    Fragebogenaktion, a.a.O..

se der Raumforschung, in den Bereichen Metallurgie, Elektronik, Automation, etc., werden zur Verbesserung von Baugeräten und zur Verbesserung traditioneller Bauverfahren beitragen.

4.5.2 Ersatzinvestitionsanalyse

Die Ersatzinvestitionsanalyse beschäftigt sich mit dem Ersatz eines bereits im Besitz des Bauunternehmens befindlichen Gerätes durch ein neues Gerät. Das Ersatzinvestitionsproblem ist ein Problem der Auswahl des Gerätes, das das vorhandene Gerät ersetzen soll, und ein Problem der Bestimmung des optimalen Zeitpunktes der Vornahme der Ersatzinvestition. Die Auswahl eines Gerätes, das das vorhandene Gerät ersetzen soll, setzt einen Vergleich einander ausschließender Investitionen voraus, der bereits beschrieben wurde. Die folgenden Ausführungen beziehen sich daher ausschließlich auf die Bestimmung des optimalen Ersatzzeitpunktes.

4.5.2.1 Zahlungsströme der Ersatzinvestitionsanalyse

Für die Beschreibung der Ersatzinvestitionsanalyse wird in Anlehnung an die von Terborgh entwickelte Terminologie das vorhandene alte Gerät, für das der Ersatzzeitpunkt festgestellt werden soll, als Verteidiger und das neue Gerät, das als Ersatz für das alte Gerät in Betracht gezogen wird, als Herausforderer bezeichnet. Wie bisher wird der wirtschaftliche Wert des Verteidigers und des Herausforderers durch deren zukünftige Zahlungsströme bestimmt. Historische Zahlungsströme des Verteidigers sind daher in der Ersatzinvestitionsanalyse nicht zu berücksichtigen (210).

Die Zahlungsströme des Herausforderers und des Verteidigers sind in der Dauer ihres Anfalls sowie in ihrer absoluten Höhe in der Regel sehr unterschiedlich. Die Zahlungsströme des Verteidigers fallen meist nur kurze Zeit, nämlich bis zur Vornahme der Ersatzinvestition, an, die Zahlungsströme des Herausforderers sind hingegen für dessen gesamte wirtschaftliche Nutzungsdauer abzuschätzen.

---

210 So ist z.B. der Verteidiger mit seinem tatsächlichen Restwert zum Zeitpunkt der Analyse und nicht mit dem Buchwert (historischer Anschaffungswert minus bilanzielle Abschreibungen) zu berücksichtigen.

In der Ersatzinvestitionsanalyse von Baugeräten kann man sich in der
Regel auf die Berücksichtigung von Auszahlungsströmen beschränken, da
angenommen werden kann, daß das neue Gerät das alte Gerät zur Durchführung des gleichen Bauprojektes ersetzen soll. Die jährlichen Betriebsauszahlungen des Herausforderers bzw. des Verteidigers können
variieren. In der Regel werden sie laufend zunehmen. Es ist jedoch
auch denkbar, daß einem Jahr hoher Betriebsauszahlungen, z.B. durch
umfangreiche Reparaturen an einem Gerät, niedrigere Betriebszahlungen
im nächsten Jahr folgen.

Die einzigen Einzahlungen, die bei der Ersatzinvestitionsentscheidung
berücksichtigt werden müssen, sind die Erlöse aus den jeweiligen Rest-
werten des alten Gerätes. Diese Restwerte werden folgend als Auszah-
lungsminderung behandelt.

In der Ersatzinvestitionsanalyse werden für alle möglichen Ersatzzeitpunkte des alten Gerätes (t=0, 1, 2, ... n) Auszahlungsströme entwickelt, die einerseits die Zahlungen des Verteidigers bis zum jeweiligen Ersatzzeitpunkt, Betriebsauszahlungen und Restwerterlös zum Ersatzzeitpunkt, und andererseits die Zahlungen des Herausforderers
nach dem Ersatz des Verteidigers durch dessen äquivalente Annuitäten
berücksichtigen. Die Durchführung der Ersatzinvestitionsanalyse setzt
daher die Kenntnis der äquivalenten Annuität des besten Herausforderers voraus (211). Als äquivalente Annuität des Herausforderers wird
jene Annuität angesetzt, die sich aufgrund der wirtschaftlichen Nutzungsdauer des Herausforderers ergibt. Die für alle möglichen Ersatzzeitpunkte entwickelten Auszahlungsströme werden über einen für alle
Auszahlungsströme gleichen Planungszeitraum verglichen.

4.5.2.2 Durchführung der Ersatzinvestitionsanalyse
Die Durchführung der Ersatzinvestitionsanalyse wird zuerst allgemein
dargestellt. Es seien:

---

211 Falls mehrere Herausforderer berücksichtigt werden, ist der
     beste Herausforderer in einer Investitionsanalyse zu ermitteln.

$A_{\bar{t}}$ = äquivalente Annuität des Herausforderers,

Z_t = laufende Betriebsauszahlung des Verteidigers in der Periode t
(t=1, ... n) und

R_t = Restwert des Verteidigers am Ende der Periode t (t=0, ... n),

wobei n eine absolute Obergrenze für die Restnutzungsdauer des Verteidigers ist.

Für die möglichen Ersatzzeitpunkte des Verteidigers können die aus
Tabelle 4.8 ersichtlichen Auszahlungsströme entwickelt werden:

Tabelle 4.8: Auszahlungsströme bei variierenden Ersatzzeitpunkten
des Verteidigers

Periode	Auszahlungsstrom bei Ersatz des Verteidigers am Ende der Periode					
	0	1	2	3	...	n
0	$-R_0$	0	0	0		0
1	$A_{\bar{t}}$	Z_1-R_1	Z_1	Z_1		Z_1
2	$A_{\bar{t}}$	$A_{\bar{t}}$	Z_2-R_2	Z_2		Z_2
3	$A_{\bar{t}}$	$A_{\bar{t}}$	$A_{\bar{t}}$	Z_3-R_3		Z_3
.	.	.	.	.		.
.	.	.	.	.		.
.	.	.	.	.		.
.	.	.	.	.		.
n	$A_{\bar{t}}$	$A_{\bar{t}}$	$A_{\bar{t}}$	$A_{\bar{t}}$		Z_n-R_n
n+1	$A_{\bar{t}}$	$A_{\bar{t}}$	$A_{\bar{t}}$	$A_{\bar{t}}$		$A_{\bar{t}}$
.	.	.	.	.		.
.	.	.	.	.		.
.	.	.	.	.		.

Nach der Periode n unterscheiden sich die Auszahlungströme nicht mehr
voneinander, wodurch die Zahlungen nach der Periode n im Vergleich der
verschiedenen Auszahlungsströme nicht mehr berücksichtigt werden müssen. Der Vergleich kann sich daher auf die Zahlungen bis zur Periode
n beschränken. Der Vergleich der unterschiedlichen Auszahlungsströme

wird durch die Berechnung der Kapitalwerte der einzelnen Auszahlungsströme ermöglicht. Jener Auszahlungsstrom, der den minimalen Kapitalwert ergibt, bestimmt den optimalen Ersatzzeitpunkt des Verteidigers.

Zur Veranschaulichung der bisherigen Ausführungen wird die Durchführung der Ersatzinvestitionsanalyse an einem umfassenden Zahlenbeispiel,
das auch die Bestimmung der wirtschaftlichen Nutzungsdauer des Herausforderers beinhaltet, dargestellt.

Beispiel 4.3:

In Tabelle 4.9 sind die jährlichen Betriebszahlungen und die jeweiligen Restwerte für den Verteidiger (t=0 bis 4) und den Herausforderer
(t=0 bis 5) zusammengefaßt:

Tabelle 4.9: Betriebsauszahlungen und Restwerte des Verteidigers und
Herausforderers

Jahr	Betriebsauszahlung		Restwert	
	Verteidiger	Herausforderer	Verteidiger	Herausforderer
0	–	–	300 000	1 500 000
1	400 000	250 000	200 000	1 100 000
2	600 000	270 000	100 000	1 000 000
3	750 000	300 000	100 000	800 000
4	800 000	350 000	100 000	550 000
5	–	450 000	–	300 000

Weiters ist die Anschaffungsauszahlung für den Herausforderer in der
Höhe von öS 1 500 000,- und der Kalkulationszinsfuß in der Höhe von
10% angegeben.

Da die jährlichen Betriebsauszahlungen des Herausforderers niedriger
sind als die des Verteidigers, stellt sich das Problem der Ersatzinvestition. In einer Ersatzinvestitionsanalyse ist der optimale Zeitpunkt der Vornahme der Ersatzinvestition festzustellen. Dabei ist in
einem ersten Schritt die sich für die wirtschaftlichen Nutzungsdauern
des Herausforderers ergebende äquivalente Annuität zu berechnen. Im
zweiten Schritt der Ersatzinvestitionsanalyse wird der optimale Ersatzzeitpunkt bestimmt.

1) Berechnung der wirtschaftlichen Nutzungsdauer des Herausforderers
   (Zahlungen in öS 1 000,-).

Tabelle 4.10: Zahlungsströme des Herausforderers bei verschiedenen
              Nutzungsdauern

Jahr	Auszahlungsstrom bei einer Nutzungsdauer von $\bar{t}$ Jahren				
	1	2	3	4	5
0	1500	1500	1500	1500	1500
1	250-1100+1500	250	250	250	250
2	250-1100+1500	270-1000+1500	270	270	270
3	250-1100+1500	250	300-800+1500	300	300
4	250-1100+1500	270-1000+1500	250	350-550+1500	350
5	250-1100+1500	250	270	250	450-300+1500
6	.	.	.	.	.
7	.	.	.	.	.
$A_{\bar{t}}$	799,1	650,5	630,6	652,9	661,6

Die äquivalente Annuität A_1 der Auszahlungsströme bei einer Nutzungsdauer von einem Jahr errechnet man beispielsweise aus

$$A_1 = [1500 + (250 - 1100) \cdot (0,9091)] \cdot 1,1 = 799,1$$

Da die äquivalente Annuität bei einer Nutzungsdauer von drei Jahren
mit 630,6 ein Minimum erreicht, ist die wirtschaftliche Nutzungsdauer des Herausforderers drei Jahre.

2) Bestimmung des optimalen Ersetzungszeitpunktes
   (Zahlungen in öS 1 000,-)

Aufgrund der jährlichen Betriebsauszahlungen und der jeweiligen Restwerte des Verteidigers sowie der äquivalenten Annuität A_3 des Herausforderers lassen sich für die möglichen Ersatzzeitpunkte folgende Auszahlungsströme entwickeln:

Tabelle 4.11: Auszahlungsströme und Kapitalwerte bei variierendem Ersatzzeitpunkt des Verteidigers

Jahr	Auszahlungsstrom bei Ersatz des Verteidigers am Ende des Jahres				
	0	1	2	3	4
0	-300	0	0	0	0
1	630,6	400-200	400	400	400
2	630,6	630,6	600-100	600	600
3	630,6	630,6	630,6	750-100	750
4	630,6	630,6	630,6	630,6	800-100
5	630,6	630,6	630,6	630,6	630,6
K_t	1689,9	1607,5	1681,4	1778,6	1901,1

Da ab dem fünften Jahr die Zahlungen für alle möglichen Ersatzzeitpunkte gleich sind, genügt es, die Kapitalwerte der Zahlungsströme bis zum Ende des vierten Jahres zu berechnen. Da der Kapitalwert K_1, der sich bei Ersatz des Verteidigers am Ende des ersten Jahres ergibt, der minimale Kapitalwert ist, stellt das Ende des ersten Jahres den optimalen Ersatzzeitpunkt des Verteidigers dar. Das bedeutet, daß der Verteidiger noch ein Jahr genutzt wird und anschließend durch eine unendliche Kette von Herausforderern mit einer wirtschaftlichen Nutzungsdauer von drei Jahren und einer äquivalenten Annuität von öS 630 600,- ersetzt wird.

Da bei der Berechnung der Kapitalwerte der aufgrund unterschiedlicher Ersatzzeitpunkte entwickelten Auszahlungsströme mehrere relative Minima auftreten können, ist zur Ermittlung des optimalen Ersatzzeitpunktes das absolute Minimum zu bestimmen. Die Tatsache, daß Zahlungsströme enweder zu einem eindeutigen Kapitalwertminimum führen oder mehrere relative Minima verursachen, wird folgend in zwei Beispielen veranschaulicht (212):

Beispiel 4.4:

Es sei

A_t = 10, z_1 = 7, z_2 = 9, z_3 = 11, z_4 = 13, i = 6% .

Es wird angenommen, daß die Restwerte R_t des Verteidigers so gering sind, daß sie vernachlässigt werden können. Aus diesen Angaben lassen sich die in Tabelle 4.12 dargestellten Auszahlungsströme entwickeln:

---

212 Die beiden Beispiele sind entnommen aus Hax,H.: Investitionstheorie, a.a.O., 37 ff.

Tabelle 4.12: Auszahlungsströme und Kapitalwerte bei variierenden
Ersatzzeitpunkten des Verteidigers

Jahr	Auszahlungsstrom bei Ersatz am Ende des Jahres				
	0	1	2	3	4
1	10	7	7	7	7
2	10	10	9	9	9
3	10	10	10	11	11
4	10	10	10	10	13
.	.	.	.	.	.
.	.	.	.	.	.
.	.	.	.	.	.
K_t	34,65	31,82	30,93	31,77	34,15

Da sich die Auszahlungsströme nur bis zum vierten Jahr voneinander
unterscheiden, genügt es, den Kapitalwert aller Auszahlungen bis zum
Ende des vierten Jahres zu berechnen. Da der Kapitalwert K_2 der absolute minimale Kapitalwert ist, liegt der optimale Ersatzzeitpunkt am
Ende des zweiten Jahres. Daß der Kapitalwert der Auszahlungen nur ein
eindeutiges Minimum hat, wird auch aus dem Bild 4.2 ersichtlich.

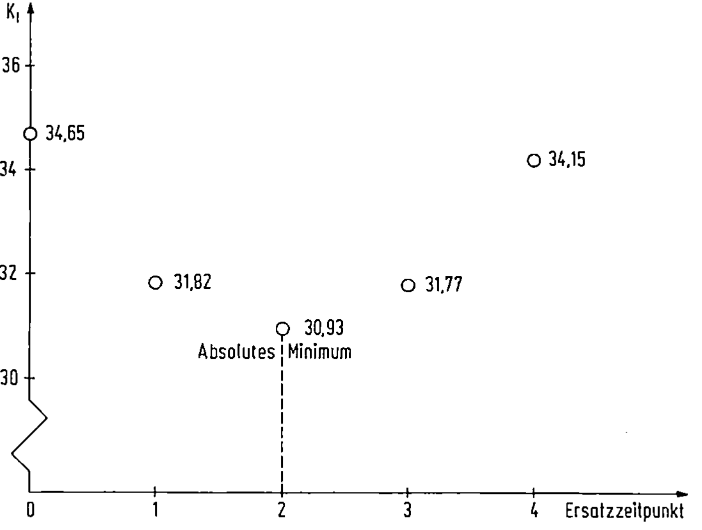

Bild 4.2: Kapitalwert und Ersatzzeitpunkt (ein Minimum)

<u>Beispiel 4.5:</u>

Es sei

A_t = 10, Z_1 = 9, Z_2 = 11, Z_3 = 9, Z_4 = 9, Z_5 = 11 i = 6% .

Es wird wieder angenommen, daß die Restwerte R_t des Verteidigers so gering sind, daß sie vernachlässigt werden können. Aus diesen Angaben lassen sich die in Tabelle 4.13 dargestellten Auszahlungsströme entwickeln:

Tabelle 4.13: Auszahlungsströme und Kapitalwerte bei variierenden Ersatzzeitpunkten des Verteidigers

Jahr	Auszahlungsstrom bei Ersatz am Ende des Jahres					
	0	1	2	3	4	5
1	10	9	9	9	9	9
2	10	10	11	11	11	11
3	10	10	10	9	9	9
4	10	10	10	10	9	9
5	10	10	10	10	10	11
.	.	.	.	.	.	.
.	.	.	.	.	.	.
.	.	.	.	.	.	.
K_t	42,12	41,18	42,07	41,23	40,44	41,19

Der optimale Ersatzzeitpunkt liegt am Ende des vierten Jahres, da der Kapitalwert in diesem Fall ein absolutes Minimum aufweist. Würde man bereits aufgrund des ersten relativen Minimums am Ende des ersten Jahres den Verteidiger durch den Herausforderer ersetzen, würde diese Entscheidung keine optimale Ersatzpolitik ergeben. Daß die entwickelten Auszahlungsströme mehrere Minima ergeben, wird auch aus Bild 4.3 ersichtlich.

Da es sich in der Praxis als schwierig erweisen kann, den Restwert des Verteidigers zu allen möglichen Ersatzzeitpunkten abzuschätzen, ist eine Vereinfachung der Ermittlung des optimalen Ersatzzeitpunktes möglich. Statt jedes Jahr die Restnutzungsdauer des Verteidigers als möglichen Ersatzzeitpunkt anzusehen, kann man sich in der Ersatzinvestitionsanalyse darauf beschränken, festzustellen, ob es vorteilhaft

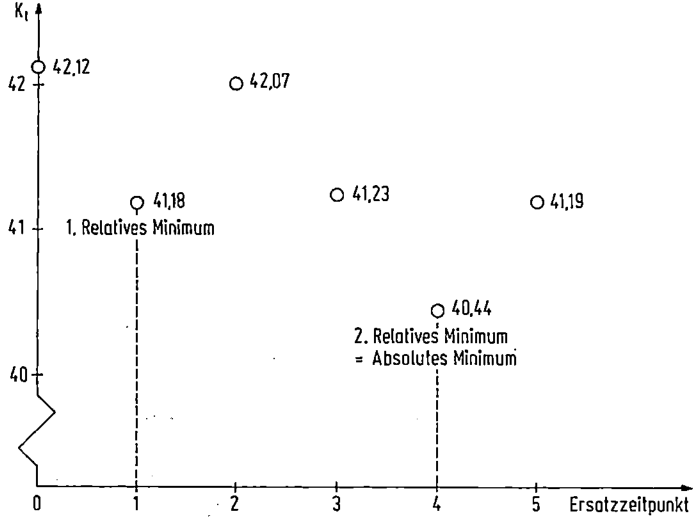

Bild 4.3: Kapitalwert und Ersatzzeitpunkt (mehrere Minima)

ist, den Verteidiger sofort oder am Ende der Restnutzungsdauer zu ersetzen. Für eine solche vereinfachte Analyse müssen nur die Auszahlungsströme für zwei mögliche Ersatzzeitpunkte, Ersatz zum Zeitpunkt 0 oder nach Ende der Restnutzungsdauer, verglichen werden (213).

---

213   Vgl. dazu Hax, H.: Investitionstheorie, a.a.O., 31 f.

5 Planung von Investitionen in Bauprojekte und in Beteiligungen

Investitionen in Bauprojekte und Investitionen in Beteiligungen sind
von gesamtunternehmerischer Bedeutung, da eine gezielte Auswahl von
Bauprojekten bzw. von Beteiligungen die Realisierung unternehmenspoli-
tischer Ziele, insbesondere eine Realisierung des Unternehmenswachstums und der Unternehmensdiversifikation, ermöglicht.

Die Tatsache, daß das Expandieren von Unternehmen kein zufälliger Prozeß ist, sondern von den Unternehmensleitungen angestrebt wird, zeigen empirische Untersuchungen über die Ziele in Unternehmen (214). Starbuck (215) listet 10 mögliche Wachstumsgründe auf und verweist für jedes auf eine eindrucksvolle Zahl an Literaturstellen: 1. Selbstverwirk-
lichung der Unternehmung, 2. Abenteuerlust, 3. Prestige, Macht und Arbeitsplatzsicherung, 4. die sich mit dem Wachstum erhöhenden Manager-
Gehälter, 5. Gewinnsteigerungen, 6. Kostenreduzierungen, 7. Umsatzaus-
weitungen, 8. Monopolmacht, 9. Stabilität, 10. Überleben. Einen besonderen Anreiz zum Unternehmenswachstum bilden Größenvorteile, sogenannte "economies of scale". Für diese "economies of scale" gibt es zwar
im Fertigungsbereich von Bauunternehmen Rationalisierungsgrenzen. Hingegen können im Marketing- und Finanzierungsbereich von Bauunternehmen
beträchtliche "economies of scale" realisiert werden. Eine positive

214 Vgl.: Heinen,E.: Das Zielsystem der Unternehmung. Grundlagen
     betriebswirtschaftlicher Entscheidungen, Wiesbaden 1966.

215 Vgl.: Starbuck,W.H.: Organisational Growth and Development, in:
     Handbook of Organisation, hrsg.v.J.G.March, Chicago 1965.

Korrelation zwischen Größe und Rentabilität konnte in einer (216) von mehreren empirischen Untersuchungen (217) nachgewiesen werden. Diese Studien zeigen auch, daß die Varianz des Gewinns mit zunehmender Unternehmensgröße abnimmt. Dieses Ergebnis spricht dafür, daß Unternehmen eine quasi Monopolmacht zur Stabilisierung einsetzen.

Neben dem Wachstumsziel kann eine Diversifikation der Leistungskapazität ebenfalls durch investitionspolitische Entscheidungen angestrebt werden. Diversifikation ist daher nicht als besondere Form des betrieblichen Wachstums anzusehen. Ein Unternehmen kann auch diversifizieren ohne zu wachsen, indem es etwa von bisherigen Leistungsbereichen einige aufgibt und durch solche ersetzt, die sich von den verbliebenen wesentlich unterscheiden. Diversifikationsinvestitionen sind jedoch in der Regel mit einem Unternehmenswachstum verbunden. Die Entscheidung zu diversifizieren, ist für ein Unternehmen von größter Bedeutung, da alle Unternehmensbereiche betroffen werden, meistens beträchtliche finanzielle Mittel erforderlich sind und eine langfristige Bindung für die Zukunft eingegangen wird. Der zur Diversifikation führende Entscheidungsprozeß ist daher in der Regel äußerst komplex.

Der Vorteil eines differenzierten Unternehmens besteht in einer Verringerung des unternehmerischen Risikos, indem einseitige Abhängigkeiten von bestimmten Beschaffungs- bzw. Absatzmärkten vermieden werden. Nachteile einer starken Diversifikation bestehen in einem Verzicht auf die "economies of scale", da eine eventuelle Degression der Beschaffungs-, Produktions- und Absatzkosten, durch die Betreuung mehrerer kleiner Märkte statt eines großen Marktes, nicht erzielt werden kann. Weiters verstärkt sich die Gefahr, daß das Unternehmen nicht auf allen Gebieten, die es kapazitätsmäßig abdeckt, mit dem technischen und wirtschaftlichen Fortschritt mithalten kann.

---

216 Vgl.: Hall,M., Weiss,L.W.: Firm Size and Profitability, in: RE Stat., Vol.49, 1967, 319-331.

217 Vgl.: Stehler,H.O.: Profitability and Size of Firms, Berkeley 1963; Samuels,I.M., Smith,D.J.: Profits, Variability of Profits, and Firm Size, in: Economica, Vol.35, 1968, 227-239.

Zur Realisierung von Wachstums- bzw. Diversifikationszielen durch Investitionen in Bauprojekte bzw. Beteiligungen benötigt die Bauunternehmensführung rationale Entscheidungshilfen. Als diesbezügliche Entscheidungshilfen werden die Investitionsanalyse und für gesamtunternehmerische Betrachtungen die Portefeuille-Analyse dargestellt. Sowohl Bauprojekte als auch Beteiligungen können als Profit-Zentren des Bauunternehmens betrachtet werden, denen verursachungsgerecht Zahlungsströme zugerechnet werden können, die eine monetäre Beurteilung dieser Investitionen ermöglichen (218). Da die wirtschaftlichen Erfolge von Bauprojekten größeren Umfangs und von Beteiligungen in der Regel bedeutenden Einfluß auf die wirtschaftliche Gesamtsituation eines Bauunternehmens haben, sind die erfolgsmäßigen und risikomäßigen Auswirkungen dieser Investitionen auf das Unternehmen als Ganzes zu analysieren. Zu diesem Zweck sind die einzelnen Profit-Zentren eines Bauunternehmens als Elemente eines Portefeuilles aus Profit-Zentren des Bauunternehmens zu betrachten (219). Diese Profit-Zentren sind in der Regel durch Risikoverbunde voneinander abhängig. Diese Abhängigkeiten werden bei Vornahme einer Portefeuille-Analyse quantitativ berücksichtigt.

Die dadurch erzielte Verbesserung des Informationsniveaus erlaubt eine rationale Entscheidungsfindung, indem die Auswahl von Bauprojekten bzw. von Beteiligungen gezielt unter Berücksichtigung von Erfolgs- und Risikocharakteristika des Gesamtunternehmens vorgenommen werden kann (220). Die Portefeuille-Auswahl stellt auch einen formalen Lösungsansatz zur Bestimmung der für den Entscheidungsträger optimalen Diversifikation dar.

---

218 Bei der Durchführung von Bauprojekten in Arbeitsgemeinschaften sind die Zahlungsströme entsprechend der prozentualen Beteiligung des untersuchten Bauunternehmens zu berücksichtigen. Auf Sonderfälle der Abgrenzung der Zahlungsströme, z.B. für Gestionsvergütungen, wird hier nicht näher eingegangen. (Vgl. Gareis,R.: Betriebswirtschaftliche Aspekte der Arge von Bauunternehmen, in: Kühne,J., Jurecka,W.,Paschke,F., Hrsg., Schriften aus Technik und Recht, Bd.6 (in Vorbereitung)).

219 Bei der Beurteilung von Investitionen in Bauprojekte stellen Bauprojekte die in Portefeuilles kombinierten Elemente dar. Bei der Beurteilung von Investitionen in Beteiligungen können einzelne Bausparten, Niederlassungen und Beteiligungsgesellschaften als Portefeuille-Elemente betrachtet werden.

220 Vgl. zur Unternehmensbewertung mit Hilfe der Portefeuille-Analyse: Kromschröder,B.: Unternehmensbewertung und Risiko, Berlin-Heidelberg-New York 1979.

5.1 Planung von Investitionen in Bauprojekte

5.1.1 Investitionsanalyse als Instrument der Angebotspolitik

Die Angebotspolitik von Bauunternehmen besteht darin, mit Hilfe der Preispolitik und sonstigen absatzpolitischen Instrumentarien (221) jene Bauprojekte anzubieten, deren eventuelle Durchführung dazu beiträgt, die wirtschaftlichen und kapazitiven Zielsetzungen des Unternehmens zu realisieren. In der Angebotspolitik werden daher neben den Ertragserwartungen und den Risiken von Bauaufträgen die Auswirkungen von Auftragsübernahmen auf die Beschäftigung der personellen und maschinellen Kapazitäten des Unternehmens berücksichtigt. Dabei ist die Kapazitätsplanung nicht nur aus wirtschaftlichen Überlegungen, sondern auch durch ihre qualitativen Auswirkungen, vor allem bei der Beschäftigungspolitik bedeutend. Da im Bauwesen die Auftraggeber Art, Ort und Umfang der Produktion durch Ausschreibung und Zeitplanung festlegen, ist es für die Bauunternehmen schwierig, eine gleichmässige Auslastung der personellen und maschinellen Kapazitäten zu sichern. Durch eine gezielte Angebotspolitik sind daher Marktchancen herbeizuführen, d.h. Bauaufträge auszuwählen, die auf die jeweiligen speziellen kapazitiven Bedingungen abgestimmt sind und den wirtschaftlichen Zielsetzungen hinsichtlich der Ertragserwartungen und verbundenen Risiken entsprechen. Zur Realisierung einer solchen Angebotspolitik benötigt die Bauunternehmensführung in der Phase der Auftragsauswahl methodische Planungsunterlagen als Entscheidungshilfen.

Zur Berücksichtigung der kapazitiven Anforderungen eines Bauprojektes und der kapazitiven Möglichkeiten des Bauunternehmens muß demnach in der Projektplanung geprüft werden, ob ein bestimmtes Projekt aufgrund seines Umfanges, seines Standortes, des erforderlichen Know-hows, etc. ausgeführt werden kann. Weiters muß geprüft werden, ob das betrachtete Bauprojekt dazu dient, bei schlechter Auftragslage nicht ausgelastete Kapazitäten auszulasten, bzw. bei guter Auftragslage durch Reihenfolgeüberlegungen bei Engpaßkapazitäten noch einen zusätzlichen Deckungsbeitrag abzuwerfen (222). Dazu müssen eventuell Überlegungen über

---

221   Vgl.: Scheuch,F.: Investitionsgütermarketing, a.a.O..

222   Vgl.: Gareis,R.: Ein Modell der Angebotspreisermittlung für den Baubetrieb, Schriftenreihe der Bundeskammer, Heft 25, Wien 1975.

Abzug von Personal und von Geräten von laufenden Baustellen und deren
Einsatz bei dem neuen Projekt angestellt werden. Bei dieser projekt-
bezogenen Planung wird anhand der Ausschreibungsunterlagen festgestellt,
welche Produktionsfaktoren in welchem Umfang zur Leistungserbringung
benötigt werden. Die Ergebnisse der Projektplanung gehen in eine ge-
samtbetriebliche Kapazitätsplanung (Mulitprojektplanung) ein, um die
Auswirkungen einer eventuellen Auftragsübernahme auf die personellen
und maschinellen Kapazitäten des Unternehmens als Ganzes zu ermitteln.

Solche kapazitiven Überlegungen sind von Wirtschaftlichkeitsanalysen zu
unterstützen. Nur wenn die wirtschaftlichen und kapazitiven Konsequenzen der Übernahme eines Bauprojektes abgeschätzt werden, kann die Bauunternehmensführung durch gezielte Preispolitik und abgestimmtes Verhalten bei Auftragsverhandlungen die Möglichkeit, die Unternehmensziele zu realisieren, wahren. Die Berücksichtigung der kapazitiven Auswirkungen neuer Bauprojekte auf das Gesamtunternehmen sollen hier nicht
weiter behandelt werden. Folgend steht die Berücksichtigung der wirtschaftlichen Konsequenzen der Durchführung von Bauprojekten im Mittelpunkt der Betrachtung, wobei angenommen wird, daß die kapazitiven Er-
fordernisse der zur Auswahl stehenden Bauprojekte erfüllt werden können.

Für die Erstellung von Bauleistungen setzt das Bauunternehmen Kapital
ein. Das eingesetzte Kapital wird in Sachgüter, Arbeits- und Dienstleistungen umgewandelt, um in Form von Entgelten dem Bauunternehmen wieder zuzufließen. In ständiger Abfolge wird also Kapital gebunden, in
Ertragsgüter in Form fertiger und halbfertiger Bauten umgewandelt und
wieder freigesetzt. Diese Abfolge von Kapitalbindung und Kapitalfrei-
setzung entspricht dem in Abschnitt 2.1 definierten Investitionsbegriff. Bauprojekte können folglich als Investitionen des Bauunternehmens angesehen werden (223). Die Beurteilung der Vorteilhaftigkeit
von Bauprojekten kann sowohl durch Investitionsanalysen einzelner Bauprojekte als auch durch Analysen von Portefeuilles aus Bauprojekten
vorgenommen werden. Da vor allem große langfristige Bauprojekte wesentlichen Einfluß auf die wirtschaftliche Gesamtsituation eines Bauunternehmens haben, wird vorgeschlagen, die Menge aller Bauprojekte

---

223 Weiters ist auch eine Betrachtung von Bauprojekten als Profit-
     Zentren von Bauunternehmen möglich, da sie organisatorisch und
     rechnungstechnisch abgegrenzte Einheiten darstellen.

eines Bauunternehmens als dessen Portefeuille aus Bauprojekten zu betrachten. Falls ein neues Bauprojekt oder mehrere neue Bauprojekte angeboten bzw. durchgeführt werden sollen, sind in einer Portefeuille-
Analyse die Auswirkungen dieser Bauprojekte auf die wirtschaftliche
Situation des Gesamtbauunternehmens festzustellen. Die durch die Portefeuille-Analyse gewonnenen Informationen ermöglichen eine rationale
Angebotspolitik des Bauunternehmens, da nicht nur die Ertragserwartungen, sondern auch die Auswirkungen der Übernahme eines neuen Bauprojektes auf das Risiko des Gesamtunternehmens quantifiziert werden.

Da der Zeitpunkt der Durchführung von Investitionsanalysen von zur Auswahl stehenden Bauprojekten vor der Angebotsabgabe liegt, stehen für
die Analysen in der Regel weder detaillierte Kostenschätzungen noch
detaillierte Terminplanungen zur Verfügung. Obwohl daher nur auf relativ grobes Datenmaterial zurückgegriffen werden kann, stellen Investitionsanalysen von Bauprojekten ein wichtiges Instrument der Angebotspolitik und der innerbetrieblichen Koordination dar.

Die normative Aussage der folgenden Ausführungen besteht darin, daß
die Vorteilhaftigkeit langfristiger, großer Bauprojekte mittels Investitionsanalysen beurteilt werden sollen. Fondahl und Bacarreza (224)
berichten diesbezüglich über einen Baukonzern in San Franzisco, in dem
mehrere Profit-Zentren (Niederlassungen) um die begrenzt vorhandenen
Finanzmittel zur Durchführung von Bauprojekten konkurrieren. Die Entscheidung über die Freigabe der Finanzmittel wird aufgrund von Investitionsanalysen getroffen, indem die anzubietenden Bauprojekte als
Investitionen betrachtet werden und ihre Erwartungswerte der Kapitalwerte bzw. Erwartungswerte der internen Zinsfüße ermittelt werden.
Die Freigabe von Finanzmittel erfolgt in diesem Konzern nach fallenden
Erwartungswerten der Kapitalwerte (bzw. internen Zinsfüße) der zur
Auswahl stehenden Bauprojekte.

5.1.2 Analyse einzelner Bauprojekte
Um den Angebotspreis für einen ausgeschriebenen Bauauftrag zu ermitteln, kalkuliert ein Bauunternehmen traditionellerweise die Selbstko-

---

224 Vgl.: Fondahl,J.W., Bacarreza,R.R.: Construction Contact Markup
     related to forecasted Cash Flow, Technical Report No.161, Stan-
     ford University 1972.

sten dieses Projektes und schlägt auf diese prozentual oder absolut einen Gewinn auf. Dabei werden zukünftige Kosten bzw. zukünftige Leistungen nicht abgezinst. Bei kurzfristigen, kleinen Bauprojekten können die daraus entstehenden Ungenauigkeiten sicherlich vernachlässigt werden. Bei langfristigen großen Bauprojekten (225) kann die Nichtberücksichtigung finanzmathematischer Ansätze und das Denken in Kosten und Leistungen anstatt in Auszahlungen und Einzahlungen zu grundsätzlich falschen Investitionsentscheidungen führen. Die folgenden Ausführungen sind daher vor allem für Bauunternehmen, die langfristige Bauprojekte größeren Umfangs durchführen, relevant.

5.1.2.1 Planungszeitraum

Im Abschnitt 2.3.1.2.3 wurde erwähnt, daß bei Anwendung der Kapitalwertmethode zwei oder mehrere Investitionen über den gleichen Planungszeitraum verglichen werden müssen. Da Bauprojekte in der Regel unterschiedliche Projektdauern haben, wären Erwartungswerte der Kapitalwerte der einzelnen alternativen Bauprojekte für den Planungszeitraum, der dem gemeinsamen Vielfachen der Projektdauern der einzelnen Bauprojekte entspricht, zu berechnen. Die Verwendung des gemeinsamen Vielfachen zur Bestimmung des Planungszeitraumes unterstellt, daß alle alternativen Bauprojekte bis zum Erreichen des gemeinsamen Vielfachen ständig wiederholt bzw. daß die Zahlungsströme der Folgeinvestition den ursprünglichen Investitionen gleichen. Da diese Annahme bei Bauprojekten als wirklichkeitsfremd betrachtet werden muß, empfiehlt sich die Anwendung der Annuitätenmethode, und zwar sowohl zur Bewertung einzelner Bauprojekte als auch zur Bewertung von Portefeuilles aus Bauprojekten.

5.1.2.2 Ermittlung der jährlichen Auszahlungsüberschüsse von Bauprojekten

Die Durchführung von Investitionsanalysen für Bauprojekte setzt die Ermittlung der durch die Bauausführung verursachten jährlichen Ein- und Auszahlungen voraus. Als Auszahlungen sind die pagatorischen Ko-

---

225 Der Bau eines Kernkraftwerkes dauert z.B. etwa 10 Jahre und kostet mehrere Milliarden Schilling.

sten der Bauausführung, verrechnungstechnische Auszahlungen für Gerätekäufe und Rückzahlungen projektgebundener Kredite zu berücksichtigen. Einzahlungen entstehen durch die Abschlagszahlungen bzw. die Schlußzahlungen des Bauherrn, durch verrechnungstechnische Einzahlungen aus den Geräteverkäufen, sowie durch Aufnahme projektgebundener Kredite. Wie aus den folgenden Ausführungen ersichtlich wird, sind die jährlichen pagatorischen Kosten der Bauausführung als stochastische Größen anzusehen. Die übrigen Zahlungen können zur Vereinfachung als deterministische Größen angenommen werden.

Unter Berücksichtigung der angeführten Ein- und Auszahlungsarten lassen sich die jährlichen Auszahlungsüberschüsse eines Bauprojektes entsprechend der schematischen Darstellung in Bild 5.1 ermitteln:

```
      patagorische Kosten pro Jahr
  +   verrechnungstechnische Auszahlungen für Gerätekäufe
  +   Rückzahlungen projektgebundener Kredite
  Summe der Auszahlungen pro Jahr


      Abschlagszahlungen bzw. Schlußzahlung des Bauherrn
  +   verrechnungstechnische Einzahlungen aus Geräteverkäufen
  +   Aufnahme projektgebundener Kredite
  Summe der Einzahlungen pro Jahr


      Summe der Auszahlungen pro Jahr
  -   Summe der Einzahlungen pro Jahr
  Auszahlungsüberschuß pro Jahr
```

Bild 5.1: Ermittlung der jährlichen Auszahlungsüberschüsse

Zur Ermittlung der jährlichen Auszahlungsüberschüsse ist es notwendig, die während der Projektdurchführung verursachten Ein- und Auszahlungen einzelnen Stichtagen zuzuordnen. Als Stichtage sind der Beginn der Projektdurchführung bzw. jeweils die Jahresenden, also Ende des ersten Jahres, Ende des zweiten Jahres, usw., anzusehen. Die Zuordnung der Zahlungsströme orientiert sich grundsätzlich nach dem zeitlichen Anfall der Zahlungen. So werden pagatorischen Kosten des ersten Jahres z.B. dem Ende des ersten Jahres zugeordnet.

5.1.2.2.1 Stochastische Kostenschätzungen
Die Ermittlung der jährlichen pagatorischen Kosten basiert auf den im
Zuge der Auftragskalkulation vorgenommenen Kostenschätzungen, wobei
vorausgesetzt wird, daß für langfristige Großprojekte aufgrund der Unsicherheit der zukünftigen Kosten stochastsiche Kostenschätzungen vorgenommen werden. Bevor auf die für die Investitionsanalyse notwendige
Abgrenzung zwischen pagatorischen und nicht-pagatorischen Kosten eingegangen werden kann, sind die Zielsetzungen einer als angebotspoliti-
sche Entscheidungshilfe dienenden Auftragskalkulation darzustellen
und das Verfahren der stochastischen Kostenschätzungen zu beschreiben.

Mittels stochastischer Kostenschätzungen werden die jährlichen Kosten der Baudurchführung bzw. die Gesamtkosten eines Bauprojektes,
die Projektkosten, festgestellt. Entsprechend dem Verursachungsprin-
zip stellen jene Kosten Projektkosten dar, die durch die Durchführung
eines Bauprojektes entstehen, und die nicht entstünden, wenn man das
Bauprojekt nicht durchführte. Diese verursachungsgerechte Definition
der Projektkosten bedeutet, daß sich, unter Verwendung der herkömmmli-
chen Terminologie, die Projektkosten aus der Summe der Einzelkosten
(Löhne, Material, Geräte, Subunternehmer) zuzüglich der Baustellenge-
meinkosten ergeben. Die Projektkosten sind daher gleich den herkömmli-
chen Herstellkosten. Diese Definition der Projektkosten bedeutet, daß
die Geschäftsgemeinkosten (Zentralregie) nicht bei der Ermittlung der
Projektkosten zu berücksichtigen sind, da diese zumindest kurz- bis
mittelfristig Fixkosten des Unternehmens darstellen und sich daher
durch die Durchführung eines bestimmten Bauprojektes nicht erhöhen und
sich im Fall, daß dieses betrachtete Bauprojekt nicht durchgeführt wird,
auch nicht reduzieren. Da durch die Durchführung eines Bauprojektes also keine Geschäftsgemeinkosten verursacht werden, sind diese auch nicht
den Kosten eines Bauprojektes zuzurechnen (226).

Die stochastischen Projektkosten ergeben sich aus der Summe der Kosten
der einzelnen Leistungspositionen des Bauprojektes. Diese Aussage setzt

---

226 Die Geschäftsgemeinkosten müssen durch die Summe der Deckungs-
     beiträge (Deckungsbeitrag = Angebotspreis - Projektkosten), die
     von den einzelnen Bauprojekten eines Bauunternehmens erwirtschaf-
     tet werden, abgedeckt werden. Die Summe der Deckungsbeiträge soll
     darüber hinaus die Erzielung eines möglichst hohen Gewinns des
     Unternehmens sichern (Vgl. dazu Gareis,R.: Ein Modell der Ange-
     botspreisermittlung für den Baubetrieb, a.a.O.).

entweder eine oder mehrere eigene Leistungspositionen für die Baustel-
lengemeinkosten voraus oder unterstellt, daß die Baustellengemeinko-
sten anteilig auf die einzelnen Leistungspositionen umgelegt werden.
Da es Ziel darstellen sollte, eine möglichst große Transparenz in der
Auftragskalkulation zu erreichen, empfiehlt sich die Schaffung eigener
Leistungspositionen zur Beschreibung jener Leistungen, die die Baustel-
lengemeinkosten verursachen, wie z.B. Bauleitung, Baustelleneinrich-
tung, etc., sofern diese Positionen nicht schon in den Leistungsver-
zeichnissen der Ausschreibungen beinhaltet sind (227).

Für die Durchführung der Kostenschätzungen werden die Kosten der einzelnen Leistungspositionen als Zufallsvariable angesehen. Für jede dieser Zufallsvariablen wird eine Wahrscheinlichkeitsverteilung entwickelt,
die die Berechnung des mathematischen Erwartungswertes sowie der Varianz der Leistungspositionskosten ermöglicht. Das Hauptproblem der
stochastischen Kostenschätzungen stellt die Entwicklung dieser Wahr-
schienlichkeitsverteilungen für die Leistungspositiionskosten dar. In
der Literatur (228) gibt es umfangreiche Hinweise über Art und Form
von Wahrscheinlichkeitsverteilungen, die für einzelne Leistungspositionen Anwendung finden sollen, über eine diesbezügliche Strukturierung
von Leistungspositionen und über die Art und Weise, wie die Wahrscheinlichkeitsverteilungen der einzelnen Leistungspositionskosten für die
Erstellung der Wahrscheinlichkeitsverteilung der Projektkosten kombiniert werden sollen.

Grundsätzlich nehmen alle diese Verfahren Standardwahrscheinlichkeits-
verteilungen zur Beschreibung der Verteilung der Leistungspositions-

---

227   Vgl.: Gareis,R.: Der Einfluß von Leistungsbeschreibungen auf
       die Kalkulation von Bauunternehmen, Bauwirtschaft, Heft 2, 1977,
       43 ff.

228   Vgl.: Burch,J.D.: Cost Estimating with Uncertainty, Industrial
       Engineering 1975; Campbell,D.W.: Risk Analysis, AACE Bulletin,
       Vol.13, No. 4 udn 5, 1971; Curnam,M.: A Scientific Approach
       to Bidding: Range Estimating, The Constructor, 1975, 27-33;
       Gates,M.: Bidding Contingencies and Probabilities, Journal of
       the Construction Division, ASCE, Vol.96, No. Co2, Proc.Paper
       8524, 1971, 277-303; Hackney,J.W.: Analyiss of Estimating
       Accuracy, AACE Bulletin, Vol.7, No.3, 1965 und Layshock,J.L.:
       Estimating and Cost Control form Inception to Completion, AACE
       Bulletin, Vol.11, No. 3, 1969.

kosten an (229). Die Erwartungswerte und die Varianzen dieser Wahrscheinlichkeitsverteilungen werden zum Teil in Näherungsverfahren aufgrund von drei Schätzwerten, nämlich eines optimistischen, eines häufigsten und eines pessimistischen Wertes, ermittelt. In den angeführten Literaturstellen wird diesbezüglich bemerkt, daß in Abweichung vom PERT-
Verfahren der Vertrauensbereich der Kostenschätzungen 80% beträgt, d.h.
daß man etwa 10% Wahrscheinlichkeit, daß der optimistische Wert unterschritten, und 10% Wahrscheinlichkeit, daß der pessimistische Wert überschritten wird, annimmt. Dieser Vertrauensbereich beträgt im PERT-Verfahren in etwa 99%.

Zusätzlich zu den in Abschnitt 2.3.2.2.1 dargestellten Standardverteilungen (Normalverteilung, Betaverteilung und Gleichverteilung) wird für
die Beschreibung der Verteilung von Leistungspositionskosten die Dreiecksverteilung empfohlen. Die Form der Dreiecksverteilung und die Berechnung des Erwartungswertes und der Varianz aufgrund der Schätzung von
optimistischen, häufigsten und pessimistischen Kostenwerten sind in
Bild 5.2 dargestellt.

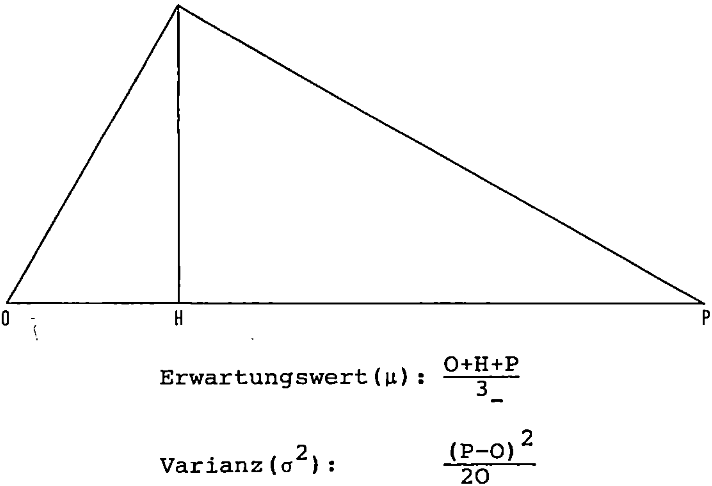

$$\text{Erwartungswert}\,(\mu)\,:\quad \frac{O+H+P}{3}$$

$$\text{Varianz}\,(\sigma^2)\,:\quad \frac{(P-O)^2}{20}$$

Bild 5.2: Erwartungswert und Varianz der Dreiecksverteilung

Wenn die Betaverteilung und die Gleichverteilung als die möglichen Ex-
treme der tatsächlichen Verteilung der Kosten einer bestimmten Leistungsposition angesehen werden und es schwierig erscheint, sich für ei-

---

229 Vgl. Abschnitt 2.3.2.2.1

ne dieser Extremverteilungen zu entscheiden, bietet sich als Kompromiß die Dreiecksverteilung an, da in der Regel die Abweichungen des Erwartungswertes der Dreiecksverteilung von den Erwartungswerten der Beta-, bzw. der Gleichverteilung nur je 2%-3% betragen.

Der Erwartungswert der jährlichen Kosten eines Bauprojektes $E(B)_t$ wird durch Summierung der Erwartungswerte der dem jeweiligen Jahr zurechenbaren Leistungspositionskosten ermittelt:

$$E(B)_t = \sum_{k=1}^{K} \mu_k \qquad k = 1, \ldots K \qquad \text{Formel 5.3}$$

Die Varianz der jährlichen Kosten eines Bauprojektes ergibt sich aus:

$$\sigma^2_{B_t} = \sum_{k=1}^{K} \sigma^2_k \qquad k = 1, \ldots K \qquad \text{Formel 5.4}$$

wobei:

$E(B)_t$ = Erwartungswert der Kosten des Jahres t,

μ_k = Erwartungswert der Kosten der Leistungsposition k im Jahre t,

$\sigma^2_{B_t}$ = Varianz der Kosten des Jahres t,

σ^2_k = Varianz der Kosten der Leistungsposition k und

K = Anzahl der im Jahre t zu berücksichtigenden Leistungspositionen.

Bei Anwendung des zentralen Grenzwertsatzes können die jährlichen Kosten eines Bauprojektes durch eine Normalverteilung beschrieben werden.

5.1.2.2.2.2 Ermittlung jährlicher pagatorischer Kosten und rechentechnischer Ein- und Auszahlungen

In der Kostenrechnung des Bauunternehmers werden Kosten, die zu Auszahlungen führen, und Kosten, die zu keinen Auszahlungen führen, berücksichtigt. Kosten, die zu Auszahlungen führen, werden als pagatorische Kosten bezeichnet. Solche Kosten sind z.B. Lohnkosten, Materialkosten, Reparaturkosten und Subunternehmerkosten. Kosten, die nicht zu Auszahlungen führen, nicht pagatorische Kosten, sind z.B. die Abschreibungskosten. Abschreibungen dienen als kalkulatorischer Ansatz zur Amortisation der Anschaffungs- bzw. Herstellungskosten von Gütern des Anlagevermögens. Da die Abschreibungen zu keinen Auszahlungen führen, dürfen sie auch in die Investitionsanalyse nicht eingehen.

Ob die durch stochastische Kostenschätzungen ermittelten jährlichen
Kosten zur Gänze pagatorische Kosten darstellen und daher direkt als
Auszahlungen in die Investitionsanalyse eingehen können oder ob sie
nicht-pagatorische Kosten beinhalten, hängt von der projektspezifischen
Geräteeinsatzplanung des Bauunternehmens ab. Den obigen Ausführungen
entsprechend, kann sich die Abgrenzung von pagatorischen und nicht-pagatorischen Kosten auf eine Betrachtung der Abschreibungskosten bzw.
der internen oder externen Gerätemieten beschränken, da die Reparatur-
bzw. Instandhaltungskosten von Geräten sowie die Betriebskosten von
Geräten immer zu Auszahlungen führen und daher pagatorische Kosten
darstellen.

Eine projektspezifische Geräteeinsatzplanung kann den Einsatz von
Mietgeräten, für die Baumaschinenhändlern Gerätemieten bezahlt wer-
den, den Einsatz von eigenen Geräten, für die dem Profit-Zentrum
"Geräteabteilung" interne Gerätemieten verrechnet werden, und den
Einsatz von eigenen Geräten, für die keine leistungsbezogenen oder
zeitbezogenen Auszahlungen anfallen, vorsehen. Wenn Baugeräte von
Baumaschinenhändlern angemietet werden, sind die externen Gerätemieten, die zu Auszahlungen an die Baumaschinenhändler führen, in der
Kalkulation als pagatorische Kosten zu berücksichtigen. Bei Bauprojekten, die nur Fremdgeräte einsetzen, können daher die Kosten der
stochastischen Kostenschätzung direkt als Auszahlungen in die Investitionsanalyse eingehen.

Wenn in einem Bauunternehmen die Geräteabteilung als selbständiges
Profit-Zentrum betrachtet wird, das den einzelnen Bauprojekten interne Gerätemieten für die Zurverfügungstellung von Baugeräten verrechnet, werden diese Gerätemieten in der Kalkulation als Kosten angesetzt (230). Diese internen Gerätemieten führen jedoch in der Regel
zu keinen Zahlungsvorgängen, sondern nur zu Verrechnungsvorgängen
zwischen der Geräteabteilung und den einzelnen Bauprojekten. Besteht
dieses System der internen Geräteverrechnung nicht, dann werden in
der Kalkulation für die eingesetzten Eigengeräte kalkulatorische Abschreibungen anstelle der internen Gerätemieten angesetzt.

---

230 Die internen Gerätemieten enthalten sowohl Ansätze für zeitab-
     hängige und leistungsabhängige Geräteabschreibungen, als auch
     Ansätze zur Abdeckung der Gemeinkosten der Geräteabteilung.
     Ziel der Festsetzung der internen Gerätemieten ist es, das
     Profit-Zentrum "Geräteabteilung" kostendeckend zu führen.

Da weder die internen Gerätemieten noch die kalkulatorischen Abschreibungen patagorische Kosten darstellen, sind die jährlichen Kosten der stochastischen Kostenschätzung, bevor sie als Auszahlungen in die Investitionsanalyse eingehen können, um die internen Gerätemieten bzw. um die Abschreibungsbeträge zu bereinigen, wodurch sich die jährlichen pagatorischen Kosten ergeben.

Da in einer Investitionsanalyse alle Zahlungsströme, die durch eine Investition verursacht werden, zu erfassen sind, der Einsatz von Eigengeräten aber zu keinen pagatorischen Kosten führt, müssen die Auswirkungen des Einsatzes von Eigengeräten in anderer Form bei der Investitionsanalyse von Bauprojekten berücksichtigt werden. Es wird hier vorgeschlagen, diese Auswirkungen des Einsatzes von Eigengeräten durch Rechenansätze zu berücksichtigen. Als diesbezügliche Rechenansätze dienen der Investitionsanalyse einerseits die Marktwerte der Eigengeräte zu Beginn ihres Einsatzes und andererseits die Marktwerte der Eigengeräte am Ende ihres Einsatzes zur Durchführung des analysierten Bauprojektes.

Für die Investitionsanalyse eines als Profit-Zentrum betrachteten Bauprojektes wird angenommen, daß das "Bauprojekt" die Eigengeräte zu deren Marktwerten vom Bauunternehmen kauft und dafür rechnungstechnische Auszahlungen zu leisten hat (231). Am Ende des jeweiligen Einsatzes verkauft das "Bauprojekt" die Eigengeräte an das Bauunternehmen zum Marktwert der Geräte zu diesem Stichtag. Diese "Verkäufe" verursachen für das Bauprojekt rechnungstechnische Einzahlungen. Der aus der Differenz des Marktwertes eines Gerätes vor und nach dessen Einsatz in der Regel resultierende Auszahlungsüberschuß entspricht dem leistungsabhängigen und zeitabhängigen Wertverzehr eines Gerätes während der Einsatzdauer für die Durchführung eines speziellen Bauprojektes. Die Berücksichtigung von rechnungstechnischen Ein- und Auszahlungen durch die Bewertung eines Eigengerätes vor und am Ende des Einsatzes für ein spezielles Bauprojekt ermöglicht daher eine verursachungsgerechte Zurechnung des Wertverzehrs eines Gerätes zu einem speziellen Bauprojekt. Daß auch der zeitabhängige Wertverzehr als vom analysierten Bauprojekt verursacht angesehen wird, kann dadurch begründet werden, daß

---

231 Bei Vornahme einer auftragsbedingten Geräteinvestition entspricht der Marktwert des Gerätes zu Beginn des Geräteeinsatzes dem Anschaffungspreis des Gerätes.

ein Bauunternehmen die Möglichkeit hat, ein Eigengerät zum Marktwert
zu verkaufen, wenn es nicht benötigt wird. Der zeitabhängige Wertverzehr entsteht also dadurch, daß ein Eigengerät zur Durchführung des
analysierten Bauprojektes behalten wird (232).

Informationen bezüglich der Zuordnung von Ein- und Auszahlungen, die
durch den Einsatz von Eigengeräten verursacht werden, zu einzelnen
Stichtragen der Investitionsrechnung können der Geräteeinsatzplanung
entnommen werden.

5.1.2.2.3 Ermittlung sonstiger Zahlungsströme

Außer den pagatorischen Kosten und den durch den Geräteeinsatz bedingten rechnungstechnischen Zahlungsströmen sind bei der Ermittlung der
jährlichen Auszahlungsüberschüsse von Bauprojekten noch jene Zahlungsströme zu berücksichtigen, die durch projektgebundene Kredite bzw.
durch die Zahlungen des Bauherrn entstehen.

Die eventuelle Aufnahme und spätere Rückzahlung projektgebundener Kredite kann durch die Vorfinanzierungsfunktion von Bauunternehmen notwendig werden. Von den Bauunternehmen wird traditionellerweise eine
laufende Vorfinanzierung der Bauleistungen bis zum Eingang der Abschlagszahlungen des Bauherrn vorgenommen. Die einzelnen Abschlagszahlungen decken die Leistungen der einzelnen Bauabschnitte nicht zu Gänze ab, da der Bauherr in der Regel einen Haftrücklaß bis zur Bezahlung
der Schlußrechnung einbehält. Vom Bauunternehmen ist daher weiters ein
kumulativ mit dem Baufortschritt ansteigender Spitzenbetrag, der dem
einbehaltenen Haftungsrücklaß entspricht, vorzufinanzieren.

Die Höhe der eventuellen Kreditaufnahmen orientiert sich am laufenden
Finanzbedarf zur Vorfinanzierung, der als Differenz der kumulierten
Abschlagszahlungen des Bauherrn und der kumulierten Auszahlung der Pro-
jektdurchführung ermittelt werden kann. Die Zeitpunkte der Kreditauf-

---

232 Ein alternativer Ansatz, der hier jedoch nicht vertreten wird,
     wäre, den zeitabhängigen Wertverzehr sowie den Wertverzehr für
     alle eigenen Geräte, die nicht eingesetzt werden, als Teil der
     Geschäftsgemeinkosten zu betrachten. Die Geschäftsgemeinkosten
     gehen in die Investitionsanalyse nicht ein, da sie Fixkosten
     darstellen, für deren Verursachung kein spezielles Bauprojekt
     verantwortlich gemacht werden kann.

nahmen und Kreditrückzahlungen richten sich nach dem zeitlichen Auftreten des Finanzbedarfs bzw. des Überschusses an Finanzmittel, die einer groben Finanzplanung entnommen werden können. Der Kapitalbedarf ist in der Regel zu Beginn der Bauausführung groß, da Auszahlungen anfallen, die nicht durch die erste Abschlagszahlung, sondern erst anteilig durch alle Zahlungen des Bauherrn abgegolten werden. Diesbezügliche Auszahlungen fallen z.B. durch die Erstellung der Projektplanung, durch die Vornahme von auftragsbedingten Geräteinvestitionen sowie durch die Einrichtung der Baustelle an.

Die Aufnahme von projektgebundenen Krediten erlangt neben den traditionellen Verfahren der Gesamtfinanzierung von Unternehmen wachsende Bedeutung (233). Bei der Kreditvergabe an Bauunternehmen binden Banken die Kredite vermehrt an bestimmte Bauprojekte. Die zur Finanzierung bestimmter Bauprojekte gebundenen Kredite sind in den Zahlungsströmen dieser Bauprojekte zu berücksichtigen. Die Aufnahmen projektgebundener Kredite stellen Einzahlungen, deren Rückzahlungen, Kapitaltilgungen plus Zinsendienst, stellen Auszahlungen eines bestimmten Bauprojektes dar.

Da in der Praxis häufig Investitionsanalysen für Bauprojekte zu erstellen sein werden, für die keine projektgebundenen Kredite zu berücksichtigen sind, wird sich die verursachungsgerechte Zurechnung von Ein- und Auszahlungen durch projektgebundene Kredite auf spezielle Großbauprojekte beschränken.

Die Ermittlung und die zeitliche Zuordnung der Abschlagszahlungen des Bauherrn bzw. der Schlußzahlung des Bauherrn kann sich für die Investitionsanalyse an einer Prognose des Baufortschrittes orientieren. In einer solchen Prognose wird der prozentuale Anteil der Gesamtleistung, der pro Jahr erstellt wird, geschätzt. Die Ermittlung und zeitliche Zuordnung der Zahlungen des Bauherrn erfolgt dann proportional zum jährlichen Baufortschritt. Wenn also z.B. der Angebotspreis eines Bauprojektes öS 5 000 000,- beträgt, und im ersten Jahr der Baudurchführung 20% der Gesamtleistung erstellt werden sollen,

---

233 Vgl.: Volkart,R., Kilgus,E.: Unternehmensfinanzierung in Rezession
     und Aufschwung, in: Industrielle Organisation, Heft 1, Zürich 1977,
     21.

dann ist am Ende des ersten Jahres bei Annahme eines Haftungsrücklas-
ses von 3% eine Einzahlung durch Abschlagszahlungen des Bauherrn in
der Höhe von öS 970 000,- anzusetzen. Eine genaue Ermittlung und zeitliche Zuordnung der Zahlungen des Bauherrn ist dann möglich, wenn die
Zahlungen des Bauherrn vertraglich in ihrer Höhe und in ihrem zeitlichen Anfall vereinbart werden (234).

5.1.2.3 Ermittlung der Erwartungswerte der äquivalenten Annuitäten und der Standardabweichungen der äquivalenten Annuitäten von Bauprojekten

Die Ermittlung der jährlichen Auszahlungsüberschüsse kann dem in
Bild 5.1 dargestellten Schema entsprechend vorgenommen werden. In diesem Schema sind nur die jährlichen pagatorischen Kosten als stochastische Größen anzusehen, alle anderen Ein- und Auszahlungen werden als
deterministische Werte angenommen. Demzufolge stellt auch der Auszahlungsüberschuß des Jahres t eine stochastische Größe dar, dessen Erwartungswert mit μ_t und dessen Varianz mit σ_t^2 bezeichnet wird. Da nur
die jährlichen pagatorischen Kosten stochastische Größen sind, entsprechen die Varianzen der jeweiligen jährlichen Auszahlungsströme den
Varianzen der jeweiligen jährlichen pagatorischen Kosten $\sigma_{B_t}^2$ eines Bauprojektes. Die Erwartungswerte und die Varianzen der jährlichen Auszahlungsüberschüsse können auf einer Zeitachse dargestellt werden (siehe Bild 5.3).

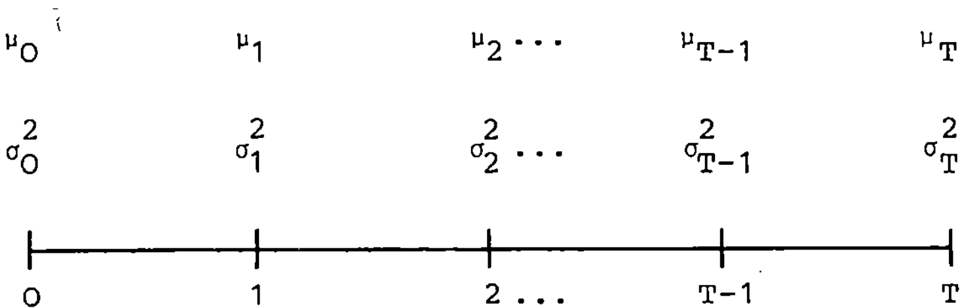

Bild 5.3: Erwartungswerte und Varianzen der jährlichen Auszahlungsüberschüsse eines Bauprojektes

---

234 Bauherrn übernehmen z.B. bei manchen Bauprojekten die Vorfinanzierungsfunktion, indem sie dem Bauunternehmen eine Anzahlung zum
Baubeginn leisten.

Durch Abzinsung der Erwartungswerte und Varianzen der jährlichen Auszahlungsüberschüsse lassen sich der Erwartungswert des Kapitalwertes $E(K)$ und die Varianz des Kapitalwertes σ_K^2 des Bauprojektes ermitteln (Formel 5.5 und Formel 5.6).

$$E(K) = \sum_{t=0}^{T} \frac{\mu_t}{(1+i)^t} \qquad t = 0, \ .. \ T \qquad \text{Formel 5.5}$$

$$\sigma_K^2 = \sum_{t=0}^{T} \frac{\sigma_t^2}{(1+i)^{2t}} \qquad t = 0, \ .. \ T \qquad \text{Formel 5.6}$$

Der Erwartungswert der äquivalenten Annuität $E(A)$ errechnet sich durch Multiplikation des Erwartungswertes des Kapitalwertes $E(K)$ mit dem Wiedergewinnungsfaktor WF für i und T-Jahre.

$$E(A) = E(K) \cdot WF = E(K) \cdot \frac{i}{1-(1+i)^{-T}} \qquad \text{Formel 5.7}$$

Die Varianz der äquivalenten Annuität σ_A^2 läßt sich mittels der Formel 5.8 berechnen,

$$\sigma_K^2 = \sum_{t=0}^{T} \frac{\sigma_A^2}{(1+i)^{2t}} \qquad \text{Formel 5.8}$$

die nach der Konstanten σ_A^2 aufzulösen ist (235).

Der Erwartungswert der äquivalenten Annuität und die Varianz der äquivalenten Annuität werden als Eingabedaten in der Analyse von Portefeuilles aus Bauprojekten verwendet.

5.1.3 Analyse von Portefeuilles aus Bauprojekten

Eine isolierte Investitionsanalyse erlaubt nur eine beschränkte Aussage über die Vorteilhaftigkeit einzelner Bauprojekte für ein spezielles Bauunternehmen, da die Auswirkungen des Risikoverbundes zwischen den einzelnen Bauprojekten des Bauunternehmens nicht berücksichtigt werden. Erst durch eine Portefeuilleanalyse ist es möglich, den Risi-

---

235 Durch Umformung erhält man eine geometrische Reihe mit T + 1 Gliedern.

koverbund zwischen den Projekten eines Unternehmens zu berücksichtigen
und die Vorteilhaftigkeit einzelner neuer Bauprojekte für das Unternehmen als Ganzes zu beurteilen.

5.1.3.1 Analyse des existierenden Portefeuilles

Für jedes existierende Bauprojekt kann aufgrund einer Investitionsanalyse der Erwartungswert der äquivalenten Annuität E(A) und die Varianz der äquivalenten Annuität σ_A^2 ermittelt werden. Die Verarbeitung der Erwartungswerte und der Varianzen der äquivalenten Annuitäten der einzelnen existierenden Bauprojekte zu einer Wahrscheinlichkeitsverteilung der äquivalenten Annuität eines Portefeuilles aus
existierenden Bauprojekten läßt, unter Berücksichtigung von Korrelationen in den Kostenentwicklungen einzelner Bauprojektpaare, eine
Gesamtbewertung des Auftragsbestandes des Unternehmens bzw. eine Bewertung der Unternehmenssituation zu.

Um eine Analyse des existierenden Portefeuilles durchführen zu können, ist festzustellen, ob Korrelationen zwischen einzelnen Bauprojekten bestehen. In den bisherigen Ausführungen wurden die Projektkosten als stochastische Größen und die sonstigen in der Investitionsanalyse zu berücksichtigenden Zahlungen als deterministische
Größen definiert. Die Feststellung von Korrelationen kann sich daher auf eine Betrachtung der Kostenfaktoren beschränken, da sich
deren Entwicklungen und Interdependenzen auf die äquivalenten Annuitäten unmittelbar auswirken.

Bei der Durchführung einer Korrelationsanalyse werden alle Faktoren,
die die Kosten eines Projektpaares beeinflussen können, identifiziert.
Wenn einer dieser Faktoren gleichzeitig Kostenveränderungen bei beiden betrachteten Bauprojekten verursacht, besteht zwischen diesen Projekten eine Korrelation. Faktoren, die eine Interdependenz bzw. Korrelation zwischen Bauprojekten verursachen können, sind z.B.:

- Auftragsart (Hoch- Tief-, Straßenbau, et.)
- geographische Lage
- politische Faktoren
- Bauverfahren
- Subunternehmerengagements
- Wetterbedingungen
- Kapazitätsengpässe, etc.

Sind die für ein Projektpaar kostenbeeinflussenden Faktoren festgestellt, ist das Ausmaß der Korrelation, das durch diese Faktoren verursacht wird, abzuschätzen und die Wirkung der einzelnen Faktoren
auf die Gesamtkostenkorrelation zweier Bauprojekte durch Vornahme von
Gewichtungen zu bestimmen. Daraus ergibt sich ein gewichteter durchschnittlicher Korrelationskoeffizient für einzelne Projektpaare (236).
Bei den meisten Projektpaaren haben nur einige wenige Faktoren bedeutenden Einfluß auf die Bestimmung der Korrelationskoeffizienten. Diese Faktoren können daher einfach identifiziert werden. Wenn z.B. die
Auftragsart zweier Projekte gleich ist, kann angenommen werden, daß
dieser Faktor hauptsächlich für die Korrelation zwischen diesen Projekten verantwortlich ist. Brücken, die nicht weit voneinander entfernt über den selben Fluß gebaut werden, werden bei Berücksichtigung
geographischer Einflüsse stark korrelieren und besonders stark bei
eventueller Berücksichtigung der Möglichkeit von Hochwasser als pro-
jektkostenbeeinflussender Faktor. Projekte, die die gleichen Materialien verwenden werden als stark korrelierend erscheinen, wenn man Ma-
terialpreiseinflüsse berücksichtigt, speziell dann, wenn der Projektfortschritt dieser Projekte ähnlich ist und manche Materialien noch
nicht gekauft wurden. Arbeitsintensive Projekte, die innerhalb eines
von bestimmten Gewerkschaftsverbänden betreuten regionalen Gebietes
liegen, werden stark korrelieren, wenn man die Möglichkeit von Ar-
beitsunruhen, Streiks, etc. berücksichtigt.

Die Feststellung der Korrelationen ist vor allem bei Großprojekten
mit starken Streuungen der Projektkosten bedeutend. Die Korrelationskoeffizienten müssen mit Baufortschritt der einzelnen Projekte revi-
sioniert werden, da das Ausmaß der Korrelation mit Projektfortschritt
in der Regel abnimmt.

Da bei der Bestimmung der Korrelationskoeffizienten Ungenauigkeiten
möglich sind und manche Annahmen getroffen werden müssen, kann man
die Sensitivität der Charakteristika eines Portefeuilles bei Schwankungen in den Werten der Korrelationskoeffizienten untersuchen. Dazu
können Extremwerte, also optimistische und pessimistische Werte, für
die einzelnen Korrelationskoeffizienten angesetzt und deren Auwirkun-
gen auf die Charakteristika des Portefeuilles überprüft werden.

---

236 In Abschnitt 2.3.2.2.3.2 wurden noch andere Verfahren zur Ermitt-
     lung der Korrelationskoeffizienten beschrieben.

Zur Vereinfachung der praktischen Durchführung von Korrelationsanalysen bei Bauunternehmen, die viele ähnliche, kleinere Bauprojekte aus-
führen, wird es oft möglich sein, gleichartige kleine Bauprojekte,
die annähernd vollkommen positiv miteinander und in einem annähernd
gleichen Ausmaß mit anderen Projekten korrelieren, zu Projektgruppen
zusammenzufassen. Wenn diese Bildung von Projektgruppen möglich ist,
dann reduziert sich die Korrelationsanalyse auf das Feststellen der
Korrelationen zwischen den einzelnen Projektgruppen und den einzelnen Großprojekten eines Bauunternehmens.

Wenn die Erwartungswerte der äquivalenten Annuitäten und die Varianzen der äquivalenten Annutiäten der einzelnen in existierenden Portefeuilles kombinierten Bauprojekte und die Korrelationskoeffizienten
für die einzelnen Projektpaare ermittelt sind, können der Erwartungswert der äquivalenten Annuität des existierenden Portefeuilles und
die Varianz des existierenden Portefeuilles berechnet werden. Der Erwartungswert der äquivalenten Annuität des existierenden Portefeuilles $E(A)_{P_E}$ ergibt sich aus der Formel 5.9:

$$E(A)_{P_E} = \sum_{m=1}^{M} E(A)_m \qquad m = 1, \ldots M \qquad \text{Formel 5.9}$$

wobei $E(A)_{P_E}$ = Erwartungswert der äquivalenten Annuität des existierenden Portefeuilles,

$E(A)_m$ = Erwartungswert der äquivalenten Annuität des Bauprojektes m

und M = Anzahl der in Durchführung stehenden Bauprojekte.

Die Varianz der äquivalenten Annuität des existierenden Portefeuilles
$\sigma^2_{P_E}$ errechnet man mittels der Formel 5.10

$$\sigma^2_{P_E} = \sum_{m=1}^{M} \sigma^2_m + \sum_{m=1}^{M} \sum_{j=1}^{M} \rho_{mj} \sigma_m \sigma_j \qquad m \neq j \qquad \text{Formel 5.10}$$

wobei $\sigma^2_{P_E}$ = Varianz der äquivalenten Annuität des existierenden Portefeuilles,

σ^2_m = Varianz der äquivalenten Annuität des Bauprojektes m

und ρ_{mj} = Korrelationskoeffizient der Bauprojekte m und j.

5.1.3.2 Bildung alternativer Portefeuilles und Auswahl des optimalen Portefeuilles aus Bauprojekten

Zur Auswahl stehende neue Bauprojekte können einzeln, oder wenn sie sich nicht gegeneinander ausschließen, in Gruppen mit den bestehenden Bauprojekten kombiniert werden, wodurch neue alternative Portefeuilles gebildet werden. Für jedes dieser Portefeuilles sind die Charakteristika,Erwartungswert der äquivalenten Annuität und Varianz der äquivalenten Annuität,mittels der Formeln 5.9 und 5.10 zu ermitteln.

Grundlage dieser Ermittlungen stellen die Schätzungen der jährlichen Auszahlungsüberschüsse, die wieder auf stochastische Kostenschätzungen basieren, dar. Die Genauigkeit dieser Kostenschätzungen für neue Bauprojekte ist von den zur Verfügung stehenden Informationen, also von der Qualität der Ausschreibungsunterlagen, abhängig. Da in der Regel für neue Bauprojekte die Bandbreiten der Schätzungen der einzelnen Leistungspositionskosten größer sind als bei bereits in Durchführung stehenden Bauprojekten, weisen neue Bauprojekte in der Regel auch größere Varianzen als existierende Bauprojekte auf.

Der Prozeß der Entscheidungsaufbereitung ist durch die Bildung alternativer Portefeuilles aus Bauprojekten unter der Berücksichtigung kapazitiver Restriktionen abgeschlossen. Diese neuen alternativen Portefeuilles bilden die Menge aller möglichen zur Auswahl stehenden Portefeuilles. Durch subjektive Entscheidungen der Unternehmensleitung wird das neue Portefeuille ausgewählt, das den Erfolgs- und Risikopräferenzen des Investors, der Bauunternehmensführung, optimal entspricht (237).

Die Anwendung der Portefeuille-Auswahl schafft die Möglichkeit, die Entscheidungen der Projektauswahl und Angebotslegung von gesamtunternehmerischer Sicht zu betrachten und gesamtunternehmenspolitische Ziele zu verfolgen. Die Projektauswahl kann sich im Fall kapazitiver Engpässe eines Unternehmens auf die Auswahl eines Projektes aus mehreren alternativen Projekten beschränken oder im Fall freier Kapazitäten auf die Auswahl ganzer Projektgruppen beziehen. Indem die mit eventuellen Projektübernahmen verbundenen Risiken und die Auswirkungen von Korrelationen zwischen neuen Projekten und den existierenden Projek-

---

237 Das rechnerische und graphische Verfahren der Portefeuille-Auswahl wurde in Abschnitt 2.3.2.2.3.4 im Detail beschrieben.

ten transparent werden, haben die Geschäftsführungen von Bauunternehmen die Möglichkeit, Entscheidungen bezüglich neuer Auftragsangebote
zu rationalisieren. Diese Entscheidungen können so getroffen werden,
daß eventuelle neue Projekte das existierende Portefeuille den Zielvorstellungen des Unternehmens entsprechend ergänzen. Dabei wird offensichtlich, daß ein bestimmtes Bauprojekt nicht für jedes Bauunternehmen denselben Wert hat. Das ist darauf zurückzuführen, daß nicht
jedes Projekt in gleicher Weise zu einem existierenden Portefeuille
eines Unternehmens paßt.

5.2 Planung von Investitionen in Beteiligungen

Ein Unternehmen, das über seine vorhandenen Kapazitäten hinaus expandieren will, steht grundsätzlich vor der Alternative, selbst neue Betriebe zu errichten oder bereits existierende Betriebe zu kaufen. Insbesondere dann, wenn ein für die Unternehmung produktions- und absatz-
wirtschaftlich neues Gebiet erschlossen werden soll, erweist es sich
häufig als vorteilhaft, dies mit einem Partner zu tun, der über das
erforderliche Know-how oder über die Marktverbindungen verfügt. Das
kann in der Form eines neuen Gemeinschaftsunternehmens oder durch Erwerb einer Beteiligung an einem bereits bestehenden Unternehmen gesche-
hen.

Unter Beteiligung wird der gesellschaftsrechtliche Anteil am Kapital
einer Personen- oder Kapitalgesellschaft verstanden, wenn die folgenden Merkmale erfüllt sind:

"- Möglichkeit des Einflusses auf die Unternehmenspolitik der Beteiligungsgesellschaft,

 - Anspruch auf einen Anteil am Bilanzgewinn der Beteiligungsgesellschaft,

 - Haftung für Bilanzverluste zumindest bis zur Höhe des nominellen
   Kapitalanteiles,

 - Anspruch auf einen Anteil am Liquidationserlös bei Auflösung der
   Beteiligungsgesellschaft" (238).

---

238 Busse von Colbe, W.: Beteiligungen, in: Handwörterbuch der Be-
     triebswirtschaft, Stuttgart 1974, 531.

5.2.1 Motive der Beteiligungspolitik

Zielvorstellung von Bauunternehmen bei Investitionen in Beteiligungen ist die Sicherung und der Ausbau traditioneller Baumärkte sowie die Schaffung neuer Baumärkte. Beteiligungsinvestitionen ermöglichen sowohl die Realisierung von Expansionszielen als auch die Realisierung von Diversifikationsbestrebungen.

Neue Baumärkte können durch vertikale, horizontale oder laterale Diversifikationen des Bauunternehmens erschlossen werden. Bei der Erweiterung des Produktions- und Absatzprogrammes durch Beteiligungsunternehmen, die die gleichen Bausparten wie die Muttergesellschaft abdekken, handelt es sich um eine horizontale Diversifikation. Solche Beteiligungen werden z.B. zur Verbesserung der Wettbewerbsfähigkeit auf lokalen Baumärkten im In- und Ausland vorgenommen. Die Erweiterung der Leistungskapazität durch Investitionen in Vorstufen- oder Nachstufenunternehmen wird als vertikale Diversifikation bezeichnet (239). Eine laterale Diversifikation wird durch Investitionen in Unternehmen, die unterschiedlichen Branchen angehören, erzielt. Die Schaffung einer lateralen Diversifikation hat primär den finanziellen Risikoausgleich zum Ziel. Sie birgt jedoch die Gefahr der mangelnden Vertrautheit mit den speziellen Bedingungen der unterschiedlichen Branchen.

Eine der Zielsetzungen bei der Vornahme von Beteiligungsinvestitionen ist es in der Regel, die Familarität des Beteiligungsunternehmens zum bestehenden Unternehmen zu erhalten. Diese Familiarität bezieht sich auf das technische Know-how, auf die Produktionseinrichtungen, und auf die Geschäftspolitik (240).

Der finanzielle Risikoausgleich wird von Bauunternehmen daher in der Regel nicht durch eine laterale Diversifikation, sondern durch vertikale und horizontale Diversifikationen angestrebt. Durch Diversifikationen versuchen Bauunternehmen saisonale und konjunkturelle Schwankungen auszugleichen und die Abhängigkeiten von der Entwicklung spezieller Bausparten zu reduzieren.

---

239   Ein Vorstufenunternehmen eines Tiefbauunternehmens wäre z.B. ein Unternehmen, das auf Gründungen, wie die Herstellung von Spundwänden oder Bohrpfählen, spezialisiert ist. Ein Vorstufenunternehmen eines Hochbauunternehmens wäre z.B. ein Fertigteilwerk, das Fertigteile für Wohn- und Bürobauten herstellt.

240   Vgl.: Hofer,H.R.: Diversifikation in der Industrie, in: Industrielle Organisation, Heft 1, Zürich 1977, 3-6.

Die Gewährleistung der Familiarität des eingesetzten technischen Know-hows ist in einem umfassenden Sinn zu verstehen. Denn gerade der Erwerb von speziellem Know-how des Fachpersonals des Beteiligungsunternehmens stellt oft Ziel der Beteiligungspolitik von Bauunternehmen dar (241). In der Bauwirtschaft werden Beteiligungsentscheidungen wesentlich vom Stand der Technologie, über die ein Unternehmen verfügt, beeinflußt. Der Gewinn von zusätzlichem Know-how erweitert auch die Akquisitionsmöglichkeiten eines Bauunternehmens. Oft können spezielle Kenntnisse den Bauherrn in Form von Beratungen bereits im Planungsstadium von Bauprojekten angeboten werden.

Marketingüberlegungen veranlassen in der Regel auch die Vornahme von Investitionen in ausländische Unternehmen, wobei einerseits das Beschaffungsmarketing und andererseits das Absatzmarketing im Vordergrund des Interesses stehen können. So kann z.B. die Sicherung der Verfügbarkeit von Produktionsfaktoren auf ausländischen Märkten, im speziellen die Verfügbarkeit von Arbeitskräften und knapper Materialien, Motiv für eine Auslandsinvestition sein.

Das Hauptmotiv für Auslandsinvestitionen ist jedoch die Schaffung einer optimalen Ausgangsbasis für eine langfristige Bedienung eines Auslandsmarketes (242). Aus dem Inland lassen sich Auslandsmärkte erschließen und eine Wettbewerbsposition aufbauen. Aber auf die Dauer sichern läßt sich eine Marktstellung in der Regel nur, wenn die Leistungserstellung den gleichen Rahmenbedingungen unterliegt, wie sie ausländische Konkurrenzunternehmen vorfinden. Unabhängig von dem Erfordernis der Marktpräsenz ist es daher wichtig, die gleichen Produktionsbedingungen, wie sie die lokalen Unternehmen in einem Markt besitzen, zu schaffen. Dies bedeutet z.B. gleiche Lohnkosten, aber auch gleiche Kosten für Rohstoffe und Energieträger und gleiche Ausgaben für Umweltschutzmaßnahmen. Diese gleiche Basis verhindert Wettbewerbsverzerrungen gegenüber lokalen Konkurrenten. Der Wettbewerbsvorsprung gegenüber lokalen Konkurrenten sollte durch den Einsatz gehobener Technologie und gute Organisation geschaffen werden.

---

241 Der Aussage, daß die Leistungskapazität eines Bauunternehmens durch den Erwerb von Know-how und Fachpersonal erweitert wird, untersteht ein primär personalorientierter Kapazitätsbegriff des Bauunternehmens, der aus dem starken Dienstleistungscharakter der Bauleistung abgeleitet wird.

242 Gründwald, H.: Auslandsinvestitionen und Strukturwandel der Weltwirtschaft, in: ZfbF, Heft 2/1979, 67 ff.

Die Vornahme von Auslandsbeteiligungen bringt für ein Bauunternehmen zusätzliche politische und wirtschaftliche Risiken mit sich, die in dieser Form bei Investitionen im Inland nicht auftreten. Trotzdem haben empirische Untersuchungen aus den USA, Japan und der BRD ergeben, daß das wirtschaftliche Risiko von Auslandsinvestitionen geringer eingeschätzt wird als im Inland. Die durchschnittliche Rentabilität von Auslandsinvestitionen ist höher als die Rentabilität von Investitionen im Inland (243). Für Investitionen im Ausland ist nach der derzeitigen Rechtslage praktisch nur eine Expansion in Beteiligungsform möglich. Bei Auslandsinvestitionen ist zu unterscheiden zwischen den direkten und den indirekten Auslandsinvestitionen (244). Die direkten Auslandsinvestitionen dienen unmittelbar der Errichtung von Produktionsstätten oder von Dienstleistungsbetrieben im Ausland, während die indirekten Auslandsinvestitionen im Erwerb ausländischer Wertpapiere oder anderer Kapitalanlagen bestehen.

In der Vergangenheit war die Vornahme einer direkten Auslandsinvestition identisch mit der Errichtung einer Tochtergesellschaft im Ausland, die zu 100% von der Muttergesellschaft kontrolliert wurde. In vielen Ländern, vor allem in Entwicklungsländern und in den Staatshandelsländern, ist es jedoch aus rechtlichen Gründen nicht mehr möglich, Tochtergesellschaften zu errichten. In den Entwicklungsländern haben sich zunehmend die Joint Ventures durchgesetzt. Hier kommt es zu einer Aufteilung der Kapitalanteile und der Geschäftsführung zwischen dem ausländischen und lokalen Partner. In den Staatshandelsländern können nur Kooperationsverträge abgeschlossen werden, die materiell eine Auslandsinvestition darstellen, die aber die rechtliche Einflußnahme auf das Auslandsengagement einschränken. Unter Berücksichtigung der lokalen Rechtsbedingungen ist für Auslandsinvestitionen durch den Abschluß von Konsortialverträgen bei Joint Ventures bzw. von Kooperationsabkommen ein entsprechender juristischer Rahmen zu schaffen.

---

243 Vgl. Meissner,H.G.: Auslandsinvestitionen, in: Handwörterbuch der Betriebswirtschaft, 4.Aufl., Stuttgart 1974, 330 ff.

244 Vgl. Meissner,H.G.: Auslandsinvestitionen, a.a.O., 330 ff.

5.2.2 Rechtliche Vorausetzungen der Beteiligungspolitik

5.2.2.1 Rechtsform der Beteiligung

Das Gesellschaftsrecht stellt für die Bildung von Gesellschaften mit
erwerbswirtschaftlichen Zielen verschiedene Rechtsformen der Unternehmung zur Verfügung. Die Gesetze regeln jedoch zwingend nur Grundtat-
bestände und überlassen den Gesellschaftern einen weiten Spielraum
für die vertragliche Gestaltung. Dabei sind die Gestaltungsmöglichkei-
ten für Personengesellschaften größer als für Kapitalgesellschaften.
Rechtsform und Gesellschaftsvertrag der Beteiligungsgesellschaft bestimmen daher gemeinsam den rechtlichen Charakter der Beteiligungen.
Folgende Eigenschaften der Beteiligung an Personen- oder Kapitalgesellschaften sind von besonderer Bedeutung:

- <u>Persönliche Haftung</u>

Die Gesellschafter einer offenen Handelsgesellschaft (OHG) und die
Komplementäre einer Kommanditgesellschaft (KG) haften für die Verbind-
lichkeiten der Gesellschaft den Gesellschaftsgläubigern jeweils als
Gesamtschuldner unbeschränkt mit ihrem persönlichen Vermögen. Hingegen haftet der Kommanditist einer KG den Gläubigern der Gesellschaft
nur bis zur Höhe seiner Kommanditeinlage. Für die Gesellschafter einer
GmbH und für die Aktionäre einer AG besteht überhaupt keine persönliche Haftung. Das Vermögensrisiko ihrer Beteiligung ist im Falle der
GmbH auf den Wert ihres Geschäftsanteils und im Falle der AG auf den
Wert ihrer Aktien beschränkt. Diese Risikoverteilung im Insolvenzfall
eines Beteiligungsunternehmens ist bei großen Baukonzernen oft nur
theoretisch gegeben. In der Praxis sind die Muttergesellschaften meist
moralisch verpflichtet, den insolventen Töchtern (Beteiligungsunternehmen) zu helfen. Ausschlaggebend für diese moralische Verpflichtung
sind sozialpolitische Faktoren, wie z.B. die Arbeitsplatzsicherung.

- <u>Geschäftsführung und Vertretung</u>

Die Beteiligung als persönlich haftender Gesellschafter an einer OHG
oder KG schließt - Dritten gegenüber unabdingbar - die Vertretungsmacht
nach außen ein, die Geschäftsführung kann jedoch im Gesellschaftsvertrag
abweichend geregelt werden; die Beteiligung in Form einer Kommmandit-
einlage gewährt dagegen kein Recht auf Vertretungsmacht und Geschäftsführung. In Kapitalgesellschaften sind Geschäftsführung und Vertre-
tung institutionell von der Kapitalbeteiligung getrennt und den Ge-

schäftsführern bzw. dem Vorstand vorbehalten, die zugleich eine Beteiligung an der Gesellschaft halten können.

- Kontrollrechte

Den an der Geschäftsführung nicht mitwirkenden Eigentümern einer Beteiligung stehen zumindest die gesetzlich vorgesehenen Kontrollrechte über die Geschäftsführung zu, die am stärksten für die GmbH und am schwächsten für die AG ausgeprägt sind. Durch Gesellschaftsvertrag und faktischen Einfluß werden diese Kontrollen jedoch vielfach abweichend vom gesetzlich vorgesehenen Modell ausgeübt. Die Kontrollrechte der Beteiligungsinhaber können unmittelbar durch den Einzelnen oder die Gesellschaftsversammlung oder mittelbar durch ein Organ (Aufsichtsrat) ausgeübt werden.

- Übertragbarkeit der Beteiligung

Für die Beteiligung des persönlich haftenden Gesellschafters einer OHG oder KG ist nur im Todesfall eine Übertragung des Anteils auf die Erben gesetzlich geregelt. Im übrigen ist die Übertragung nur durch Abschluß eines neuen Gesellschaftsvertrages möglich. Die Übertragbarkeit von Kommanditanteilen kann im Gesellschaftsvertrag geregelt werden. Geschäftsanteile an einer GmbH sind durch Abtretung in notarieller Form veräußerlich und vererblich, jedoch kann durch Bestimmung im Gesellschaftsvertrag die Abtretung von der Genehmigung der Gesellschaft abhängig gemacht werden. Die Übertragbarkeit von Aktien ist nach Gattung unterschiedlich geregelt. Inhaberaktien werden durch einfachen Kaufvertrag, Namensaktien durch Indosament übertragen. Der höchste Grad an Mobilität wird erreicht, wenn die Aktien einer Gesellschaft zum amtlichen Börsenhandel zugelassen sind.

5.2.2.2 Höhe der Beteiligung und Stärke des Einflusses

Die potentielle Stärke des Einflusses des Besitzers der Beteiligung auf die Unternehmenspolitik richtet sich bei Personengesellschaften primär nach dem individuellen Gesellschaftsvertrag, bei Kapitalgesellschaften primär nach dem Anteil am Stammkapital (GmbH) oder Grundkapital (AG) der Beteiligungsgesellschaft, da für Kapitalgesellschaften die Abstimmung in der Gesellschaftsversammlung (GbmH) oder Hauptversammlung (AG) nach den Nennbeträgen des Kapitals vorgeschrieben ist. Da gewisse Mindestkapitalanteile durch Gesetz bestimmte Rechte gewähren, lassen sich für Kapitalgesellschaften Klassen von Beteiligungen nach der relativen Beteiligungshöhe bilden. Für Personengesellschaften gilt diese Einteilung nur, wenn im Gesellschaftsvertrag keine anderen Regelungen getroffen sind.

- Minderheitsbeteiligung

Mit einem Anteil von weniger als 50% am Kapital der Beteiligungsgesellschaft erfüllt sie das Begriffsmerkmal der Einflußmöglichkeit auf die Unternehmenspolitik erst, wenn ein Mindestsatz überschritten wird, dessen Höhe einerseits durch Gesetz und Gesellschaftsvertrag und andererseits durch den Grad der Streuung der übrigen Kapitalanteile bestimmt wird. Je stärker sich das übrige Kapital auf eine große Zahl von Eigentümern verteilt, umso eher kann es den Minderheitsbeteiligungen gelingen, faktischen Einfluß auf die Unternehmenspolitik zu nehmen. Für Aktiengesellschaften kann eine Kapitalbeteiligung bereits von wenigen Prozent von Bedeutung werden. Steuerrechtlich gilt für unbeschränkt steuerpflichtige Kapitalgesellschaften als Besitzer eines Anteils von mindestens 25% am Gesellschaftskapital einer anderen unbeschränkt steuerpflichtigen Kapitalgesellschaft das sogenannte Schachtelprivileg, durch das die mehrfache Belastung der ausgeschütteten Gewinne durch die Körperschaftssteuer vermieden wird. Die der Obergesellschaft aus der Schachtelbeteiligung zufließenden Ausschüttungen bleiben bei Ermittlung ihres körperschaftssteuerpflichtigen Einkommens außer Ansatz.

- Paritätische Beteiligung

Sind zwei (mitunter auch drei) Personen mit gleichen Kapitalanteilen an einem Unternehmen beteiligt, so werden die Aufgaben, die Rechte und Pflichten gewöhnlich genau im Gesellschaftsvertrag geregelt.

- Mehrheitsbeteiligung

Bei einer einfachen Mehrheitsbeteiligung besitzt der Hauptgesellschafter zwar über 50% der Anteile, aber weniger als zu einer Satzungsänderung erforderlich ist. Der Einfluß des Hauptgesellschafters wird durch die Rücksicht eingeschränkt, die er nehmen muß, um die Mitgesellschafter zur Zustimmung zu Satzungsänderungen, Kapitalerhöhungen und anderen Beschlüssen zu gewinnen, die nach Gesetz oder Gesellschaftsvertrag nicht mit einfacher Mehrheit gefaßt werden können.

5.2.3 Portefeuilleanalyse zur Beurteilung von Beteiligungsinvestitionen

Einzelne funktionale und organisatorische Bereiche eines Bauunternehmens können als Profit-Zentren, also als abgegrenzte erfolgserwirt-
schaftende Einheiten innerhalb des Unternehmens, betrachtet werden.
Profit-Zentren eines Bauunternehmens können z.B. einzelne Bausparten
(Hochbau, Tiefbau, Straßenbau, etc.), In- und Auslandsbeteiligungen,
Niederlassungen, Spezialunternehmen (z.B. Fertigteilwerke), Reparatur-
werkstätten etc. sein.

Bei Planung einer Investition eines Bauunternehmens in eine neue Beteiligungsgesellschaft kann diese ebenfalls als Profit-Zentrum angesehen werden. Die Vorteilhaftigkeit einer Beteiligungsinvestition kann
dadurch festgestellt werden, daß das neue Profit-Zentrum zu den bestehenden Profit-Zentren des Unternehmens hinzugefügt wird und dadurch
ein neues Portefeuille gebildet wird. Die Auswirkungen der neuen Investition auf das Bauunternehmen als Ganzes können durch den Vergleich
des Portefeuilles aus den bestehenden Profit-Zentren mit dem neuen Portefeuille erfaßt werden. Falls mehrere Beteiligungsinvestitionen geplant werden, ist für jede mögliche Kombination aus den bestehenden
Profit-Zentren und den neuen Profit-Zentren ein Portefeuille zu bilden. Für diese alternativen Portefeuilles sind die Erwartungswerte und
die Standardabweichungen der Kapitalwerte bzw. der äquivalenten Annuitäten zu errechnen.

Um die Charakteristika alternativer Portefeuilles aus Profit-Zentren
des Bauunternehmens berechnen zu können, müssen die Erwartungswerte
der Kapitalwerte und die Standardabweichungen der Kapitalwerte der einzelnen in den möglichen Portefeuilles kombinierten Profit-Zentren und
die Korrelationen zwischen den einzelnen Profit-Zentren ermittelt werden (245).

Die Faktoren, die die Korrelationen zwischen Profit-Zentren von Bauunternehmen verursachen, sind einerseits standortbezogene Faktoren
und andererseits programm- bzw. produktbezogene Faktoren. Standortbe-

---

245 Das Verfahren der Schätzung stochastischer Zahlungsströme und
     der Berechnung der Erwartungswerte der Kapitalwerte und der
     Standardabweichungen der Kapitalwerte einzelner Profit-Zentren
     eines Bauunternehmens wird in einer Fallstudie im Kapitel 6 im
     Detail beschrieben.

zogene Faktoren treten bei Profit-Zentren unterschiedlicher Märkte,
z.B. bei Profit-Zentren des Inlandes und des Auslandes auf. Bei Auslandsbeteiligungen kommen z.B. volkswirtschaftliche Einflüsse eines
Landes wie die konjunkturelle Entwicklung, die Rate der Geldentwertung und der Stand der sozio-ökonomischen Entwicklung als standortbezogene Korrelationsfaktoren zum Tragen.

Im Rahmen der Korrelationsanalyse ist zu untersuchen, inwiefern diese standortbezogenen Faktoren korrelieren, inwieweit z.B. konjunkturelle Entwicklungen in den einzelnen Ländern, die Standorte für Beteiligungen sind, einander beeinflussen und welche Zeitverschiebungen
bei diesen Beeinflussungen festgestellt werden können. Weitere allgemeine Standortkriterien sind z.B. Produktionsbedingungen, Produktions-
faktorenbeschaffung, Wettbewerbsbedingungen, Transportbedingungen,
etc. Die Untersuchung von produktions- bzw. programmpolitischen Abhängigkeiten zwischen den einzelnen Profit-Zentren eines Bauunternehmens
stellt eine weitere Aufgabe der Korrelationsanalyse dar.

Nach Ermittlung der Korrelationskoeffizienten können die Erwartungswerte der Kapitalwerte und die Varianzen der Kapitalwerte des Portefeuilles aus bestehenden Profit-Zentren und der neuen alternativen
Portefeuilles, wie zuvor beschrieben, berechnet werden.

Der Erwartungswert des Kapitalwertes eines Portefeuilles aus Profit-
Zentren eines Bauunternehmens ergibt sich aus der Formel 5.11.

$$E(K)_p = \sum_{m=1}^{M} E(K)_m \qquad\qquad m = 1, \dots M \qquad\qquad \text{Formel 5.11}$$

Die Varianz des Kapitalwertes kann mittels der Formel 5.12

$$\sigma_p^2 = \sum_{m=1}^{M} \sigma_m^2 + \sum_{m=1}^{M} \sum_{j=1}^{M} \rho_{mj}\, \sigma_m\, \sigma_j \qquad m \neq j \qquad\qquad \text{Formel 5.12}$$

berechnet werden, wobei

$E(K)_p$ = Erwartungswert des Kapitalwertes des Portefeuilles,

$E(K)_m$ = Erwartungswert des Kapitalwertes des Profit-Zentrums m,

σ_p^2 = Varianz des Kapitalwertes des Portefeuilles,

σ_m^2 = Varianz des Kapitalwertes des Profit-Zentrums m,

ρ_{mj} = Korrelationskoeffizient der Profit-Zentren m und j,

σ_m = Standardabweichung des Kapitalwertes m,

σ_j = Standardabweichung des Kapitalwertes j und

M = Anzahl der Profit-Zentren.

Die Beschreibung der Auswahl des optimalen Portefeuilles aufgrund der subjektiven Risikoneigung des Entscheidungsträgers wird für eine Beteiligungsinvestition in Abschnitt 6.4.5 vorgenommen.

6 Fallstudie: Portefeuille-Analyse als Instrument zur Planung einer Beteiligungsinvestition eines internationalen Baukonzerns

6.1 Problemstellung

Ein internationaler Baukonzern ermöglichte dem Autor die konzerninterne Planung einer Beteiligungsinvestition anhand von Gesprächsunterlagen,
Vorstandssitzungsprotokollen und Aufsichtsratvorlagen sowie durch Interviews mit den befaßten Planern und Entscheidungsträgern nachzuvoll-
ziehen. Weiters wurden dem Autor Informationen und Datenmaterial zur
Verfügung gestellt, die es erlauben, die konzernintern durchgeführte
Entscheidungsaufbereitung durch die Anwendung einer Portefeuille-Analyse zu ergänzen. Ziel dieser Fallstudie ist es, zu überprüfen, ob der
im nachhinein erarbeitete Ansatz der Portefeuille-Analyse ebenfalls
zur Entscheidung des Konzernvorstandes geführt hätte, die Beteiligungsinvestition vorzunehmen, oder ob diese Entscheidung als unvorteilhaft
bewertet worden wäre. Eine Interpretation der erzielten Ergebnisse soll
die Relevanz sowie die Einsatzmöglichkeiten der Portefeuille-Theorie
zur Investitionsplanung des Bauunternehmens aufzeigen.

Bei dem internationalen Baukonzern handelt es sich um ein Unternehmen,
das in allen traditionellen Baubereichen im In- und Ausland tätig ist
und eine bedeutende Anzahl an Mehrheits- und Minderheitsbeteiligungen
im In- und Ausland aufweist. Bei der analysierten Beteiligungsinvestition handelt es sich um ein Bauunternehmen, das spezielle Bauaufgaben
erfüllt, die vor der Vornahme der Beteiligungsinvestition vom Konzern
nicht oder nur in sehr beschränktem Ausmaß erfüllt wurden. Durch die
erworbene Tochter wurde dem Konzern daher ein zusätzlicher sachlicher
Baumarkt und neues, spezielles "Know-how" erschlossen.

Die Relation der Jahresleistungen des Konzerns und der Tochter ist
aus den Werten des Jahres 1978, Jahresleistung Konzern: 7 200 Mio WE
(Währungseinheiten), Jahresleistung Tochter: 300 Mio WE, ersichtlich

(246). Aus diesen Dimensionen wird ersichtlich, daß es sich bei der
Beteiligungsinvestition um eine Großinvestition handelt, die sowohl
auf die Jahresleistung als auch auf den Jahreserfolg des Konzerns
wesentlichen Einfluß hat. Diese Tatsache setzte eine detaillierte konzerninterne Investitionsplanung vor Vornahme der Investitionsentscheidung voraus.

In dieser Investitionsplanung wurden nur die Möglichkeiten, die Investition vorzunehmen oder den Ist-Zustand beizubehalten, untersucht.
Ein Vergleich mit anderen Investitionsmöglichkeiten war nicht notwendig, da zum Zeitpunkt der Investitionsentscheidung keine Investitionsmöglichkeiten in alternative Beteiligungen bestanden (247).

6.2 Organisatorischer Ablauf

In einem Vorgespräch mit dem Vorstandsdirektor des kaufmännischen Be-
reiches des Konzerns wurde die Zielsetzung der Fallstudie festgelegt
und eine Abgrenzung der Problemstellung vorgenommen. Diese Abgrenzung
erfolgte durch die Bestimmung der zu untersuchenden Beteiligungsinvestition, die unter Berücksichtigung der Bedeutung der Investition für
den Konzern, des Umfanges des vorhandenen Daten- und Informationsma-
terials und der Aktualität des vorhandenen Datenmaterials vorgenommen
wurde. Vor dem Besuch der Hauptverwaltung des Konzerns hatte der Autor Gelegenheit, sich durch ein Studium von Geschäftsberichten mit
dem Konzern vertraut zu machen. Während des 10-tägigen Besuches der
Hauptverwaltung war das Kennenlernen der rechtlichen und organisato-

---

246 Da der Konzern aus verständlichen Gründen eine direkte Veröffent-
     lichung der zur Verfügung gestellten Daten nicht gestattet, wur-
     den für diese Fallstudie alle Zahlen mit einem Umrechnungsfaktor
     multipliziert. Die Profit-Zentren wurden nicht deklariert, son-
     dern nur durch Buchstaben bezeichnet, und Sachinformationen wur-
     den möglichst allgemein formuliert. Weiters wurden keine konkre-
     ten Zeitangaben gemacht. Die in der Fallstudie angeführten Jahres-
     zahlen wurden beispielsweise zur Durchführung der Investitions-
     rechnungen gewählt, und erlauben keinen Rückschluß auf den Über-
     nahmetermin der Beteiligungsgesellschaft.

247 Da sich Beteiligungsinvestitionen in der Regel aus speziellen
     Markt- und Geschäftsbedingungen entwickeln, besteht zu einem
     bestimmten Zeitpunkt das Wahlproblem aus verschiedenen mögli-
     chen Beteiligungen meist nicht.

rischen Strukturen des Konzerns notwendig, um die organisatorische
Durchführung der Planung der Beteiligungsinvestition nachvollziehen
zu können. Das Studium der organisatorischen Zusammenhänge gewährte
vor allem Einblick in das konzerninterne Verrechnungssystem und die
konzerninternen Abgrenzungen von Profit-Zentren.

Umfangreiche schriftliche Unterlagen der konzerninternen Planung der
Beteiligungsinvestition ermöglichten ein rasches Nachvollziehen der
vom Konzern durchgeführten Investitionsplanung. Die diesbezüglichen
Befragungen der befaßten Planer konnten sich auf Erläuterungen der
Zielsetzungen der generellen Beteiligungspolitik des Konzerns beschränken. Etwas aufwendiger wurden die Interviews, die die wirtschaftliche
Entwicklung der existierenden Profit-Zentren und der neuen Beteiligung
zum Thema hatten. Ausgehend von der historischen Entwicklung wurde versucht, mit den Verantwortlichen Prognosen über zukünftige Leistungsum-
fänge und zukünftige Betriebsergebnisse der einzelnen Profit-Zentren zu
erstellen.

Den Abschluß der Ermittlungen bildete die Befragung eines Entscheidungsträgers des Konzerns zur Entwicklung dessen subjektiver Nutzenfunktion.
Nach einer Auswertung der gewonnenen Informationen und Daten wurden die
Ergebnisse dieser Fallstudie vor ihrer Veröffentlichung dem Vorstand
des Konzerns übermittelt, um eine Bewilligung zur Veröffentlichung zu erlangen.

6.3 Investitionsplanung des Konzerns

6.3.1 Organsation der Investitionsplanung

6.3.1.1 Aufbauorganisation

Die Organisation des Konzerns basiert auf einer globalen Gliederung in
vier Profit-Zentren (248). Diese Organisations- und Verrechnungseinhei-

---

248 Diese Profit-Zentren werden folgend zur Wahrung der Anonymität
     mit den Buchstaben A, B, C und D bezeichnet, wobei die Profit-
     Zentren A und B die traditionellen Bereiche des Inlandsmarktes
     repräsentieren, das Profit-Zentrum C den Auslandsbau umfaßt und
     das Profit-Zentrum D einen speziellen Baubereich des Konzerns
     darstellt.

ten werden durch den kaufmännischen Bereich der Hauptverwaltung, der
die Funktionen des Finanz- und Rechnungswesens, des Zentraleinkaufs,
der Revision, etc. erfüllt, ergänzt. Die Abgrenzung der vier Profit-
Zentren erfolgt aufgrund unterschiedlicher Bauaufgaben und unterschiedlicher Marktbedingungen, die den Einsatz von differenziertem Know-how
erfordern und eine differenzierte organisatorische Betreuung notwendig
machen. Die organisatorische Struktur der einzelnen Profit-Zentren ist
aufgrund ihrer verschiedenen Aufgabenstellungen - einerseits Kontrolle
von Niederlassungen im Inland und andererseits direkte Betreuung von
Baustellen im Ausland - unterschiedlich. Eine spezielle organisatorische und rechnungstechnische Betreuung erfahren die diversen In- und
Auslandsbeteiligungen des Konzerns. Ihre organisatorische Betreuung
obliegt entweder dem allgemeinen Vorstandsbereich oder den fachlich
zuständigen Profit-Zentren. Die organisatorische Zuordnung der Beteiligungsgesellschaften zum allgemeinen Vorstandsbereich oder zu den
fachlich zuständigen Profit-Zentren ergibt sich aus den der Beteiligungspolitik zugrundeliegenden Zielvorstellungen des Konzerns und ist
für die weiteren Ausführungen nicht relevant. Interessant ist jedoch
die rechnungstechnische Behandlung der Beteiligungsgesellschaften, die
im Rechnungswesen des Konzerns, also z.B. bei der Ermittlung der Betriebsergebnisse, als ein eigenes Profit-Zentrum E betrachtet werden.

Zu Beginn der konzerninternen Investitionsplanung wurde über die organisatorische Zuordnung der neuen Beteiligungsgesellschaft entschieden. Da es sich bei der untersuchten Beteiligungsinvestition um ein
Unternehmen handelte, das einen neuen, speziellen Baubereich abdeckt,
war die fachliche Zuständigkeit einer der bestehenden Profit-Zentren
nicht unmittelbar gegeben. Die Tatsache, daß die organisatorische Betreuung der neuen Tochter dem Profit-Zentrum A zugeordnet wurde, war in
der historischen Entwicklung des Investitionsbedürfnisses begründet.
Eine der vom Profit-Zentrum A betreuten Niederlassungen führte in der
Vergangenheit kleinere Aufträge in dem speziellen Baubereich, in dem
die Tochter tätig ist, aus. Durch diese Auftragsübernahmen wurde die
Niederlassungsleitung verstärkt auf die günstigen Marktbedingungen,
gutes Preisniveau, geringe Konkurrenz, in diesem speziellen Baubereich
aufmerksam, woraus sich das Bedürfnis eines verstärkten Engagements
auf diesem Markt entwickelte. Grenzen waren diesem verstärktem Engagement jedoch durch mangelndes Know-how und mangelnde Geräteausstat-
tung gesetzt.

Als der Niederlassungsleitung bekannt wurde, daß die Eigentümer der
jetzigen Tochter ihr Unternehmen verkaufen wollten, informierten sie
das für das Profit-Zentrum A zuständige Vorstandsmitglied über diese
Investitionsmöglichkeit. Der Vorstandsdirektor führte daher die ersten Kontaktgespräche mit den Eigentümern der jetzigen Tochter und
diente daraufhin während der gesamten Kaufverhandlungen als Ansprech-
partner der Verkäufer. Die Entwicklung dieses persönlichen Verhältnisses zwischen Vorstandsdirektor und Verkäufer sowie der entfernte fachliche Zusammenhang durch die einschlägigen Auftragsübernahmen der erwähnten Niederlassung ergab eine organisatorische Zuordnung der Tochter zum Profit-Zentrum A.

Diese organisatorische Zuordnung hatte für die Investitionsplanung
Auswirkungen, indem die kaufmännische Leitung des Profit-Zentrums A
mit der Koordination der Investitionsplanung betreut wurde. In den
Planungsprozeß wurden jedoch noch weitere Spezialisten verschiedener
Fachabteilungen eingeschaltet. So wurden z.B. Fachleute der Revisions-
abteilung zur Bewertung und Interpretation der Bilanzansätze sowie
zur Bewertung des zum Investitionszeitpunkt vorhandenen Auftragsbestandes herangezogen, die Leitung der maschinentechnischen Abteilung
führte eine Bewertung des Gerätebestandes durch und ein Fachmann aus
dem Profit-Zentrum C bewertete Verbindlichkeiten, die aus durchzuführenden Assanierungsarbeiten entstanden.

Aus dieser Zusammensetzung des Investitionsplanungsteams wird ersichtlich, daß im Konzern keine zentrale Fachabteilung oder Stabstelle die Funktionen der Investitionsplanungen übernimmt, sondern daß
Spezialisten verschiedener zuständiger Abteilungen diese Planungsfunktionen erfüllen. Zielsetzung bei der Verteilung der Planungsfunktionen
an mehrere Spezialisten ist es vor allem, daß diese Funktionen möglichst gut erfüllt werden. In manchen Fällen werden bei der Funktions-
verteilung noch weitere Zielsetzungen verfolgt. So wurde z.B. bei der
untersuchten Beteiligungsinvestition durch den Einsatz des Spezialisten des Profit-Zentrums C "Auslandsbau" bereits im Planungsstadium
versucht, im Profit-Zentrum C ein Bewußtsein der Mitverantwortung für
die Investition zu wecken. Diese Motivation richtete sich hinsichtlich einer geplanten Tätigkeit der Tochter im Auslandsbau, die das
Profit-Zentrum C durch entsprechende Akquisitionsbemühungen unterstützen kann. Dieses Beispiel soll zeigen, welche vielschichtigen
Überlegungen bereits in die personelle Zusammensetzung des Planungsteams
eingehen.

6.3.1.2 Voraussetzungen für die Durchüfhrung der Investitionsplanung

Wie bereits erwähnt, wurde die Verkaufsbereitschaft des Verkäufers an den Konzern durch das Vertrauen des Verkäufers in die Konzernführung mitbestimmt. Der Erhalt der Substanz seines Unternehmens unter bisherigen Namen, die Gewährleistung der Beschäftigung des vorhandenen Stammpersonals sowie eine Kontinuität in der Geschäftspolitik erschienen dem Verkäufer durch den Verkauf an den internationalen Konzern gesichert.

Der gute persönliche Kontakt der Konzerndirektion zu den Verkäufern schafften auch gute Voraussetzungen für die Durchführung der Investitionsplanung, indem der Verkäufer dem Konzern uneingeschränkte Berechtigung gab, Auskünfte, die die wirtschaftlichen Belange der Gesellschaft betrafen, zu erhalten. Dazu gewährte der Verkäufer Einsicht in alle Unterlagen, insbesondere Handels- und Steuerbilanzen und deren Bewertungsgrundlagen, und die Besichtigung des gesamten Anlage- und Umlaufvermögens. Hierzu gehörte die technische Inaugenscheinnahme des Geräteparks und die Offenlegung der dazugehörenden Daten, der Einblick in den Auftragsbestand des Unternehmens und in die Abrechnung der in Ausführung befindlichen Aufträge sowie der Einblick in die Führungsorganisation und das betriebliche Rechnungswesen des Unternehmens.

6.3.2 Marktanalyse

In der im Zuge der Investitionsplanung durchgeführten Marktanalyse wurde der sachliche und regionale Baumarkt, auf dem die Tochter bereits auftrat bzw. den Vorstellungen der Planer entsprechend auftreten sollte, beschrieben und abgegrenzt. Dazu war eine Prognose der Marktentwicklung im In- und Ausland notwendig. Diese kurz- bis mittelfristige Marktprognose wurde durch die Erfassung von projektierten Bauaufgaben vorgenommen. Diesen zukünftigen Bauprojekten wurden in einer Konkurrenzanalyse die Kapazitäten der wesentlichsten Konkurrenten auf diesem speziellen Baumarkt gegenübergestellt. Dabei wurden vor allem die Prequalifikationen dieser Konkurrenten für die einzelnen Bauprojekte berücksichtigt. Eine globale Erfassung ihres Geräteparks und ihres Personals, sowohl quantitativ als auch qualitativ, erlaubte das Urteil, daß dieser spezielle Baumarkt eine gute Auslastung der Tochter in der Zukunft bei gutem Preisniveau gewährleisten müßte. Weitere Informationen über den speziellen Baumarkt konnten aus einer Analyse der bisherigen Aktivitäten des Konzerns auf diesem speziellen Baumarkt gewonnen werden.

Aufgrund der Ergebnisse der Marktanalyse wurde eine Formulierung von Zielen des Konzerns für diesen speziellen Baumarkt vorgenommen. Der Konzern steckte sich das Ziel, auf dem speziellen Baumarkt verstärkt aufzutreten und sowohl im Inland als auch im Ausland zu konkurrieren. Speziell für ein Engagement im internationalen Geschäft waren jedoch umfangreiche Investitionen notwendig, um den Ansprüchen der Prequalifikation, einen für die Bewältigung von großen Bauaufgaben entsprechenden Gerätepark aufzuweisen, nachkommen zu können. In der Vergangenheit wurde selbst die Mitwirkung an ausländischen Argen in der Regel verhindert, da der Konzern wegen seiner geringen maschinellen Kapazität gar nicht in den Besitz der Ausschreibungsunterlagen gelangte. Es wurde daher angenommen, daß die Vornahme der Beteiligungsinvestition speziell im Ausland die bisher bestehenden Wettbewerbsnachteile erheblich abbauen könnte.

Zusammenfassend wurde festgestellt, daß der Erwerb der Beteiligung eine zweckmäßige Ergänzung der Leistungspalette des bestehenden Unternehmens wäre.

6.3.3 Investitionsanalyse

Die Marktanalyse sowie die Ergebnisse der Investitionsanalyse wurden von den Planern in einem Bericht zusammengefaßt, der sowohl dem Vorstand als Entscheidungshilfe diente, als auch als Aufsichtsratvorlage verwendet wurde. In der Analyse der zu erwerbenden Gesellschaft wurden einleitend die wesentlichsten Daten der Gesellschaft und deren Niederlassungen (Sitz, Gründungsjahr, Namen der Gesellschafter und deren Gesellschaftsanteile) angegeben und der Gegenstand der Gesellschaft beschrieben. Anschließend wurden spezielle Problemkreise, wie die Führungsorganisation, die Bauleistungen und die erwirtschafteten Ergebnisse, der bestehende Gerätepark und die zum Investitionszeitpunkt in Durchführung befindlichen Aufträge, im Detail analysiert. Die Schwerpunkte dieser Detailanalyse werden folgend zusammengefaßt.

6.3.3.1 Führungsorganisation

Bei der Analyse der Führungsorganisation wurde besonders der Personalstab der Gesellschaft untersucht. Von Interesse waren dabei die An-

zahl der Beschäftigten, gegliedert nach technischen und kaufmännischen Angestellten bzw. Arbeitern, das durchschnittliche Lebensalter
der Angestellten bzw. der Arbeiter sowie deren durchschnittliche Fir-
menzugehörigkeit. Weiters wurden die Aufgaben und die Kompetenzen der
einzelnen Stellen der Führungsorganisation untersucht. Die Abhängigkeiten dieser Stellen voneinander wurden aus einem Organisationsplan
ersichtlich. Eine Bewertung der Qualifikation der Unternehmensführung
konnte aus den historischen Betriebsergebnissen und aus Urteilen be-
freundeter Bauherren und Bauunternehmen abgeleitet werden. Dabei
stellte sich heraus, daß die technische Leitung der Gesellschaft als
besonders kompetent und bewährt angesehen werden konnte.

Als wichtiges Instrument der Unternehmensführung wurde dem Rechnungswesen der Gesellschaft besondere Beachtung geschenkt. Es wurde dabei
festgestellt, daß die Buchhaltung mittels einer EDV-Anlage durchgeführt wurde, an die auch die Kostenrechnung angeschlossen war. Die
Struktur der Kostenrechnung erschien zufriedenstellend, da in Bau-
und Betriebskostenstellen unterschieden wurde. Weiters wurde jedes
Gerät, nach Baugeräteliste gegliedert, als eigene Kostenstelle definiert, auf der alle ein spezielles Gerät betreffende Abschreibungs-
und Reparaturkosten erfaßt wurden. Unbefriedigend erschienen die Ansätze für Abschreibungs- und Reparaturkosten in der Vorkalkulation
sowie in der internen Gerätekostenverrechnung. Bei der Analyse dieses Problemkreises wurde von den Planern erkannt, daß für einzelne
Geräte bedeutende Unter- bzw. Überdeckungen durch Differenzen zwischen den tatsächlichen anfallenden Kosten und den Kostensätzen der
Vorkalkulation bzw. der internen Verrechnung bestanden.

Eine detaillierte Analyse der angewandten Kalkulationsverfahren wurde bei der Bewertung der in Durchführung befindlichen Aufträge durchgeführt.

6.3.3.2 Ergebnisse der Gesellschaft
Anhand der Bilanzen und Erfolgsrechnungen sowie der Daten der Kostenrechnung konnten einerseits die Umsatz- und die Leistungsentwicklung
der Gesellschaft und andererseits die Entwicklung der Bilanzerfolge
und Betriebsergebnisse untersucht werden. In diesen Untersuchungen

wurden besonderes Bewertungsdifferenzen zwischen Buchhaltung und Kostenrechnung berücksichtigt, indem die tatsächlichen Bauleistungen
mit den in den Bilanzen aktivierten Beträgen verglichen wurden. Es
konnte festgestellt werden, daß bei der analysierten Gesellschaft in
den letzten Jahren bedeutende Bewertungsreserven geschaffen wurden,
die in der Beurteilung der tatsächlichen Jahreserfolge als Teilgewin-
ne realisiert werden mußten. Ziel der Planer war es, jährliche Durch-
schnittsergebnisse zu ermitteln, die sowohl spezielle bilanz- und
steuerpolitische Maßnahmen, die von der zu erwerbenden Gesellschaft
vorgenommen wurden, als auch Aufwendungen bzw. Kosten, die durch besondere Bedingungen in der Vergangenheit entstanden sind, korrigierten.
Nach Vornahme dieser Korrekturen ergaben sich durchschnittliche berei-
nigte Jahresergebnisse, die sowohl als Bilanzergebnisse der Buchhaltung als auch als Betriebsergebnisse der Kostenrechnung angesehen werden konnten, da angenommen wurde, daß sich die Bewertungsunterschiede
der Buchhaltung und Kostenrechnung langfristig ausgleichen.

Bei der Ermittlung dieser bereinigten Jahresergebnisse mußten daher
Aufwendungen bzw. Kosten, die nichts mit der unmittelbaren Betriebs-
führung zu tun hatten, wie z.B. Sonderbelastungen durch die Bildung
von Wertberichtigungen für Forderungen an einen Gesellschafter, Ent-
gelte für Gesellschafter-Geschäftsführer, denen keine entsprechende
Geschäftsführertätigkeit entgegenstand, Kosten aus besonderen Rechts-
streitigkeiten sowie Zinskosten aus Finanzierungen betriebsfremder Aktivitäten, nicht berücksichtigt werden. Nach Vornahme dieser Korrekturen ergab sich als Durchschnitt der letzten fünf Jahre der Geschäftstätigkeit der Beteiligungsgesellschaft ein bereinigtes Jahresergebnis
von etwa 2,0 Mio WE und als Durchschnitt der letzten drei Jahre ein
bereinigtes Jahresergebnis von etwa 5,8 Mio WE.

Diese Werte der bereinigten durchschnittlichen Jahresergebnisse, die
aus historischen Bilanzergebnissen und historischen Daten der Kostenrechnung abgeleitet wurden, ergänzten die Planer durch Prognosen der
zukünftigen Entwicklung der Jahresergebnisse der zu erwerbenden Gesellschaft. Dabei handelte es sich ausschließlich um das verbale Aufzeigen von Möglichkeiten zur Ergebnisverbesserung, die nicht quantifiziert wurden. In dieses Aufzeigen von Möglichkeiten zur Ergebnisverbesserung, wie z.B. der Reduzierung der Zinskosten durch Umfinan-

zierung der Gesellschaft, der Ausschöpfung aller Rationalisierungs-
reserven durch den Einsatz des Know-how des Konzerns und der Sicherung der Kontinuität des Geräteeinsatzes durch Nutzung der bestehenden Geschäftsverbindungen des Konzerns, gingen bereits Zielvorstellungen des Konzerns hinsichtlich der zukünftigen Führung der Tochter
ein.

6.3.3.3 Bewertung spezieller Vermögensteile der Gesellschaft

Die Bewertung des Anlagevermögens der zu erwerbenden Gesellschaft
konnte sich auf eine Bewertung der Geräteparks reduzieren, da keine
wesentlichen Anlagen in Grundstücken und Gebäuden vorhanden waren.
Die Bewertung des Umlaufvermögens konzentrierte sich auf die in Durchführung befindlichen Aufträge.

6.3.3.3.1 Bewertung des Geräteparks

Ziel der Bewertung des Geräteparks war, festzustellen, ob die Marktwerte der Geräte den bilanziellen Buchwerten entsprechen. Die Gerätebewertung, die sich auf Großgeräte beschränkte, wurde von Spezialisten der maschinentechnischen Abteilung des Konzerns vorgenommen, die
die Baustellen, auf denen Geräte der zu erwerbenden Gesellschaft eingesetzt wurden, und die Bauhöfe, auf denen Geräte der Gesellschaft
standen, besuchten. Bei diesen Inspektionen konnten die Planer neben
der Feststellung der Werte der einzelnen Großgeräte auch Eindrücke
über die Organisation der Bauhöfe und der Geräteverwaltung und über
die Effizienz der Reparaturabwicklungen, insbesondere des Ersatzteil-
nachschubs, gewinnen. Weiters konnte die Qualifikation des Gerätepersonals und deren Auslandserfahrung festgestellt werden.

Bei der Bewertung der einzelnen Großgeräte wurden jene Werte festgestellt, zu denen die einzelnen Geräte zum Investitionszeitpunkt gekauft
oder verkauft hätten werden können. Orientierungshilfen zur Bestimmung
der Marktwerte der Großgeräte der zu erwerbenden Gesellschaft waren
durch Informationen vom Gebrauchtgerätemarkt, durch laufend eingehen-
de Angebote für Gebrauchtgeräte von internationalen Großhändlern (speziell aus den USA, Großbritannien, Holland und Japan) sowie durch An-
fragen der Planer bei den Gerätehändlern über die Marktpreise für die
von ihnen untersuchten Geräte, geschaffen.

Für ihre Entscheidung über die anzusetzenden Marktwerte für die einzelnen Geräte konnten die Planer diese Orientierungshilfen heranziehen. Die letztlich festgelegten Werte für die begutachteten Geräte, deren spezieller Zustand in den Werten der angeführten Orientierungshilfen nicht berücksichtigt werden konnte, beruhten jedoch auf der Erfahrung der Planer. Als Ergebnis der Gerätebewertung wurde festgestellt, daß die Summe der Marktwerte der Großgeräte der zu erwerbenden Gesellschaft um 40 Mio WE über der Summe der bilanziellen Buchwerte lag, d.h., daß stille Reserven in dieser Höhe gebildet wurden.

6.3.3.3.2 Bewertung der in Durchführung befindlichen Aufträge
Für die Bewertung der in Durchführung befindlichen Aufträge wurden jene Aufträge herangezogen, die nach dem Zeitpunkt der Übernahme der Gesellschaft durch den Konzern einen maßgeblichen Überhang aufwiesen. Großbaustellen wurden dabei im Detail analysiert, Kleinbaustellen wurden pauschal berücksichtigt. Insgesamt wurde der Auftragsbestand mit etwa 200 Mio WE angegeben.

Ziel der Bewertung der langfristigen Aufträge war es, festzustellen, was für und wieviele langfristige Aufträge durch den Erwerb des Unternehmens übernommen wurden, welche Dimensionen diese Aufträge hatten und was für Ergebnisse für diese Aufträge zu erwarten waren. Die Erfassung der Auftragsstruktur erschien als Instrument zur Beurteilung des Bauunternehmens sehr aussagekräftig. Aus der Auftragsstruktur wurden die Baubereiche, in denen das Unternehmen engagiert war, ersichtlich und es konnten Rückschlüsse auf das historische Marktverhalten des Unternehmens gezogen werden.

Die Ergebnisse der einzelnen Aufträge konnten von der Kostenseite her zur Beurteilung der Unternehmensführung und vom Preisniveau her zur Beurteilung der verschiedenen regionalen und sachlichen Teilmärkte herangezogen werden. Die Leistungen und Ergebnisse der einzelnen in Ausführung stehenden Baustellen wurden für den Zeitraum der Erstellung der letzten Bilanz bis zum Zeitpunkt der Übernahme der Gesellschaft ermittelt und abgegrenzt.

Hinsichtlich der Übernahme der zukünftigen Ergebnisse der in Durchführung befindlichen Aufträge war die Muttergesellschaft vor allem daran interessiert, ob bei einzelnen Aufträgen eventuelle Verluste

zu erwarten waren. Wenn man Verluste erwartet hätte, wäre zu prüfen
gewesen, ob Verlustrückstellungen in den Bilanzen gebildet worden
sind und ob diese in ihrer absoluten Höhe entsprochen hätten. In
diesem Zusammenhang wurde auch geprüft, ob Rückstellungen für etwai-
ge Gewährleistungen oder sonstige aus der Baudurchführung entstande-
ne Verbindlichkeiten gebildet wurden.

Aus der Bewertung der in Durchführung befindlichen Aufträge wurden
Aussagen über das Betriebsergebnis der zu erwerbenden Gesellschaft
bis zu ihrer Übernahme durch den Konzern und über Beiträge der bestehenden Aufträge zu den zukünftigen Betriebsergebnissen möglich. Das
Betriebsergebnis des Übergabejahres wurde ermittelt, indem von der Summe der einzelnen Baustellenergebnisse die Geschäftsgemeinkosten und
neutrale Ergebnisse dieser Periode abgesetzt wurden. Als Resultat ergab sich ein positives Betriebsergebnis in der Höhe von 16 Mio WE. Dieses, im Vergleich zu den Vorjahren sehr gute Ergebnis konnte aufgrund
eines speziellen Auftrages, dessen Vergabe zu günstigen Bedingungen
erfolgte, erzielt werden. Da bekannt war, daß dieser Auftrag erst zwei
Jahre nach der Übernahme auslaufen würde, konnten auch für die folgenden zwei Jahre nach der Übernahme überdurchschnittlich gute Betriebsergebnisse erwartet werden.

Für die Berechnung der zu erwartenden Ergebnisse der einzelnen in Durchführung befindlichen Aufträge wurden diese Aufträge von den Planern auf
Grundlage eines konzerninternen Kalkulationsschemas kalkuliert und mit
den ursprünglichen Kalkulationen der Gesellschaft verglichen. Durch diesen Vergleich war es möglich, das Kalkulationsverfahren der Gesellschaft
zu bewerten. Es stellte sich heraus, daß die Gesellschaft in der Regel
das Verfahren der Zuschlagskalkulation anwandte. Es zeigte sich, daß die
Einzelkostenermittlung meist richtige Kostenansätze ergab, daß jedoch
die mittels differenzierter Zuschlagssätze auf Löhne, Stoffe und Nach-
unternehmensleistungen ermittelten Gemeinkosten meist zu niedrig angesetzt wurden. Die zu geringen Gemeinkostenansätze konnten jedoch in der
Regel durch das gute Preisniveau am Markt, das hohe Gewinnaufschläge.
erlaubte, abgedeckt werden.

Zusätzlich zu diesen quantitativen Analysen der einzelnen Aufträge wurden von den Planern die Qualifikationen der Bauleitungen bewertet. Dies
geschah durch Beurteilung der Abwicklung der einzelnen Aufträge in
technischer, wirtschaftlicher und personeller Hinsicht. Besondere Be-

rücksichtigung fand die Bewertung der Arbeitsatmosphäre auf den Baustellen und der Identifikation der Arbeitnehmer mit ihrer Arbeit sowie
dem Unternehmen als Ganzes.

6.3.3.4 Erfassung der Bankverbindlichkeiten der Gesellschaft

Die Bankverbindlichkeiten wurden erfaßt, indem die Banken, bei denen
die zu erwerbende Gesellschaft Verbindlichkeiten hatte, ihrem Kunden
eine Aufstellung dieser Verbindlichkeiten lieferten. Die Gesellschaft
stellte diese Aufstellungen, die nach Kreditarten gegliedert war und
die Kontenstände sowie die jeweiligen Sicherheiten angab, dem Konzern
zur Einsichtnahme zur Verfügung.

6.3.4 Investitionsentscheidung

Bevor der Vorschlag, die beschriebene Gesellschaft zu erwerben, dem
Aufsichtsrat des Konzerns zur Genehmigung vorgelegt werden konnte, be-
durfte die Investition der einstimmigen Annahme des Vorstandes. Die
durchgeführte Markt- und Investitionsanalyse diente als Informations-
und Kommunikationsinstrument für die Vorstandsmitglieder und ermöglichte die Entscheidungsfindung. Die Ergebnisse dieser Analyse konnten
wie folgt zusammengefaßt werden: Bei der um 40 Mio WE zu erwerbenden
Gesellschaft handelte es sich um ein intaktes, im vollen Umfang am
Markt tätiges Unternehmen mit einer eingefahrenen Führungsmannschaft
und gutem Stammpersonal. Die Gesellschaft erwirtschaftete in den letzten drei Jahren durchschnittlich ein bereinigtes Betriebsergebnis von
5,76 Mio WE. Ein jährliches Betriebsergebnis dieser Höhe müßte aufgrund der günstigen Marktlage langfristig mindestens zu erwirtschaften sein. Bei Ansatz dieses Betriebsergebnisses zur Berechnung einer
Mindestrentabilität der Investition ergab sich ein Wert von ungefähr
14%.

Kurz- bzw. mittelfristig waren sogar bessere Betriebsergebnisse zu erwarten, wie die angestellten Baustellenüberprüfungen ergaben. Hinsichtlich der Entwicklung der Betriebsergebnisse konnte weiters festgestellt
werden, daß reale Möglichkeiten zur Ergebnisverbesserung, z.B. durch
bessere Organisation und durch Freisetzung von Rationalisierungsreser-
ven, in der Zukunft bestünden. Diese Maßnahmen sowie die Auswirkungen
von Verbundvorteilen, z.B. geringere Kosten für Dienstleistungen

wie juristische oder kaufmännische Beratungen, die von Abteilungen der
Muttergesellschaft übernommen werden sollten, wurden quantitativ nicht
erfaßt, sondern nur verbal ausgedrückt. Wesentlichen Einfluß auf die
Investitionsentscheidung des Vorstandes hatte die positive Ergebnisentwicklung der Gesellschaft, die eine rasche Amortisation des Kaufpreises ermöglichte.

Die Ermittlung einer ungefähren Amortisationsdauer war ein erster Ausdruck des Sicherheitsstrebens der Entscheidungsträger. Dieses Sicherheitsstreben wurde weiters durch die stillen Reserven beim Gerätepark
in der Höhe von 40 Mio WE befriedigt, da dieser Wert den Kaufpreis
voll abdeckte.

Die Vorstandsentscheidung, die Investition vorzunehmen, stützte sich
daher auf zwei quantitative Faktoren: Einerseits auf die rasche Amortisation des Kaufpreises durch die zukünftigen Betriebsergebnisse und
andererseits auf die Deckung des Kaufpreises durch den Substanzwert
der Gesellschaft. Beide Faktoren dienten primär zur Befriedigung des
Sicherheitsstrebens und ermöglichten keine unmittelbare Aussage über
die langfristige Ertragskraft der zu erwerbenden Gesellschaft. Die Gewährleistung der langfristigen Ertragskraft wurde von den Entscheidungsträgern aufgrund der günstigen Marktlage und aufgrund der positiven Bewertung des Führungspersonals angenommen.

Mit der Investitionsentscheidung waren Entscheidungen hinsichtlich der
rechtlichen, wirtschaftlichen und organisatorischen Eingliederung der
Gesellschaft in den Konzern zu treffen. Diesbezüglich wurde entschieden, eine 100%-ige Beteiligung an der Gesellschaft vorzunehmen und
eine Organschaft auf der Grundlage eines Gewinnabführungs- und Verlust-
übernahmevertrages zu begründen. Danach wurde die Gesellschaft, das
Organ, verpflichtet, ihren jährlichen Reingewinn an den Konzern, den
Organträger, abzuführen, während der Konzern einen etwaigen Verlust
zu übernehmen hat. Es wurde beschlossen, die organisatorischen Maßnahmen auf die Bestellung eines Geschäftsführers, der vom Konzern eingesetzt wurde, zu beschränken. Die Geschäftstätigkeit der Gesellschaft
sollte unter Ausnutzung der Geschäftsbeziehungen des Konzerns durch
Akquisition im Ausland erweitert werden.

6.4 Portefeuille-Analyse

Die Auswirkungen der Investition in die Beteiligungsgesellschaft auf
den Konzern als Ganzes, können durch die Vornahme einer Portefeuille-
analyse festgestellt werden. Zu diesem Zweck wird der Konzern als
Portefeuille aus Profit-Zentren definiert.

Wie in Abschnitt 6.3.1.1 erwähnt, werden in den Profit-Zentren A bis
D ausschließlich die Leistungen und Ergebnisse der Muttergesellschaft
des Konzerns erfaßt, die Beteiligungsgesellschaften werden nicht berücksichtigt. Die Leistungen und Ergebnisse der den Profit-Zentren A
bis D bzw. dem allgemeinen Vorstandsbereich organisatorisch zugeord-
neten Beteiligungsgesellschaften werden in einem eigenen Profit-Zentrum E erfaßt. Die Leistungs- und Betriebsergebnisrechnung unterschei-
det daher in fünf Profit-Zentren A bis E.

Für jedes dieser Profit-Zentren ist es möglich, zukünftige Zahlungsströme zu schätzen. Da die Schätzungen von Zukunftswerten mit Unsicherheiten verbunden sind, werden stochastische Schätzungen vorgenommen.
Durch Abzinsungen der zukünftigen Zahlungsströme können die Erwartungswerte der äquivalenten Annuitäten und deren Standardabweichungen für
die einzelnen Profit-Zentren sowie für den Konzern als Ganzes, das existierende Portefeuille aus Profit-Zentren, errechnet werden. Die Berechnung der Standardabweichungen für das existierende Portefeuille
setzt die Schätzung der Korrelationen zwischen den Zahlungsströmen der
einzelnen Profit-Zentren voraus.

Durch Einbeziehung der neuen Investition in die Betrachtungen kann ein
neues Portefeuille definiert werden, das sich aus dem existierenden
Portefeuille zuzüglich der neuen Investition ergibt. Für dieses neue
Portefeuille aus Profit-Zentren des Konzerns werden ebenfalls der Erwartungswert der äquivalenten Annuität und dessen Standardabweichung
errechnet. Die Auswirkungen der neuen Investition auf den Konzern können durch den Vergleich des existierenden Portefeuilles mit dem neuen
Portefeuille festgestellt werden.

Der subjektive Entscheidungsprozeß des Entscheidungsträgers kann durch
die Entwicklung dessen Nutzenfunktion nachvollzogen werden. Die einzelnen Schritte der Portefeuilleanalyse für die vom Konzern erworbenen
Gesellschaft werden folgend im Detail beschrieben.

6.4.1 Bestimmung des Kalkulationszinsfusses

Da konzernintern kein Richtwert bezüglich einer gewünschten Mindest-verzinsung von Investitionen vorliegt, der in der Investitionsrech-nung als Kalkulationszinsfuß verwendet werden könnte, wird der Kalku-lationszinsfuß als der höhere Wert aus gewichteten durchschnittlichen Kapitalkosten und Opportunitätskosten bestimmt.

Zur Berechnung der gewichteten durchschnittlichen Kapitalkosten wird die Beibehaltung der gegebenen Kapitalstruktur, die 30% Eigenkapital-anteil und 70% Fremdkapitalanteil aufweist, angenommen. Die Eigenka-pitalkosten werden mit Hilfe der Formel 6.1

$$M = \frac{D}{k_e}$$ Formel 6.1

berechnet, wobei

M = Marktwert einer Aktie des Konzerns zum Investitionstichtag,

D = Dividende für eine Aktie und

k_e = Eigenkapitalkosten.

Der Marktwert einer Aktie des Konzerns zum Investitionstichtag betrug 1333 WE, die in den letzten Jahren ausbezahlte Dividende je Aktie be-trug 28 WE, woraus sich Eigenkapitalkosten nach Steuer in der Höhe von 2.1% ergeben.

Die Fremdkapitalkosten werden mit Hilfe der Formel 6.2

$$FK = \frac{Z}{k_f}$$ Formel 6.2

berechnet, wobei

FK = Fremdkapital zum Investitionsstichtag,

Z = Zinsenzahlungen für das Fremdkapital und

k_f = Fremdkapitalkosten.

Die sich ergebenden niedrigen Fremdkapitalkosten nach Steuer von durch-schnittlich 4% sind ein Ausdruck der hohen Liquidität des Konzerns. Aus Tabelle 6.1 wird ersichtlich, daß die gewichteten durchschnittli-chen Kapitalkosten nach Steuer 3,4% betragen.

Die Opportunitätskosten für eine risikofreie Investition die dadurch entstehen, daß eine Anlagemöglichkeit nicht genützt werden kann, wur-den von den Entscheidungsträgern des Konzerns mit 8% angegeben. Nach

Tabelle 6.1: Gewichtete durchschnittliche Kapitalkosten des Konzerns

Kapitalart	Gewicht der Kapitalart	Kosten der Kapitalart	Gewichtete Kosten der Kapitalart
Eigenkapital	30%	2,1%	0,6%
Fremdkapital	70%	4,0%	2,8%
Gewichtete durchschnittliche Kapitalkosten			3,4%

Bereinigung dieses Wertes um eine langfristig-durchschnittliche Inflationsprämie von 3%, betragen die Opportunitätskosten 5%. Da dieser
Wert höher ist als die gewichteten durchschnittlichen Kapitalkosten
des Konzerns, werden die Opportunitätskosten als Kalkulationszinsfuß
in der Höhe von 5% herangezogen. Dieser Kalkulationszinsfuß enthält
weder eine Risikoprämie noch eine Inflationsprämie. Die Forderung
nach einem Kalkulationszinsfuß, der auch von einer Risikoprämie be-
reinigt ist, muß gestellt werden, da das Risiko zukünftiger Zahlungsströme explizit in der Investitionsanalyse berücksichtigt und mittels
der Standardabweichungen gemessen wird.

6.4.2 Analyse des existierenden Portefeuilles

6.4.2.1 Prognose der Zahlungsströme der einzelnen Profit-Zentren
Die Bewertung der einzelnen Profit-Zentren des Konzerns wird aufgrund
ihrer zukünftigen Zahlungsströme vorgenommen. Die Zusammensetzung der
jährlichen Ein- und Auszahlungen eines Profit-Zentrums wird aus dem
Schema des Bildes 6.1 ersichtlich:

Betriebsergebnis + Abschreibungen (249) <u>+ Fremdkapitalaufnahmen</u> <u>Summe der Einzahlungen</u>	Investitionen <u>+ Fremdkapitaltilgungen</u> <u>Summe der Auszahlungen</u>

Bild 6.1: Ein- und Auszahlungen von Profit-Zentren

---

249 Da die Abschreibungen einerseits bei der Ermittlung des Betriebs-
     ergebnisses als Kosten berücksichtigt werden, andererseits aber
     keine pagatorischen Kosten darstellen, sind sie der Summe der
     Einzahlungen zuzurechnen.

Aus der Differenz der Ein- und Auszahlungen eines Jahres ergibt sich
ein Einzahlungs- bzw. Auszahlungsüberschuß.

Zum Zeitpunkt der Investition in die neue Gesellschaft bestanden weder Pläne, Erweiterungsinvestitionen in den einzelnen Profit-Zentren
(250) vorzunehmen, noch Absichten, die Kapitalstruktur des Konzerns
zu ändern. Diese Aussagen erlauben folgende Annahmen: Da keine Erweiterungsinvestitionen in den Profit-Zentren vorgenommen werden, reduziert sich die zukünftige Investitionstätigkeit auf die Vornahme von
Ersatzinvestitionen. Im langfristigen Durchschnitt kann angenommen
werden, daß die jährlichen Investitionsauszahlungen gleich der jährlichen Abschreibungen sind. Wenn die den Einzahlungen zugerechneten Abschreibungen jedoch gleich den Investitionsauszahlungen sind, brauchen
beide Positionen bei der Ermittlung der Einzahlungs- bzw. Auszahlungsüberschüsse nicht berücksichtigt werden. Da es, wie in Befragungen
festgestellt werden konnte, langfristig Unternehmensziel ist, die
bestehende Kapitalstruktur des Konzerns beizubehalten, erhält das gesamte Fremdkapital langfristigen Charakter. Zu tilgendes Fremdkapital wird jeweils durch neue Fremdkapitalaufnahmen ersetzt, wodurch
durchschnittlich die jährlichen Fremdkapitalaufnahmen den jährlichen
Kapitaltilgungen entsprechen. Es entsprechen daher die Einzahlungen
den Auszahlungen eines Jahres, wodurch es möglich wird, diese beiden
Positionen bei der Ermittlung der Einzahlungs- bzw. Auszahlungsüberschüsse nicht zu berücksichtigen.

Als Folge dieser Annahmen wird offensichtlich, daß sich die Prognose
der Zahlungsströme der einzelnen Profit-Zentren auf die Prognose der
zukünftigen Betriebsergebnisse der einzelnen Profit-Zentren reduziert.
Da langfristig-durchschnittliche Zahlungsströme (Betriebsergebnisse)
prognostiziert werden, müssen diese Betriebsergebnisse positiv
bzw. gleich null sein, wenn die Substanz der einzelnen Profit-Zentren
bzw. des Konzerns zumindest erhalten bleiben soll.

Die Schätzung langfristig-durchschnittlicher Betriebsergebnisse ge-
statten weiters die Annahme, daß diese Betriebsergebnisse der Kosten-

---

250 Eventuell geplante Erweiterungsinvestitionen müßten einer eige-
     nen Investitionsanalyse unterzogen werden, wodurch sich die un-
     tersuchte Problemstellung zwar erweiterte, aber inhaltlich nicht
     veränderte.

rechnung den bilanziellen Gewinn der Buchhaltung vor Körperschaftssteuer entsprechen, da sich langfristig die Betriebsleistungen und
die Umsatzerlöse gleichen. Die Tatsache, daß "Vor-Steuer"-Werte geschätzt werden, beruht auf der Aussage der Konzernleitung, daß der Erwerb der neuen Gesellschaft und deren Gewinnabführung an den Konzern
keine Änderung in der eingeschlagenen Dividendenpolitik erwarten läßt.

Die Prognose der Betriebsergebnisse der einzelnen Profit-Zentren bzw.
des gesamten Konzerns wurde durch Befragung jener Planer und Entscheidungsträger des Konzerns, die die Investitionsplanung für die zu erwerbende Gesellschaft konzern-intern durchführten, vorgenommen. Die
Ergebnisse der Befragungen, die teilweise einzeln und teilweise in
Gruppen vorgenommen wurden, brachten weitgehendste Übereinstimmung in
den Ansätzen der Befragten. Bei voneinander abweichenden Ansätzen
wurde versucht, durch Gruppendiskussionen einen Konsens zu erzielen.

Die Befragten wurden um die Angabe pessimistischer, häufigst-erwarte-
ter und optimistischer Werte für die langfristig-durchschnittlichen
Betriebsergebnisse der einzelnen Profit-Zentren gebeten. Als pessimistischer Wert wurde jener Wert definiert, der nur mit 10%-iger Wahrscheinlichkeit unterschritten wird. Als optimistischer Wert wurde jener Wert definiert, der nur mit 10%-iger Wahrscheinlichkeit überschritten wird. In einem Versuch, diese Wahrscheinlichkeiten zu objektivie-
ren, wurde festgestellt, daß in den letzten 20 Jahren die pessimistischen und optimistischen Betriebsergebnisse der einzelnen Profit-Zentren maximal zweimal unter- und überschritten wurden. Die Angaben der
10%-igen Wahrscheinlichkeitsgrenzen sollten jedoch primär als subjektive Wahrscheinlichkeiten betrachtet werden.

Da die langfristigen Entwicklungen im Bauwesen nur mit großen Unsicherheiten prognostiziert werden können, wurde eine Planungsperiode von
fünf Jahre festgelegt. Die durchschnittlichen Betriebsergebnisse sollten für diesen Zeitraum geschätzt werden, um anschließend anzunehmen,
daß diese Schätzwerte langfristig-durchschnittliche Werte darstellen.

Das von allen Befragten gewählte Prognoseverfahren war die Prognose
von Leistungsrentabilitäten. Die geschätzten Leistungsrentabilitäten
der einzelnen Profit-Zentren wurden auf ein prognostiziertes durch-
schnittliches Leistungsvolumen der einzelnen Profit-Zentren angesetzt,
woraus sich die absoluten Betriebsergebnisse je Profit-Zentrum erga-

ben. Die Ergebnisse der Prognosen der Leistungen sowie der langfristig-durchschnittlichen Betriebsergebnisse der einzelnen Profit-Zentren sind in der Tabelle 6.2 zusammengefaßt.

Tabelle 6.2: Prognosen der Leistungen und Betriebsergebnisse
(absolute Werte in Mio WE)(251)

| Profit-Zentrum | Leistung | | Betriebsergebnis | | | | | | | |
| | | | histori-sches | pessimisti-sches | | häufig-stes | | optimisti-sches | |
	in %	abs.	in %	in %	abs.	in %	abs.	in %	abs.
A	30	2200	0,77	0,5	11,0	1,0	22,0	2,0	44,0
B	19	1400	0,25	1,0	14,0	2,0	28,0	3,0	42,0
C	19	1400	7,33	2,0	28,0	5,0	70,0	8,0	112,0
D	13	1000	5,44	4,0	40,0	5,0	50,0	6,0	60,0
E	19	1400	0,91	1,5	21.0	2,5	35,0	3,5	49,0
Konzern	100	7400							

In die Prognose der Entwicklung der langfristig-durchschnittlichen Leistungen der einzelnen Profit-Zentren gingen sowohl Überlegungen zukünftiger Marktbedingungen als auch spezielle Unternehmensziele ein. So wurde z.B. für das Profit-Zentrum C eine Abnahme des Leistungsvolumens im Vergleich zum derzeitigen Volumen prognostiziert, hingegen wurde für das Profit-Zentrum E eine Steigerung des Leistungsvolumens in der Zukunft erwartet. Für die Profit-Zentren, die die traditionellen Bausparten repräsentieren, wurden konstante Leistungen prognostiziert.

---

251 Für die Betriebsergebnisse werden keine Summen zur Ermittlung des Konzernbetriebsergebnisses gebildet, da durch verschiedene Korrelationen zwischen den Betriebsergebnissen der einzelnen Profit-Zentren das gleichzeitige Eintreten von Betriebsergebnissen, die z.B. den pessimistischen Schätzungen entsprechen, unwahrscheinlich ist. Beim Vorhandensein einer negativen Korrelation zwischen den Betriebsergebnissen zweier Profit-Zentren wäre ein gleichzeitiges Eintreten ihrer pessimistischen Betriebsergebnisse unmöglich. Für den Konzern als Ganzes wird jedoch der Erwartungswert des Konzernbetriebsergebnisses durch Addition der Erwartungswerte der Betriebsergebnisse der einzelnen Profit-Zentren errechnet.

Vergleicht man die prozentualen pessimistischen, häufigsten und optimistischen Prognosen für die einzelnen Profit-Zentren mit prozentualen historischen Durchschnittswerten der Betriebsergebnisse, die über
den Zeitraum 1972 bis einschließlich der Planwerte von 1979 errechnet
wurden, so können teilweise Unterschiede festgestellt werden. Der Wert
von 0,77% des Profit-Zentrums A liegt genau zwischen dem pessimistischen und häufigsten Wert der Prognosen. Die Befragten rechnen für
dieses Profit-Zentrum offensichtlich mit einer Verbesserung der zukünftigen Betriebsergebnisse. Der niedrige historische Durchschnittswert von 0,25% für das Profit-Zentrum B resultiert aus starken Ver-
lusten in den Jahren 1973 und 1974, die aus atypischen Geschäftstätigkeiten dieses Profit-Zentrums entstanden. Dieser Wert war daher
nicht als Orientierungshilfe im Prognoseverfahren heranzuziehen. Der
historische Durchschnittswert des Profit-Zentrums C liegt fast so
hoch wie die optimistische Schätzung der Befragten. Die zukünftigen
Rentabilitäten dieses Profit-Zentrums, dem Auslandsbau, werden daher weniger günstig als in der Vergangenheit angesehen.

Der historische Durchschnittswert des Profit-Zentrums D liegt knapp
über dem geschätzten häufigsten Wert. Da in dieser Bausparte keine
wesentlichen Marktänderungen in der Zukunft erwartet werden, drücken
die Schätzungen der Befragten deren vorsichtiges Prognoseverfahren
aus. Für das Profit-Zentrum E ergab sich schließlich ein historischer
Durchschnittswert für das Betriebsergebnis in der Höhe von 0,91% des
Leistungsvolumens. Die wesentlich höheren Prognosewerte drücken die
Zielsetzungen des Konzerns aus, sich verstärkt in diesem Profit-Zentrum, den Beteiligungen, zu engagieren.

Aufgrund der Prognosewerte kann angenommen werden, daß die Zufallsvariable "Betriebsergebnis" der Profit-Zentren B, C, D und E normal
verteilt und daß die Zufallsvariable "Betriebsergebnis" des Profit-
Zentrums A β-verteilt ist, wobei der Modus dieser β-Verteilungen
links vom Mittelwert liegt. Für die Profit-Zentren B, C, D und E wurde von den Planern angenommen, daß gleiche Wahrscheinlichkeiten für
positive und negative Abweichungen vom geschätzten häufigsten Wert
des Betriebsergebnisses bestehen. Beim Profit-Zentrum A hingegen wurde angenommen, daß die positiven Abweichungen vom häufigsten Wert im
Fall günstiger Marktbedingungen wesentlich größer sein können als die
negativen Abweichungen im Fall ungünstiger Marktbedingungen. Die Wahr-

scheinlichkeitsverteilungen werden beispielsweise für die Profit-Zentren A und B graphisch dargestellt (siehe Bild 6.2 und 6.3).

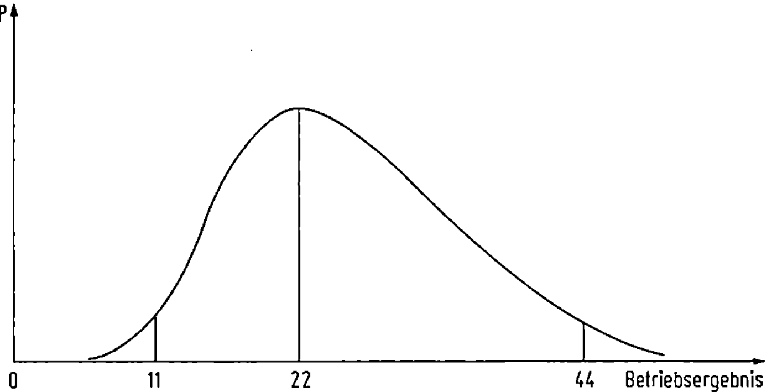

Bild 6.2: Normalverteilung des Betriebsergebnisses des Profit-Zentrums B

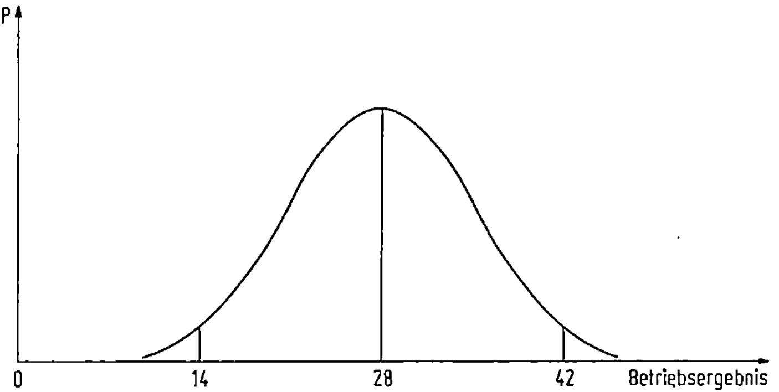

Bild 6.3: β-Verteilung des Betriebsergebnisses des Profit-Zentrums A

Aus den Prognosewerten können für die einzelnen Profit-Zentren der Erwartungswert des Betriebsergebnisses μ und die Standardabweichung des Betriebsergebnisses σ errechnet werden. Für die normalverteilten Betriebsergebnisse ist der Erwartungswert des Betriebsergebnisses gleich dem häufigsten Wert und die Standardabweichung kann mittels der Formel 6.3

$$\sigma = \frac{x-\mu}{z}$$ Formel 6.3

errechnet werden, wobei

σ = Standardabweichung,

x = bestimmter Wert der Zufallsvariablen "Betriebsergebnis" (z.B.
      optimistischer Wert)

μ = Erwartungswert der Zufallsvariablen "Betriebsergebnis" und

z = Wert der standardisierten Normalverteilungsfunktion für die
      Wahrscheinlichkeit von x.

Da die pessimistischen bzw. optimistischen Werte als jene Werte definiert werden, die nur mit 10%-iger Wahrscheinlichkeit unter- bzw.
überschritten werden, ergibt sich für x ein z-Wert von 1,3 (siehe Tabelle 6.3).

Tabelle 6.3: Standardisierte Normalverteilung
             (z = Zufallsvariable, p = Wahrscheinlichkeit)

z	p	z	p	z	p
0,00	0,500000	0,50	0,691463	1,00	0,841345
0,05	0,519939	0,55	0,708840	1,05	0,853141
0,10	0,539828	0,60	0,725747	1,10	0,864334
0,15	0,559618	0,65	0,742154	1,15	0,874928
0,20	0,579260	0,70	0,758036	1,20	0,884930
0,25	0,589760	0,75	0,773373	1,25	0,894350
0,30	0,617911	0,80	0,788145	1,30	0,903200
0,35	0,636831	0,85	0,802338	1,35	0,911492
0,40	0,655422	0,90	0,815940	1,40	0,919243
0,45	0,673645	0,95	0,828944	1,45	0,926471

z	p	z	p	z	p
1,50	0,933913	2,00	0,977250	2,50	0,993790
1,55	0,939429	2,05	0,979818	2,55	0,994614
1,60	0,945201	2,10	0,982136	2,60	0,995339
1,65	0,950528	2,15	0,984222	2,65	0,995975
1,70	0,955434	2,20	0,986097	2,70	0,996533
1,75	0,959941	2,25	0,987776	2,75	0,997020
1,80	0,964070	2,30	0,989276	2,80	0,997445
1,85	0,967843	2,35	0,990613	2,85	0,997814
1,90	0,971283	2,40	0,991802	2,90	0,998134
1,95	0,974412	2,45	0,992857	2,95	0,998411
				3,00	0,998650

Für das Profit-Zentrum B ergibt sich daher ein Erwartungswert des Betriebsergebnisses von 28,0 Mio WE und eine Standardabweichung des Betriebsergebnisses von

$$\sigma_B = \frac{42,0 - 28,0}{1,3} = 10,77 \text{ Mio WE}$$

wobei für x der optimistische Wert des Betriebsergebnisses in der Höhe von 42,0 Mio WE angesetzt wurde. Die Erwartungswerte und Standardabweichungen der ebenfalls normalverteilten Betriebsergebnisse der Profit-Zentren C, D und E können der Tabelle 6.4 entnommen werden.

Für die β-verteilte Zufallsvariable "Betriebsergebnis" des Profit-Zentrums A lassen sich in einem Näherungsverfahren der Erwartungswert des Betriebsergebnisses mit der Formel 6.4

$$\mu_A = \frac{B_P + 4B_H + B_O}{6} \qquad\qquad \text{Formel 6.4}$$

und die Standardabweichung des Betriebsergebnisses mittels der Formel 6.5

$$\sigma_A = \frac{B_O - B_P}{2z} \qquad\qquad \text{Formel 6.5}$$

errechnen, wobei

B_P = pessimistischer Wert des Betriebsergebnisses,

B_H = häufigster Wert des Betriebsergebnisses und

B_O = optimistischer Wert des Betriebsergebnisses.

Die Formeln zur Berechnung von μ_A und σ_A sind dem PERT-Verfahren (252) entlehnt, wo jedoch angenommen wird, daß die pessimistischen bzw. optimistischen Schätzwerte nur mit 1%-iger Wahrscheinlichkeit unter- bzw. überschritten werden, woraus sich ein z-Wert von drei ergibt (253). Da die Schätzung von Werten, die nur mit 1%-iger Wahrscheinlichkeit unter- bzw. überschritten werden, als nicht praxisrelevant erscheint, wurden für die Befragungen die Wahrscheinlichkeiten auf 10% erhöht, was eine Veränderung des z-Wertes von drei auf 1,3 notwendig macht (254).

---

252 PERT = Project Evaluation and Review Technique.

253 Vgl. Mac Crimmon,K.R., Ryavec,C.A.: An Analytical Study of the PERT Assumption, Operations Research, Vol.12, 1964, 16-37.

254 Vgl. Moder,J.J., Phillips,C.R.: Project Management with CPM and PERT, 2nd Ed., New York 1970, 285 f.

Der Erwartungswert und die Standardabweichung des Betriebsergebnisses des Profit-Zentrums A ergeben sich aus:

$$\mu_A = \frac{11,0 + 4 \cdot 22,0 + 44,0}{6} = 23,83 \text{ Mio WE}$$

$$\sigma_A = \frac{44,0 - 11,0}{2 \cdot 1,3} = 12,69 \text{ Mio WE}$$

Tabelle 6.4: Erwartungswerte und Standardabweichungen (in Mio WE)

Profit-Zentrum	Erwartungswert des Betriebsergebnisses μ	Standardabweichung des Betriebsergebnisses σ	Varianz des Betriebsergebnisses σ^2
A	23,83	12,69	161,04
B	28,00	10,77	115,99
C	70,00	32,31	1043,94
D	50,00	7,69	59,14
E	35,00	10,77	115,99
Konzern	206,83	–	–

Für den Konzern als Ganzes wird der Erwartungswert des Konzernbetriebsergebnisses durch Addition der Erwartungswerte der Betriebsergebnisse der einzelnen Profit-Zentren errechnet. Die Standardabweichung des
Konzernbetriebsergebnisses kann nicht direkt errechnet werden, da angenommen wird, daß Korrelationen zwischen den einzelnen Betriebsergebnissen der Profit-Zentren bestehen, die die Standardabweichung des
Konzernbetriebsergebnisses beeinflussen (255).

6.4.2.2 Korrelationen zwischen den Betriebsergebnissen der einzelnen Profit-Zentren

Nach der Prognose der Betriebsergebnisse der einzelnen Profit-Zentren
wird im nächsten Schritt der Portefeuille-Analyse geprüft, ob und in
welchem Ausmaß Korrelationen zwischen den prognostizierten Betriebsergebnissen der einzelnen Profit-Zentren bestehen. Ziel der Untersuchung

---

255 Die Standardabweichung für den Konzern wird in Abschnitt 6.4.2.3
    errechnet.

ist es zu analysieren, in welchem Ausmaß die Betriebsergebnisse von
jeweils zwei Profit-Zentren voneinander abhängig sind, d.h. in welchem
Ausmaß Einflußfaktoren vorhanden sind, die eine gemeinsame oder voneinander abweichende Entwicklung bestimmen.

Zur Feststellung dieser Korrelationen wurde ebenfalls eine Befragung
der Planer und Entscheidungsträger des Konzerns durchgeführt. Um die
Möglichkeit, mehrere Aussagen zu einem repräsentativen Ergebnis zusammenzufassen, wahren zu können, wurde ein Verfahren zur globalen Bestimmung des Ausmaßes der Korrelationen entwickelt (256). In diesem
Verfahren wurden zuerst geschätzte Korrelationen vorgegebenen verbalen
Kategorien zugeordnet. Diese verbalen Kategorien wurden anschließend
zur Bestimmung der Korrelationskoeffizienten mit Hilfe einer Skala von
0 bis 1 quantifiziert.

Jeder der Befragten erhielt das in Bild 6.4 dargestellte Formular und
kreuzte das geschätzte Ausmaß der Korrelationen zwischen den Betriebsergebnissen von jeweils zwei Profit-Zentren an. Das Ausmaß der Korrelationen konnte durch die Kategorien "keine, sehr schwach, schwach,
mittel, stark, sehr stark und vollkommen" ausgedrückt werden.

Da die Korrelationen der Betriebsergebnisse für jeweils zwei Profit-
Zentren zu bestimmen waren und insgesamt fünf Profit-Zentren (A bis E)
zu berücksichtigen waren, mußten für 10 Kombinationen Korrelationen
festgestellt werden (AB bis DE, siehe Bild 6.4). Da für die jeweils
zwei möglichen Kombinationen aus zwei Profit-Zentren (z.B. AB und BA)
die Korrelationen gleich sind, war für die Korrelationsanalyse nur die
Berücksichtigung einer dieser möglichen Kombinationen notwendig.

Zur Bestimmung der Korrelationen der einzelnen Kombinationen wurden
den Befragten zwei Verfahren empfohlen. Das erste empfohlene Verfahren ging von der Annahme einer vollkommenen Korrelation zwischen zwei
Profit-Zentren aus und suchte nach Faktoren, die das Eintreten dieser theoretischen vollkommenen Korrelation nicht ermöglichten. Nach
der Erfassung dieser Einflußfaktoren wurde festgestellt, wie stark
diese Faktoren die vollkommene Korrelation verminderten und wie stark
daher die tatsächliche Korrelation war.

---

256   Eine Detailanalyse zur Ermittlung gewichteter durchschnittlicher
      Korrelationskoeffizienten hätte sich bei mehreren Befragten als
      zu aufwendig erwiesen.

Kombinationen von Profit-Zentren	Korrelationen																										
	keine				sehr schwach				schwach				mittel				stark				sehr stark				voll-kommen			
	S	F	ST	H	S	F	ST	H	S	F	ST	H	S	F	ST	H	S	F	ST	H	S	F	ST	H	S	F	ST	H
AB													X	X	X	X												
AC	X	X	X	X																								
AD			X		X	X						X																
AE													X	X	X	X												
BC	X	X	X	X																								
BD																X	X		X	X								
BE												X	X	X	X													
CD	X	X	X	X																								
CE			X		X	X		X																				
DE					X				X	X						X												

Bild 6.4: Korrelationen der Betriebsergebnisse der existierenden Profit-Zentren (S, F, ST, H sind Abkürzungen der Namen der Befragten)

Dieses Verfahren konnte bei Kombinationen von Profit-Zentren angewandt werden, für die starke Korrelationen erwartet wurden. Die Anwendung des Verfahrens, das von einer vollkommenen positiven Korrelation
der Betriebsergebnisse zweier Profit-Zentren ausging, wurde dem Sicherheitsstreben der Korrelationsanalyse gerecht, indem von der
schlechtesten Lage, nämlich der vollkommenen positiven Korrelation,
ausgegangen wurde und diese nur durch explizite Berücksichtigung von
Einflußfaktoren, die diese vollkommene positive Korrelation verminderten, verbessert werden konnte.

Das zweite Verfahren ging von der Annahme aus, daß keine Korrelationen
zwischen zwei Profit-Zentren bestanden. Es wurde daher nach Faktoren
gesucht, die eine eventuell vorhandene Korrelation verursachten. Der
Einfluß dieser Faktoren bestimmte das Ausmaß dieser bestehenden Korrelationen. Die Anwendung dieses Verfahrens, das explizit alle Einflußfaktoren, die eine Korrelation bedingen, berücksichtigte, wurde
für Kombinationen von Profit-Zentren, für die schwache Korrelationen
erwartet wurden, empfohlen.

Die Ergebnisse der Befragungen bezüglich der Korrelationen der Betriebsergebnisse der einzelnen Profit-Zentren können dem Bild 6.4 entnommen werden. Es zeigt sich, daß die vier Befragten überraschend
viele Einstimmigkeiten erzielten. Für die weitere Auswertung dieser
Ergebnisse wurde entschieden, das Ausmaß der Korrelation der Kombination AD mit sehr schwach und das Ausmaß der Korrelation der Kombination DE mit schwach festzulegen. Zur Veranschaulichung, welche Einflußfaktoren bei der Bestimmung des Ausmaßes der Korrelationen von
den Befragten berücksichtigt wurden, werden im Bild 6.5 Beispiele für
einige Kombinationen von Profit-Zentren angeführt. Die Überlegungen,
die die Befragten anstellten, können jedoch nur beschränkt ausgeführt
werden, da die Aufgabengebiete und Märkte der einzelnen Profit-Zentren
anonym behandelt werden müssen.

Zusammenfassend kann festgestellt werden, daß für Kombinationen mit
Profit-Zentrum C keine bis schwache Korrelationen geschätzt wurden.
Daß mit Ausnahme der Kombination BD keine starken Korrelationen festgestellt wurden, ist ein Ausdruck der starken Diversifikation des Konzerns.

Kombinationen von Profit-Zentren	Erfassung und Bewertung von Einflußfaktoren
AB	Da für diese Kombination eine starke Korrelation erwartet wurde, gingen die Befragten von der Annahme einer vollkommenen Korrelation aus. Für eine starke Korrelation sprach vor allem die Tatsache, daß beide Profit-Zentren im Inland tätig sind und dadurch gemeinsam von der Vergabepolitik der öffentlichen Hand abhängig sind. Darüberhinaus hat die gesamtwirtschaftliche Entwicklung im Inland auf beide Profit-Zentren gleichermaßen Einfluß. So belasten variierende Kostenfaktoren, wie z.B. Lohnkosten, Gerätekosten, Stoffkosten etc. beide Profit-Zentren im gleichen Ausmaß. Dies trifft ebenfalls auf die klimatischen Einflüsse zu. Einflußfaktoren, die eine vollkommene positive Korrelation jedoch ausschalten, sind z.B. die unterschiedliche Art der Bauaufgaben, die unterschiedliches Know-how voraussetzt, unterschiedliche regionale Märkte und im Durchschnitt unterschiedliche Dauern der Bauaufträge der beiden Profit-Zentren. Unterschiedliche Dauern von Bauaufträgen können sich auf die Korrelation auswirken, indem z.B. ein Profit-Zentrum mit langfristigen Bauaufträgen in Rezessionszeiten noch gute Betriebsergebnisse erzielen kann, die noch aus guten Zuschlagspreisen aus der Hochkonjunkturphase stammen, während das Profit-Zentrum mit den kurzfristigen Bauaufträgen Konjunkturschwankungen in der Regel direkt in den Betriebsergebnissen reflektiert. Diese Überlegungen veranlaßten die Befragten, einstimmig das Ausmaß der Korrelation mit mittelmäßig festzustellen.
AC	Die Märkte des Profit-Zentrums A und die Märkte des Profit-Zentrums C bedingen vollkommen unterschiedliche Einflußfaktoren. Da auch keine personellen und finanziellen Abhängigkeiten analysiert werden konnten, wurde keine Korrelation der Betriebsergebnisse der Profit-Zentren A und C festgestellt.
BC	Für manche Kombinationen konnten Analogien festgestellt werden. So gelten z.B. für die Kombinationen BC die gleichen Bedingungen wie für AC, da auch das Profit-Zentrum B nur am Inlandmarkt tätig ist. Wie für AC wurde daher für BC keine Korrelation festgestellt.
BD	Für diese Kombination wurde eine starke Korrelation festgestellt, da das Profit-Zentrum D Leistungen erstellt, die dem Profit-Zentrum B vorgelagert sind. Obwohl diese Leistungen des Profit-Zentrums D nicht nur für das Profit-Zentrum B, sondern auch für Dritte erstellt werden, besteht eine starke Abhängigkeit der beiden Profit-Zentren. Der gleiche Baumarkt und vor allem die gleiche Abhängigkeit vom öffentlichen Auftraggeber verursachen eine starke Korrelation. Abzüge von einer vollkommenen Korrelation müssen vorgenommen werden, da sich die beiden Profit-Zentren in ihren Bauaufgaben grundsätzlich unterscheiden.

BE   Nach einer Analyse der Geschäftstätigkeiten der ein-
          zelnen Beteiligungsgesellschaften des Konzerns (des
          Profit-Zentrums E) konnte festgestellt werden, daß der
          Schwerpunkt dieser Geschäftstätigkeiten auf der Durch-
          führung von Bauaufträgen liegt, die der im Profit-Zen-
          trum B repräsentierten Bausparte entsprechen. Durch
          diese Gleichartigkeit der Bauaufträge wurde eine mitt-
          lere Korrelation der Profit-Zentren B und E bestimmt.
          Einflußfaktoren, die eine stärkere Korrelation verhin-
          dern, sind primär die unterschiedlichen, regionalen
          Märkte, da die Beteiligungsgesellschaften ihren Stand-
          ort vor allem im benachbarten Ausland haben.

Bild 6.5: Einflußfaktoren von Korrelationen

Im nächsten Schritt der Korrelationsanalyse wurde den verbalen Kategorien, die zur Bestimmung des Ausmaßes der Korrelationen verwendet wurden, eine Skala von O bis +1 zugeordnet. Dadurch wurde eine kardinale
Messung der Korrelationen mittels Korrelationskoeffizienten möglich.
Die Korrelationskoeffizienten der existierenden Profit-Zentren sind
aus Bild 6.6 ersichtlich. Diese Korrelationskoeffizienten werden im
nächsten Schritt der Portefeuille-Analyse zur Berechnung der Standardabweichung des Portefeuilles aus existierenden Profit-Zentren verwendet (257).

6.4.2.3   Berechnung des Erwartungswertes der äquivalenten Annuität und
          der Standardabweichung der äquivalenten Annuität des exi-
          stierenden Portefeuilles

Da für die Geschäftstätigkeiten des Konzerns bzw. der einzelnen Profit-Zentren keine zeitlichen Begrenzungen gesetzt werden können, wird
für die Investitionsrechnung eine unbegrenzte Lebensdauer des Konzerns
bzw. der einzelnen Profit-Zentren unterstellt. Die Erwartungswerte der
geschätzten langfristig-durchschnittlichen Betriebsergebnisse der Profit-Zentren des existierenden Portefeuilles fallen daher unendlich oft

---

257   Um den Einfluß einzelner Korrelationskoeffizienten auf die Stan-
      dardabweichung festzustellen, können in einer Sensitivitätsanaly-
      se diese Korrelationskoeffizienten variiert werden. Eine solche
      Analyse macht die Sensitivität der Ergebnisse von den Eingabeda-
      ten ersichtlich.

Kombinationen von Profit-Zentren	Korrelationskoeffizienten						
	0,0	0,1	0,3	0,5	0,7	0,9	1,0
AB				X			
AC	X						
AD		X					
AE				X			
BC	X						
BD					X		
BE				X			
CD	X						
CE		X					
DE			X				

Bild 6.6: Korrelationskoeffizienten der existierenden Profit-Zentren

an und erlangen den Charakter einer erwigen Rente. Die Erwartungswerte der Betriebsergebnisse können daher gleich den Erwartungswerten der äquivalenten Annuitäten der einzelnen Profit-Zentren gesetzt werden, da für einen unendlichen Planungszeitraum

$$E(K)_m = \frac{\mu_m}{i} \qquad m = A,\ B,\ C,\ D,\ E \qquad \text{Formel 6.6}$$

und

$$E(A)_m = E(K)_m \cdot i \qquad m = A,\ B,\ C,\ D,\ E \qquad \text{Formel 6.7}$$

wobei

$E(A)_m$ = Erwartungswert des Kapitalwertes des Profit-Zentrums m,
μ_m = Erwartungswert des Betriebsergebnisses des Profit-Zentrums m,
i = Kalkulationszinsfuß und
$E(A)_m$ = Erwartungswert der äquivalenten Annuität des Profit-Zentrums m.

Analog können die Standardabweichungen der Betriebsergebnisse gleich den Standardabweichungen der äquivalenten Annuitäten der einzelnen Profit-Zentren gesetzt werden. Für die Berechnung des Erwartungswertes der äquivalenten Annuität und der Standardabweichung der äquivalenten Annuität des existierenden Portefeuilles können daher die Werte der Tabelle 6.4 herangezogen werden.

Der Erwartungswert der äquivalenten Annuität des existierenden Portefeuilles wird durch die Summierung der Erwartungswerte der äquivalenten Annuitäten der einzelnen Profit-Zentren mittels der Formel 6.8

$$E(A)_{P_E} = \sum_{m=A}^{E} E(A)_m \qquad m = A,\ B,\ C,\ D,\ E \qquad \text{Formel 6.8}$$

errechnet werden, wobei

$E(A)_{P_E}$ = Erwartungswert der äquivalenten Annuität des existierenden Portefeuilles und

$E(A)_m$ = Erwartungswert der äquivalenten Annuität des Profit-Zentrums m.

Für das existierende Portefeuille des Konzerns ergibt sich ein Erwartungswert der äquivalenten Annuität von

$$E(A)_{P_E} = 23{,}83 + 28{,}00 + 70{,}00 + 50{,}00 + 35{,}00$$

$$E(A)_{P_E} = 206{,}38 \text{ Mio WE}$$

Die Standardabweichung der äquivalenten Annuität des existierenden Portefeuilles wird mittels der Formel 6.9

$$\sigma_{P_E} = \sqrt{\sum_{m=A}^{E} \sigma_m^2 + \sum_{m=A}^{E} \sum_{j=A}^{E} \rho_{mj}\sigma_m\sigma_j} \qquad\qquad \text{Formel 6.9}$$

$$m \neq j$$
$$m = A, B, C, D, E$$
$$j = A, B, C, D, E$$

errechnet, wobei

σ_{P_E} = Standardabweichung der äquivalenten Annuität des existierenden Portefeuilles,

σ_m = Standardabweichung der äquivalenten Annuität des Profit-Zentrums m,

σ_j = Standardabweichung der äquivalenten Annuität des Profit-Zentrums j und

ρ_{mj} = Korrelationskoeffizient der Profit-Zentren m und j.

Die Standardabweichung der äquivalenten Annuität des existierenden Portefeuilles ergibt sich aus

$$\sigma_{P_E} = 1496,10 + 644,09$$

$$\sigma_{P_E} = 46,26 \text{ Mio WE}$$

Um die Auswirkungen des Ausmaßes der Korrelationen zwischen den einzelnen Investitionen auf die Ergebnisse der Portefeuilleanalyse zu zeigen, kann man die Standardabweichungen des existierenden Portefeuilles einerseits unter der Annahme keiner Korrelationen, Korrelationskoeffizient = 0, und andererseits unter der Annahme vollkommen positiver Korrelationen, Korrelationskoeffizient = +1, für alle Kombinationen von Profit-Zentren berechnen. Bei Annahme keiner Korrelationen ergibt sich eine Standardabweichung für das existierende Portefeuille in der Höhe von 38,68 Mio WE, bei Annahme vollkommen positiver Korrelationen ergibt sich eine Standardabweichung in der Höhe von 74,08 Mio WE. Da die aufgrund der tatsächlichen Korrelationen berechnete Standardabweichung 46,26 Mio WE beträgt, wird offensichtlich, daß der Konzern stark diversifiziert ist.

6.4.3 Analyse der zu erwerbenden Gesellschaft

6.4.3.1 Prognose der Zahlungsströme des Profit-Zentrums F

Die zu erwerbende Gesellschaft wird in der Portefeuille-Analyse als Profit-Zentrum F bezeichnet. Die Prognose der zukünftigen Zahlungsströme dieses neuen Profit-Zentrums wurde von den mit der konzerninternen Planung der Investition befaßten Fachleuten vorgenommen. Entsprechend den Ausführungen im Abschnitt 6.1 wird für die Investitionsrechnung beispielsweise die Übernahme der Beteiligungsgesellschaft mit Mitte 1978 festgelegt. Da die Investitionsplanung für diesen angenommenen Investitionsstichtag nachvollzogen werden soll, werden auch die bereits bekannten und daher als deterministisch zu betrachtenden Zahlungen des Jahres 1978 in die Prognose der Zahlungsströme einbezogen.

Die Prognose der Betriebsergebnisse wurde in zwei Phasen durchgeführt. Einerseits wurden jährlich variierende Betriebsergebnisse für den Zeitraum 1978 bis 1980 geschätzt und andererseits wurde für den Zeitraum ab 1981 langfristig-durchschnittliche Betriebsergebnisse prognostiziert (258). Wie für die Profit-Zentren A bis E wurden pessimistische, häufigste und optimistische Werte geschätzt.

Die von den Planern im Zuge der Investitionsplanung des Konzerns erstellte Bewertung der in Durchführung befindlichen Aufträge der zu erwerbenden Gesellschaft erlaubte eine detaillierte Prognose der Betriebsergebnisse der Jahre 1978 bis 1980. Die geschätzten pessimistischen, häufigsten und optimistischen Werte der zukünftigen Betriebsergebnisse des Profit-Zentrums F können der Tabelle 6.5 entnommen werden.

Tabelle 6.5: Schätzung der Betriebsergebnisse des Profit-Zentrums F

Betriebsergebnis			
1978	1979	1980	1981 – ∞
deterministisch	pess./häuf./opt.	pess./häuf./opt.	pess./häuf./opt.
22,4	8,8 18,0 28,0	8,0 12,0 18,0	4,0 8,0 14,0

---

258 Dabei wurden die gleichen Annahmen, z.B. bezüglich der Finanzierung von Ersatzinvestitionen, getroffen wie bei der Prognose der langfristig-durchschnittlichen Betriebsergebnisse der Profit-Zentren A bis E.

Da die Schätzwerte der Betriebsergebnisse die Annahme von β-Verteilungen erlauben, können die Erwartungswerte der Betriebsergebnisse der einzelnen Jahre mittels der Formel 6.10

$$\mu_t = \frac{B_P + 4B_H + B_O}{6} \qquad\qquad \text{Formel 6.10}$$

und die Standardabweichung der Betriebsergebnisse mittels der Formel 6.11

$$\sigma_t = \frac{B_O - B_P}{2,6} \qquad\qquad \text{Formel 6.11}$$

errechnet werden. Die Erwartungswerte der Betriebsergebnisse und die Standardabweichungen der Betriebsergebnisse der einzelnen Jahre sind in Tabelle 6.6 zusammengefaßt.

Tabelle 6.6: Erwartungswerte und Standardabweichungen der Betriebsergebnisse des Profit-Zentrums F

Jahr	Erwartungswert des Betriebsergebnisses	Standardabweichung des Betriebsergebnisses
1978	22,40	0,00
1979	18,18	7,39
1980	12,33	3,85
1981 $-\ \infty$	8,33	3,85

Da von der Konzernführung für den Zeitraum von 1978 bis 1980 umfangreiche Rationalisierungs- und Erweiterungsinvestitionen geplant wurden, kann für diesen Zeitraum die Annahme, daß die Geräteinvestitionen durch die Abschreibungen für Geräte finanziert werden, nicht aufrecht erhalten werden.

Die über die Ersatzinvestitionen hinausgehenden Investitionen sind in den Auszahlungsströmen der Jahre 1978 bis 1980 besonders zu berücksichtigen. Die diesbezüglichen Auszahlungen werden von der Konzernführung mit 10 Mio WE jährlich angesetzt. Die Finanzierung dieser Geräteinvestitionen soll zum Teil aus den Abschreibungen, 2 Mio WE, und zum Teil aus den hohen Betriebsergebnissen, 8 Mio WE, erfolgen. Die fixe Planung dieser Geräteinvestitionen für die zu erwerbende Gesellschaft ermöglicht es, die Investitionszahlungen als deterministische Werte in der Prognose der Zahlungsströme anzusetzen.

Die Abschreibungen der Jahre 1978 bis 1980 enthalten daher die Abschreibungen des bestehenden Geräteparks, 18 Mio WE, mit denen die Ersatzinvestitionen finanziert werden, und die Abschreibungen der als Rationalisierungs- und Erweiterungsinvestitionen zusammengefaßten neuen Geräte. Für diese neuen Geräte wird durchschnittlich eine lineare Abschreibung über fünf Jahre angenommen. Die jährliche Abschreibung der neuen Geräte beträgt 2 Mio WE. Die Summe der Abschreibungen ist daher 20 Mio WE pro Jahr.

Obwohl die neue Gesellschaft erst im September 1978 gekauft wurde, fiel bereits 1978 das erste Betriebsergebnis an, da im Kaufvertrag eine Ergebnisübernahme für das laufende Geschäftsjahr vereinbart wurde. Als einmalige Auszahlung fiel 1978 die Anschaffungszahlung des Kaufpreises der neuen Gesellschaft in der Höhe von 40 Mio WE an. Für die Jahre ab 1981 wird angenommen, daß nach Abschluß des Rationalisierungs- und Erweiterungsinvestitionsprogramms die jährlichen Ersatzinvestitionen in der Höhe von durchschnittlich 20 Mio WE durch die jährlichen Abschreibungen finanziert werden. Eine Aufstellung der Ein- und Auszahlungen des Profit-Zentrums F für die einzelnen Jahre erfolgt in Tabelle 6.7.

Tabelle 6.7: Zahlungsströme des Profit-Zentrums F

	1978	1979	1980	1981 – ∞
Erwartungswert des Betriebsergebnisses	22,40	18,13	12,33	8,33
Abschreibungen	20,00	20,00	20,00	20,00
Erwartungswert der Einzahlungen	42,40	38,13	32,33	28,33
Anschaffungsauszahlung	40,00	–	–	–
Ersatzinvestitionen	18,00	18,00	18,00	20,00
Rationalisierungs- und Erweiterungsinvestitionen	10,00	10.00	10.00	–
Summe der Auszahlungen	68,00	28,00	28,00	20.00
Erwartungswert des Einzahlungsüberschusses (=Erwartungswert der Einzahlung minus Summe der Auszahlungen)	-25,60	10,13	4,33	8,33
Standardabweichung des Einzahlungsüberschusses	0,00	7,39	3,85	3,85

Der Erwartungswert des Einzahlungsüberschusses wird errechnet, indem man die Summe der Auszahlungen vom Erwartungswert der Einzahlungen abzieht. Die Standardabweichung des Einzahlungsüberschusses ist gleich der Standardabweichung des Betriebsergebnisses eines bestimmten Jahres, da nur für die Betriebsergebnisse stochastische Werte berücksichtigt werden.

6.4.3.2 Berechnung des Erwartungswertes der äquivalenten Annuität und der Standardabweichung der äquivalenten Annuität des Profit-Zentrums F

Die Bewertung des Profit-Zentrums F erfolgt wie die Bewertung der Profit-Zentren A bis E bzw. wie die Bewertung des Konzerns als Ganzes auf der Grundlage der äquivalenten Annuität. Der Erwartungswert der äquivalenten Annuität des Profit-Zentrums F wird errechnet, indem zuerst die Erwartungswerte der jährlichen Einzahlungsüberschüsse abgezinst werden, um den Erwartungswert des Kapitalwertes zu erhalten, dessen anschließende Multiplikation mit dem Wiedergewinnungsfaktor den Erwartungswert der äquivalenten Annuität für die variierenden Zahlungsströme des Profit-Zentrums F ergibt.

Die Abzinsung der Erwartungswerte der Einzahlungsüberschüsse bzw. der Varianzen der Einzahlungsüberschüsse erfolgt in zwei Phasen. In der ersten Phase werden die gleichbleibenden Erwartungswerte der Einzahlungsüberschüsse und die Varianzen der Einzahlungsüberschüsse des Zeitraumes 1981 bis ∞ auf das Ende des Jahres 1981 abgezinst. Die Erwartungswerte bzw. die Varianzen der Einzahlungsüberschüsse des Zeitraumes 1981 bis ∞ sind gleich dem Erwartungswert bzw. der Varianz des langfristig-durchschnittlichen Betriebsergebnisses des Profit-Zentrums F. Die Berechnung des Erwartungswertes des Kapitalwertes der Einzahlungsüberschüsse des Zeitraumes 1981 bis ∞, μ_{81}, erfolgt mittels der Formel 6.12.

$$\mu_{81} = \frac{\mu_\infty}{i} \qquad \text{Formel 6.12}$$

und die Berechnung der Varianz des Kapitalwertes erfolgt mittels der Formel 6.13

$$\sigma^2_{81} = \frac{\sigma^2_\infty}{i(i+2)} \qquad \text{Formel 6.13}$$

wobei

μ_{81} = Erwartungswert des Kapitalwertes der Betriebsergebnisse des Zeitraumes 1981 bis ∞ (Stichtag: Ende 1981),

μ_{∞} = Erwartungswert des jährlichen Betriebsergebnisses des Zeitraumes 1981 bis ∞,

σ^2_{81} = Varianz des Kapitalwertes der Betriebsergebnisse des Zeitraumes 1981 bis ∞ (Stichtag: Ende 1981),

σ^2_{∞} = Varianz des jährlichen Betriebsergebnisses des Zeiraumes 1981 bis ∞ (259).

Der Erwartungswert des Kapitalwertes der Betriebsergebnisse des Zeiraumes 1981 bis ∞

$$\mu_{81} = \frac{8,33}{0,05} = 166,6 \text{ Mio WE} = \mu_3$$

und die Varianz des Kapitalwertes der Betriebsergebnisse

$$\sigma^2_{81} = \frac{14,828}{0,103} = 143,91 \text{ Mio WE} = \sigma^2_3 \; .$$

In der zweiten Phase der Berechnung wird der Zeitraum 1978 bis 1981 betrachtet. Durch die Abzinsung der Erwartungswerte der Einzahlungsüberschüsse μ_0, μ_1, μ_2, bzw. der Varianzen der Einzahlungsüberschüsse der Jahre 1978, 1979 und 1980 und durch Abzinsung des Erwartungswertes des Kapitalwertes μ_3 bzw. der Varianz des Kapitalwertes der Betriebsergebnisse σ^2_3 für den Zeitraum 1981 bis ∞ können der Erwartungswert des Kapitalwertes und die Varianz des Kapitalwertes des Profit-Zentrums F berechnet werden (siehe Bild 6.7).

---

259 Die Formel 6.13 kann aus der Formel 6.14

$$\sigma^2_{81} = \sum_{t=1}^{\infty} \frac{\sigma^2_{\infty}}{(1+i)^{2t}} \qquad\qquad \text{Formel 6.14}$$

durch die Einsetzung der Formel zur Berechnung der Summe einer unendlichen geometrischen Reihe und durch die Annahme, daß i>O abgeleitet werden. Die Berechnung der Varianz des Kapitalwertes gemäß Formel 6.14 wurde von Frederick S.Hillier in "The Derivation of Probabilstic Information for the Evaluation of Risky Investments", Management Science 9, April 1963, 443-457, dargestellt.

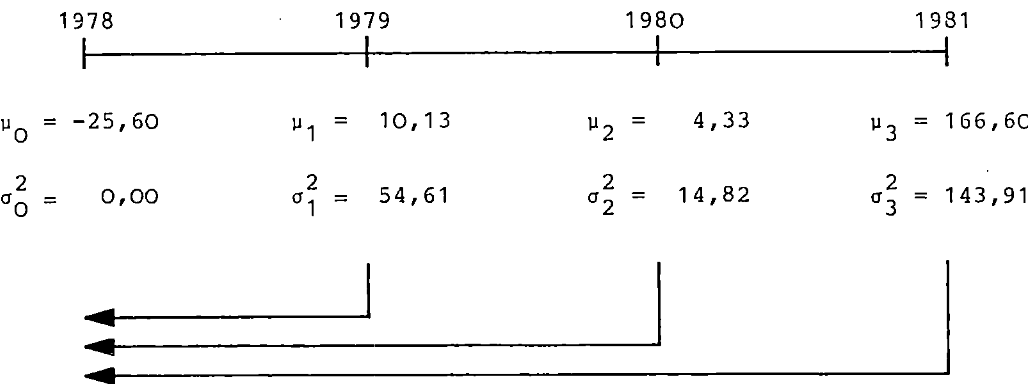

Bild 6.7: Zeitachse zur Darstellung der Zahlungsströme des Profit-Zentrums F

Durch Multiplikation der Erwartungswerte der jährlichen Einzahlungsüberschüsse μ_0 bis μ_3 mit den entsprechenden Abzinsungsfaktoren ergibt sich der Erwartungswert des Kapitalweres des Profit-Zentrums F, $E(K)_F$:

$$E(K)_F = -25,60 + 10,13 \cdot 0,9524 + 4,33 \cdot 0,9070 + 166,60 \cdot 0,8638$$

$$E(K)_F = 131,88 \text{ Mio WE.}$$

Die Varianz des Kapitalwertes des Profit-Zentrums F wird mittels der Formel 6.15

$$\sigma_{K_F}^2 = \sum_{t=0}^{n} \frac{\sigma_t^2}{(1+i)^{2t}} \qquad t = 0, 1, 2, 3 \qquad \text{Formel 6.15}$$

errechnet, wobei

$\sigma_{K_F}^2$ = Varianz des Kapitalwertes des Profit-Zentrums F und

σ_t^2 = Varianz des Erwartungswertes des Einzahlungsüberschusses der Periode t.

$$\sigma_{K_F}^2 = 0 + 49,51 + 12,19 + 107,39$$

$$\sigma_{K_F}^2 = 169,09 \text{ Mio WE}$$

Der Erwartungswert der äquivalenten Annuität des Profit-Zentrums F, $E(A)_F$, errechnet sich durch die Multiplikation des Erwartungswertes des Kapitalwertes mit dem Kalkulationszinsfuß i (260).

$$E(A)_F = E(K)_F \cdot i = 131,88 \cdot 0,05$$

$$E(A)_F = 6,59 \text{ Mio WE}$$

Die Varianz der äquivalenten Annuität, $\sigma^2_{A_F}$, kann durch eine Umformung der Formel 6.13 errechnet werden:

$$\sigma^2_{A_F} = \sigma^2_{K_F} \cdot i (i+2) = 169,09 \cdot 0,103$$

$$\sigma^2_{A_F} = 17,42 \text{ Mio WE}$$

Für die folgenden Schritte der Portefeuilleanalyse wird das Profit-Zentrum F durch eine äquivalente Annuität in der Höhe von 6,59 Mio WE und durch die Varianz der äquivalenten Annuität in der Höhe von 17,42 Mio WE charakterisiert.

6.4.4 Analyse des neuen Portefeuilles

Ziel der Portefeuilleanalyse ist es, die Auswirkungen der zu erwerbenden Gesellschaft auf den Konzern als Ganzes festzustellen. Diese Auswirkungen bestehen einerseits in einer Erhöhung des Erwartungswertes der äquivalenten Annuität des Konzerns und andererseits in einer Veränderung des Risikos des Konzerns, das durch die Varianz der äquivalenten Annuität gemessen wird. Um das Ausmaß der Auswirkungen der zu erwerbenden Gesellschaft auf den Konzern zu ermitteln, müssen die Charakteristika Erwartungswert der äquivalenten Annuität und Varianz der äquivalenten Annuität des existierenden Portefeuilles mit den Charakteristika eines neuen Portefeuilles, das gebildet wird, indem man das existierende Portefeuille um das Profit-Zentrum F ergänzt, verglichen werden. Das neue Portefeuille setzt sich aus den Profit-Zentren A, B, C, D, E und F zusammen.

---

260 Für das Profit-Zentrum F wird wie für die Profit-Zentren A bis E
     ein unendlicher Planungszeitraum angenommen.

Um die Varianz des neuen Portefeuilles berechnen zu können, müssen
die Korrelationen zwischen den Betriebsergebnissen der einzelnen Profit-Zentren des existierenden Portefeuilles und dem Betriebsergebnis
des Profit-Zentrums F bestimmt werden.

6.4.4.1 Korrelationen zwischen den Betriebsergebnissen der Profit-Zentren des neuen Portefeuilles

Die Korrelationen zwischen den Betriebsergebnissen der Profit-Zentren
A, B, C, D und E wurden bereits in Abschnitt 6.4.2.2 beschrieben. Die
Korrelationsanalyse für das neue Portefeuille kann sich daher auf die
Korrelationen zwischen den Profit-Zentren des existierenden Portefeuilles und dem Profit-Zentrum F beschränken. Die Bestimmung der Korrelationen für fünf weitere Kombinationen von Profit-Zentren wurde in der
bereits beschriebenen Art durch Befragung der Planer und Entscheidungsträger des Konzerns durchgeführt. Die Ergebnisse der Korrelationsanalyse sind in Bild 6.8 zusammengefaßt.

Starke Übereinstimmungen der Befragten konnten für die Korrelationen
der Profit-Zentren AF, BF und EF erzielt werden. Für die Kombinationen
CF und DF wird, wie aus Bild 6.9 ersichtlich wird, jeweils jenes Kor-
relationsausmaß bestimmt, das von zumindest zwei Befragten genannt wurde. Dieses Ausmaß entspricht auch in etwa einem Mittelwert der Angaben
aller Befragten.

Die Befragten gaben an, daß sie eine Korrelation mittleren Ausmaßes
für die Kombinationen AF festlegten, da das Profit-Zentrum A ausschließlich und das Profit-Zentrum F vorwiegend im Inland tätig ist
und dadurch die gesamtwirtschaftliche Entwicklung und speziell das
Vergabeverhalten der öffentlichen Hand auf beide Profit-Zentren glei-
chermaßen Einfluß hat. Eine starke Korrelation konnte jedoch nicht angenommen werden, da die Bauaufgaben der beiden Profit-Zentren unterschiedlich sind. Für die Kombinationen CF und EF wurden sehr schwache
Korrelationen bestimmt, die aus eventuellen gemeinsamen Aufträgen der
neuen Gesellschaft und dem Auslandsbau bzw. anderen Beteiligungsgesellschaften entstehen können. Für die Kombination DF gilt die Marktver-
bundenheit, die für AF und BF analysiert wurde, in abgeschwächter Form.

Zusammenfassend kann festgestellt werden, daß keine starken Korrelationen zwischen den existierenden Profit-Zentren und dem neuen Profit-
Zentrum bestehen. Die Vornahme der Investition in das Profit-Zentrum F
erhöht daher die Diversifikation des Konzerns.

<table>
<tr>
<td rowspan="3">Kombinationen von
Profit-Zentren</td>
<td colspan="28">Korrelationen</td>
</tr>
<tr>
<td colspan="4">keine</td>
<td colspan="4">sehr schwach</td>
<td colspan="4">schwach</td>
<td colspan="4">mittel</td>
<td colspan="4">stark</td>
<td colspan="4">sehr stark</td>
<td colspan="4">voll-kommen</td>
</tr>
<tr>
<td>S</td><td>F</td><td>ST</td><td>H</td>
<td>S</td><td>F</td><td>ST</td><td>H</td>
<td>S</td><td>F</td><td>ST</td><td>H</td>
<td>S</td><td>F</td><td>ST</td><td>H</td>
<td>S</td><td>F</td><td>ST</td><td>H</td>
<td>S</td><td>F</td><td>ST</td><td>H</td>
<td>S</td><td>F</td><td>ST</td><td>H</td>
</tr>
<tr>
<td>AF</td>
<td></td><td></td><td></td><td></td>
<td></td><td></td><td></td><td></td>
<td></td><td></td><td></td><td></td>
<td>X</td><td></td><td>X</td><td>X</td>
<td>X</td><td></td><td></td><td></td>
<td></td><td></td><td></td><td></td>
<td></td><td></td><td></td><td></td>
</tr>
<tr>
<td>BF</td>
<td></td><td></td><td></td><td></td>
<td>X</td><td></td><td></td><td></td>
<td></td><td></td><td></td><td></td>
<td></td><td>X</td><td>X</td><td>X</td>
<td></td><td></td><td></td><td></td>
<td></td><td></td><td></td><td></td>
<td></td><td></td><td></td><td></td>
</tr>
<tr>
<td>CF</td>
<td></td><td></td><td>X</td><td></td>
<td>X</td><td></td><td></td><td>X</td>
<td></td><td></td><td></td><td></td>
<td></td><td></td><td></td><td></td>
<td></td><td>X</td><td></td><td></td>
<td></td><td></td><td></td><td></td>
<td></td><td></td><td></td><td></td>
</tr>
<tr>
<td>DF</td>
<td>X</td><td></td><td></td><td></td>
<td></td><td>X</td><td></td><td></td>
<td></td><td></td><td>X</td><td>X</td>
<td></td><td></td><td></td><td></td>
<td></td><td></td><td></td><td></td>
<td></td><td></td><td></td><td></td>
<td></td><td></td><td></td><td></td>
</tr>
<tr>
<td>EF</td>
<td></td><td></td><td></td><td></td>
<td>X</td><td>X</td><td>X</td><td>X</td>
<td></td><td></td><td></td><td></td>
<td></td><td></td><td></td><td></td>
<td></td><td></td><td></td><td></td>
<td></td><td></td><td></td><td></td>
<td></td><td></td><td></td><td></td>
</tr>
</table>

Bild 6.8: Korrelationen der Betriebsergebnisse der existierenden Profit-Zentren mit Profit-Zentrum F

<table>
<tr>
<td rowspan="2">Kombinationen von
Profit-Zentren</td>
<td colspan="7">Korrelationskoeffizienten</td>
</tr>
<tr>
<td>0,0</td><td>0.1</td><td>0,3</td><td>0,5</td><td>0,7</td><td>0,9</td><td>1,0</td>
</tr>
<tr>
<td>AF</td><td></td><td></td><td></td><td>×</td><td></td><td></td><td></td>
</tr>
<tr>
<td>BF</td><td></td><td></td><td></td><td>×</td><td></td><td></td><td></td>
</tr>
<tr>
<td>CF</td><td></td><td>×</td><td></td><td></td><td></td><td></td><td></td>
</tr>
<tr>
<td>DF</td><td></td><td></td><td>×</td><td></td><td></td><td></td><td></td>
</tr>
<tr>
<td>EF</td><td></td><td>×</td><td></td><td></td><td></td><td></td><td></td>
</tr>
</table>

Bild 6.9: Korrelationskoeffizienten der existierenden Profit-Zentren mit Profit-Zentrum F

6.4.4.2 Erwartungswert der äquivalenten Annuität und Standardabweichung der äquivalenten Annuität des neuen Portefeuilles

Der Erwartungswert der äquivalenten Annuität des neuen Portefeuilles $E(A)_{P_N}$ wird mittels der Formel 6.16 durch die Summierung der Erwartungswerte der äquivalenten Annuitäten der Profit-Zentren A bis F errechnet:

$$E(A)_{P_N} = \sum_{m=A}^{F} E(A)_m \qquad m = A, B, C, D, E, F \qquad \text{Formel 6.16}$$

$$E(A)_{P_N} = 23,83 + 28,00 + 70,00 + 50,00 + 35,00 + 6,59$$

$$\underline{E(A)_{P_N} = 213,42 \text{ Mio WE}}$$

Die Standardabweichung der äquivalenten Annuität des neuen Portefeuilles σ_{P_N} wird mittels der Formel 6.17

$$\sigma_{P_N} = \sqrt{\sum_{m=A}^{F} \sigma_m^2 + \sum_{m=A}^{F} \sum_{j=A}^{F} \rho_{mj} \sigma_m \sigma_j} \qquad \text{Formel 6.17}$$

$$m \neq j$$
$$m = A, B, C, D, E, F$$
$$j = A, B, C, D, E, F$$

errechnet. Die Standardabweichung der äquivalenten Annuität des neuen Portefeuilles ergibt sich aus

$$\sigma_{P_N} = \sqrt{1513,52 + 797,09}$$

$$\underline{\sigma_{P_N} = 48,07 \text{ Mio WE}}$$

6.4.5 Vergleich der alternativen Portefeuilles

Die Ergebnisse der Analyse des existierenden Portefeuilles und des neuen Portefeuilles werden in Tabelle 6.8 verglichen:

Tabelle 6.8: Ergebnisse der Portefeuille-Analyse

	existierendes Portefeuille (in Mio WE)	neues Portefeuille (in Mio WE)
Erwartungswert der äquivalenten Annuität	206,38	213,42
Standardabweichung der äquivalenten Annuität	46,26	48,07

Durch die Vornahme der neuen Investitionen steigt die Standardabweichung des Portefeuilles um 1,81 Mio WE ($\sigma_{P_N} - \sigma_{P_A}$ = 48,07 - 46,26 =
= 1,81).

Der Vergleich dieses Wertes, 1,81 Mio WE, mit der Standardabweichung der äquivalenten Annuität des Profit-Zentrums F von 4,17 Mio
WE, der sich bei einer Betrachtung des Profit-Zentrums F in Isola-
tion ergibt, macht die Auswirkungen des Risikoverbundes deutlich.
Der Risikoverbund zwischen den existierenden Investitionen und der
neuen Investition tritt in dieser Form ausschließlich für den untersuchten Konzern auf. Die errechnete Standardabweichung des neuen
Portefeuilles stellt daher ein Spezifikum des untersuchten Konzerns
dar.

Aufgrund der in Tabelle 6.8 zusammengefaßten Ergebnisse kann kein·
dominantes Portefeuille festgestellt werden (261). Durch die Vornahme
der Investition in das Profit-Zentrum F ist der Erwartungswert der
äquivalenten Annuität des neuen Portefeuilles zwar höher als der des
existierenden Portefeullies, da aber gleichzeitig die Standardabweichung der äquivalenten Annuität des neuen Portefeuilles höher ist als
jene des existierenden Portefeuilles, stellen beide Portefeuilles effiziente Lösungen dar. Eine rationale Entscheidung ist daher nur durch
die Anwendung des Bernoulli-Prinzips möglich, das die Kenntnis der Nutzenfunktion des Entscheidenden voraussetzt. Erst die Feststellung der
Risikoneigung des Entscheidenden ermögicht die Auswahl des für den Entscheidungsträger optimalen Portefeuilles. Das optimale Portefeuille ist
jenes, dem der Entscheidungsträger den maximalen Nutzenerwartungswert
E(U) zuordnet.

6.4.6 Investitionsentscheidung aufgrund des Bernoulli-Prinzips
Über Investitionen der Dimension der Investition des Profit-Zentrums
F entscheidet bei dem untersuchten Konzern keine Einzelperson, son-
dern der gesamte Vorstand durch einstimmigen Vorstandsbeschluß. Die-

---

261 Eine Dominanz z.B. des neuen Portefeuilles über das existierende
     Portefeuille wäre dann gegeben, wenn entweder $E(A)_{P_N} > E(A)_{P_E}$ und
     $\sigma_{P_N} \leq \sigma_{P_E}$, oder wenn $E(A)_{P_N} \geq E(A)_{P_E}$ und $\sigma_{P_N} < \sigma_{P_E}$.

se institutionalisierte Entscheidungsfindung würde eine Investitionsentscheidung aufgrund der subjektiven Nutzenfunktion eines Entscheidungsträgers theoretisch ausschließen. In der Praxis zeigt es sich
jedoch, daß der Vorstandsbeschluß oft nur die letzte formale Phase
der Entscheidungsfindung darstellt. Bereits davor entscheidet meist
ein Entscheidungsträger über die Vorteilhaftigkeit einer Investition.
Das ist in der Regel ein Vorstandsmitglied, der ein Investitionsbe-
dürfnis erkennt, die Durchführung einer Investitionsplanung veranlaßt und verantwortet und die Ergebnisse dieser Planung bewertet.
Erst wenn dieser Promotor einer Investition aufgrund seiner Risikoneigung eine Investition als vorteilhaft erachtet, wird er gegenüber dem
Vorstand die Vornahme der Investition vertreten. Der Informationsvor-
sprung des Promotors, der aus einem Prozeß der Arbeitsteilung resultiert, dürfte in der Regel dazu führen, daß sich die übrigen Vorstandsmitglieder seiner Investitionsentscheidung anschließen. Voraussetzung
dafür ist einerseits das Vertrauen in das Verantwortungsgefühl des
Promotors und andererseits die Erfüllung objektiver Entscheidungskriterien, wie z.B. Erreichung eines positiven Kapitalwertes bzw. einer
bestimmten Mindestrendite, durch eine Investition.

Auch wenn diese Form der Entscheidungsfindung nicht praktikabel erscheint, besteht die Möglichkeit, die Entscheidungsfindung aufgrund
subjektiver Risikoneigungen vorzunehmen, wenn angenommen wird, daß
die für ein Vorstandsmitglied erfragte Nutzenfunktion repräsentativ
für den gesamten Vorstand ist. Weiters ist es möglich, für mehrere
Vorstandsmitglieder Nutzenfunktionen zu erfragen und aus diesen Werten
eine durchschnittliche, für die Gruppe repräsentative Nutzenfunktion
zu entwickeln.

6.4.6.1 Ermittlung der Nutzenfunktion

Durch eine Befragung eines Vorstandsmitgliedes wurde dessen subjektive
Nutzenfunktion entwickelt, die als repräsentativ für den gesamten Vorstand erachtet wird. Für die Ermittlung der Nutzenfunktion wurden Nutzwerte, die der Befragte verschiedenen Werten des langfristig durchschnittlichen Konzernbetriebsergebnisses zuordnete, festgestellt. Die
Dimension der Werte, für die Nutzenwerte festgestellt wurden, stimmt
mit der Dimension der Werte des Investitionsproblems überein, da die
äquivalente Annuität des existierenden Portefeuilles mit dem Erwartungswert des Konzernbetriebsergebnisses ident ist. Es kann daher ge-

sagt werden, daß die mit Hilfe des Konzernbetriebsergebnisses ermittelten Nutzenwerte für die Entscheidungsfindung des untersuchten Investitionsproblems relevant sind.

Für die Ermittlung der Nutzenwerte wurde eine untere und eine obere Grenze des langfristig-durchschnittlichen Betriebsergebnisses festgelegt. Zur Bestimmung dieser Grenzen wurde versucht, den Nutzen, der durch die Erwirtschaftung eines positiven Betriebsergebnisses entsteht, zu rationalisieren: Der Nutzen eines positiven Betriebsergebnisses besteht in den Möglichkeiten des Konzerns, Dividenden auszuzahlen, Investitionen vorzunehmen, die Kapitalstruktur zu erhalten oder zu verbessern, neue Marktanteile zu gewinnen und sonstige Unternehmensziele zu realisieren.

Die untere Grenze des langfristig-durchschnittlichen Betriebsergebnisses wurde durch jenes minimale Betriebsergebnis bestimmt, das ausreicht, um geringe Dividenden auszubezahlen und Ersatzinvestitionen vorzunehmen, wodurch der Erhalt des Konzerns gesichert wird. Durch Betriebsergebnisse, die über diesem minimalen Wert liegen, steigt die Flexibilität der Konzernführung, die oben angeführten Unternehmensziele zu realisieren. Höhere Betriebsergebnisse haben daher auch höhere Nutzenwerte.

Die Festlegung einer oberen Grenze des Betriebsergebnisses ist dadurch gerechtfertigt, daß es in Wirklichkeit keine unendlich hohen Betriebsergebnischancen gibt. Es wird daher angenommen, "daß bereits bei einem endlichen Einkommen ein Nutzenmaximum entsteht, also der zusätzliche Nutzen von Einkommenschancen (der Grenznutzen) Null wird" (262). Als untere Grenze des langfristig-durchschnittlichen Betriebsergebnisses wurde ein Wert von 120 Mio WE und als obere Grenze ein Wert von 360 Mio WE festgelegt. Diesen beiden Betriebsergebnissen wurden willkürlich die Nutzenwerte O, für 120 Mio WE, und 10, für 36 Mio We, zugeordnet.

Ausgehend von der unteren und oberen Grenze des langfristig-durchschnittlichen Konzernbetriebsergebnisses und deren Nutzenwerte wurden durch hypothetische Risikosituationen für verschiedene Betriebsergeb-

---

262 Schneider,D.: Investition und Finanzierung, a.a.O., 117.

nisse, die zwischen der unteren und oberen Grenze lagen, Nutzenwerte
festgestellt. Grundlage des Verfahrens der Ermittlung von Nutzenwerten ist die Aussage, daß für jede Wahrscheinlichkeitsverteilung aus
zwei Zukunftslagen, x_1 und x_2, ein Sicherheitsäquivalent S, existiert.
Hier ist das Sicherheitsäquivalent das sichere Betriebsergebnis, das
der Wahrscheinlichkeitsverteilung aus einem niedrigen und einem höheren Betriebsergebnis gleichgesetzt wird.

In der Befragung wurde der Entscheidungsträger um das Sicherheitsäquivalent zweier bestimmter Betriebsergebnisse, die je eine hypothetische
Eintrittswahrscheinlichkeit von 50% hatten, befragt. Diesem Sicherheitsäquivalent, einem bestimmten Betriebsergebnis, konnte ein Nutzenwert zugeordnet werden, da der Nutzen des Sicherheitsäquivalents gleich
der Nutzenerwartung der beiden betrachteten Betriebsergebnisse B_k ist:

$$U_s = E(U) \qquad\qquad\qquad\qquad \text{Formel 6.18}$$

wobei

U_s = Nutzen des Sicherheitsäquivalents und
$E(U)$ = Nutzenerwartungswert der beiden betrachteten Betriebsergebnisse.

Der Nutzenerwartungswert wird durch Gewichtung der bekannten Nutzen
der beiden betrachteten Betriebsergebnisse B_k mit den Wahrscheinlichkeiten ihres Eintritts, je 50%, ermittelt.

$$E(U) = \sum_{k=1}^{2} w_k \cdot U(B_k) \qquad\qquad \text{Formel 6.19}$$

wobei

w_k = Eintrittswahrscheinlichkeit des Betriebsergebnisses B_k und
$U(B_k)$ = Nutzen des Betriebsergebnisses B_k.

Die Befragung wurde in drei Schritten vorgenommen. Im ersten Schritt
wurde der Entscheidungsträger um sein Sicherheitsäquivalent für die
Chance mit 50%-iger Wahrscheinlichkeit ein Betriebsergebnis von 120
Mio WE und mit 50%-iger Wahrscheinlichkeit ein Betriebsergebnis von
360 Mio WE zu erzielen, befragt. Als Sicherheitsäquivalent wurde ein
Betrag von 200 Mio WE angegeben. Da die Nutzenwerte für 120 Mio WE,
als untere Grenze bzw. für 360 Mio WE als obere Grenze, mit 0 bzw.
mit 10 bekannt waren, konnte der Nutzen des Sicherheitsäquivalents

durch Multiplikation dieser Nutzenwerte mit den Eintrittswahrscheinlichkeiten der betrachteten Betriebsergebnisse errechnet werden:

$$U_s = 0,5 \cdot 0 + 0,5 \cdot 10$$

$$\underline{U_s = 5}$$

Dem Betriebsergebnis von 200 Mio WE konnte daher der Nutzenwert 5 zugeordnet werden.

Im zweiten Schritt wurde das Sicherheitsäquivalent für die Chance,
mit 50%-iger Wahrscheinlichkeit ein Betriebsergebnis von 120 Mio WE
und mit 50%-iger Wahrscheinlichkeit ein Betriebsergebnis von 200 Mio
WE, für das bereits der Nutzenwert 5 bekannt war, zu erzielen, erfragt.
Das Sicherheitsäquivalent war 152 Mio WE. Im letzten Schritt wurde das
Sicherheitsäquivalent für die Betriebsergebnisse von 200 Mio WE und
360 Mio WE mit 264 Mio WE festgestellt. Für das Betriebsergebnis von
152 Mio WE wurde ein Nutzenwert 2,5 für das von 264 Mio WE ein Nutzenwert 7,5 errechnet.

Zur Bestimmung der Nutzenfunktion des Entscheidungsträgers standen
nach diesen Befragungen fünf Punkte P_1 bis P_5, mit den in Tabelle
6.9 zusammengefaßten Koordinaten, X-Achse = Betriebsergebnis, y-Achse
= Nutzen, zur Verfügung.

Tabelle 6.9: Koordinaten der erfragten Punkte der Nutzenfunktion

Punkte	Betriebsergebnis (in Mio WE)	Nutzen (U)
P_1	120	0,0
P_2	152	2,5
P_3	200	5,0
P_4	264	7,5
P_5	360	10,0

Diese fünf Punkte wurden verwendet, um durch einen linearen Ausgleich
die Nutzenfunktion des Entscheidungsträgers zu entwickeln. Bei Annahme eines risikoscheuen Entscheidungsträgers kann eine quadratische
Nutzenfunktion als empirisch "mindestens näherungsweise gültig betrachtet werden und damit die Entscheidung nach dem μ, σ-Prinzip als min-

destens näherungsweise richtig" angesehen werden (263). Bei Investitionsentscheidungen wird Risikoscheue in der Regel als vernünftige Verhaltensweise des Investors empfunden. Für sehr hohe Betriebsergebnischancen folgt Risikoscheue schon aus dem Stetigkeitsprinzip und der Festlegung einer oberen Grenze der Nutzenfunktion. Soll nämlich die Nutzenfunktion ein Maximum im Endlichen haben, dann muß die Kurve nach und nach abflachen, wenn sie stetig verläuft (264).

Das risikoscheue Verhalten des Entscheidungsträgers wurde bereits aus den angegebenen Sicherheitsäquivalenten ersichtlich. So wäre z.B. für die Betriebsergebnisse 120 Mio WE und 360 Mio WE das Sicherheitsäquivalent bei Risikoneutralität 240 Mio WE gewesen. Der Befragte gab jedoch nur einen Wert von 200 Mio WE an. Der Beweis des abnehmenden Grenznutzens je zusätzlicher Million des Betriebsergebnisses wird aus Tabelle 6.10 ersichtlich.

Tabelle 6.10: Abnehmender Grenznutzen bei steigendem
             Betriebsergebnis

Zuwachs des Betriebs- ergebnisses (1)	Nutzenzuwachs (2)	Grenznutzen (2):(1)
120 - 152 = 32	2,5	0,078
152 - 200 = 48	2,5	0,052
200 - 264 = 64	2,5	0,039
264 - 360 = 96	2,5	0,026

Bei Risikoscheue kann also die quadratische Nutzenfunktion

$$U(B) = a \cdot B^2 + b \cdot B + c \qquad \text{Formel 6.20}$$

angenommen werden. Um den Nutzen jedes Betriebsergebnisses U(B) berechnen zu können mußten die Werte der Konstanten a, b und c ermittelt werden. Dazu wurden die durch Befragung des Entscheidungsträgers

263 Vgl.: Schneider,D.: Investition und Finanzierung, a.a.O., 417.

264 Risikoscheue wird weiters durch die allgemeinen Verhaltensannahmen der ökonomischen Theorie gestützt. Das Gesetz des abnehmenden Grenznutzens läßt sich auch auf die Wertschätzung von Einkommenschancen übertragen.

ermittelten Punkte P_1 bis P_5 durch die in Formel 6.20 beschriebene Nutzenfunktion angenähert, was durch einen linearen Ausgleich geschah (265). Die sich ergebende Nutzenfunktion des Entscheidungsträgers hat die Form:

$$U(B) = -0,00012 \cdot B^2 + 0,09765 \cdot B - 9,83680.$$

---

265 Die Funktion $U(B) = a \cdot B^2 + b \cdot B + c$, eine Parabel, ist durch drei Punkte bestimmt, sofern diese verschieden sind und nicht auf einer Geraden liegen. Falls mehr als drei Punkte, hier fünf Punkte, angenähert werden sollen, empfiehlt sich ein linearer Ausgleich. Dazu setzt man die Koordinaten aller gegebenen Punkte in die Funktionsgleichung ein:

$$U(B_1) = a \cdot B_1^2 + b \cdot B_1 + c$$
$$U(B_2) = a \cdot B_2^2 + b \cdot B_2 + c$$
$$U(B_3) = a \cdot B_3^2 + b \cdot B_3 + c$$
$$U(B_4) = a \cdot B_4^2 + b \cdot B_4 + c$$
$$U(B_5) = a \cdot B_5^2 + b \cdot B_5 + c$$

Dieses lineare Gleichungssystem, das mehr Gleichungen als Variable, a, b, c, hat und daher überbestimmt ist, läßt sich in Matrixform anschreiben:

$$Ap = b$$

wobei:

$$A = \begin{pmatrix} 120^2 & 120 & 1 \\ 152^2 & 152 & 1 \\ 200^2 & 200 & 1 \\ 264^2 & 264 & 1 \\ 360^2 & 360 & 1 \end{pmatrix}, \quad p = \begin{pmatrix} a \\ b \\ c \end{pmatrix} \quad \text{und} \quad b = \begin{pmatrix} 0,0 \\ 2,5 \\ 5,0 \\ 7,5 \\ 10,0 \end{pmatrix}$$

Der lineare Ausgleich erfolgt durch Multiplikation des linearen Gleichungssystems $Ap = b$ von links mit der transponierten Matrix A':

$$A'Ap = A'b$$

Die Matrix A' erhält man durch Spiegelung an der Hauptdiagonale:

$$A' = \begin{matrix} 120^2 & 152^2 & 200^2 & 264^2 & 360^2 \\ 120 & 152 & 200 & 264 & 360 \\ 1 & 1 & 1 & 1 & 1 \end{matrix}$$

Die gesuchten Koeffizienten, a, b, c, der Funktion ergeben sich als Lösung des linearen Gleichungssystems $A'Ap = A'b$.

Die Werte der Koeffizienten sind: a = $-0,00012$
b = $0,09765$
c = $-9,83680.$

Eine graphische Darstellung dieser Nutzenfunktion ist in Bild 6.10
ersichtlich. Durch Eintragung der Koordinaten der Punkte P_1 bis P_5
in das Koordinatensystem des Bildes 6.10 zeigt sich die Genauigkeit
der Approximation durch die Funktion.

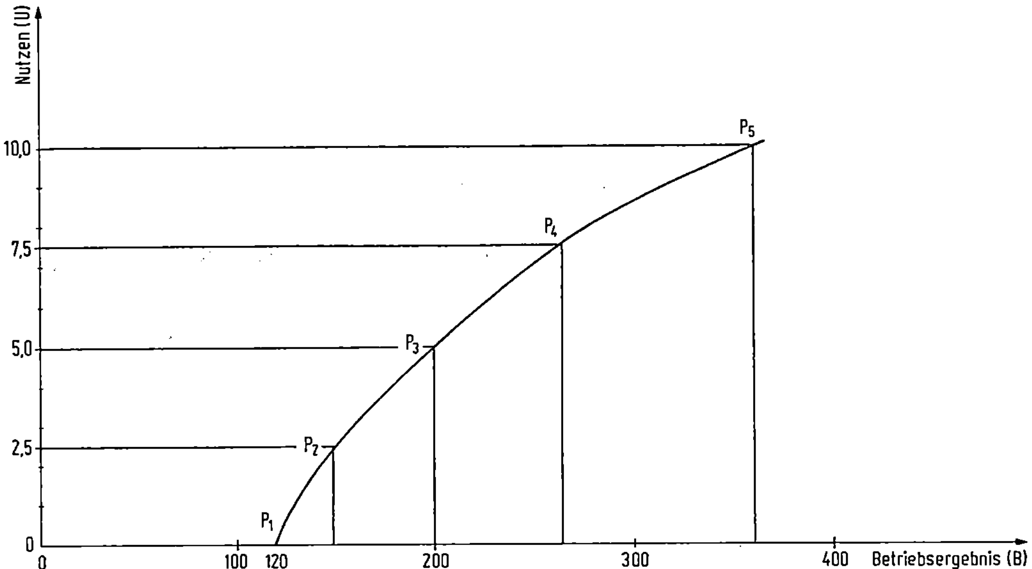

Bild 6.10: Nutzenfunktion des Entscheidungsträgers

6.4.6.2 Investitionsentscheidung

6.4.6.2.1 Formale Lösung

Im vorliegenden Entscheidungsprozeß ist zwischen zwei alternativen
Portefeuilles zu wählen, für die die Erwartungswerte der äquivalenten
Annuitäten E(A) und die Standardabweichungen der äquivalenten Annuitä-
ten σ_A gegeben sind.

Die vier Axiome des Bernoulli-Prinzips und die Entwicklung der durch
eine Unter- und Obergrenze beschränkte Nutzenfunktion bilden die Grundlage, das Problem der Investitionsentscheidung unter Unsicherheit zu
lösen. Das Bernoulli-Prinzip besagt, daß mittels der Nutzenfunktion

des Entscheidenden jeder äquivalenten Annuität ein Nutzen U zugeordnet werden kann. Optimal ist für den Entscheidenden jenes Portefeuille, bei dem die mathematische Erwartung des Nutzens maximiert wird. Es wird demnach nach der Regel

$$E(U) = \sum_{k=1}^{n} w_k \cdot U(A_k) \to MAX \qquad \text{Formel 6.21}$$

entschieden, wobei

$E(U)$ = Erwartungswert des Nutzens,
w_k = Wahrscheinlichkeit der Zukunftslage k,
$U(A_k)$ = Nutzen der äquivalenten Annuität A_k und
n = Anzahl der möglichen Zukunftslagen.

Bei einer quadratischen Nutzenfunktion ist der Erwartungswert des Nutzens nur vom Erwartungswert und der Standardabweichung der Zufallsgröße, hier der äquivalenten Annuität, abhängig (siehe Formel 6.22).

$$E(U) = a \cdot (\sigma_A^2 + E(A)^2) + b \cdot E(A) + c \qquad \text{Formel 6.22}$$

Da der Erwartungswert des Nutzens des existierenden Portefeuilles

$$E(U_E) = -0,00012\ (46,26^2 + 206,38^2) + 0,09765\ (206,38) - 9,83680$$

$$\underline{E(U_E) = 4,95 \text{ NE (Nutzeneinheiten)}}$$

und der Erwartungswert des Nutzens des neuen Portefeuilles

$$E(U_N) = -0,00012\ (48,07^2 + 213,42^2) + 0,09765\ (213,42) - 9,83680$$

$$\underline{E(U_N) = 5,26 \text{ NE}}$$

beträgt, und das Ziel der Maximierung des Erwartungswertes des Nutzens besteht, entscheidet sich der Entscheidungsträger für das neue Portefeuille und somit für die Vornahme der Investition in die neue Gesellschaft.

6.4.6.2.2 Graphische Lösung

Durch Umformung der Formel 6.22 ist es möglich, für einen als fix angenommenen Erwartungswert des Nutzens E(U) für verschiedene Erwartungswerte der äquivalenten Annuitäten E(A) die zugehörigen Varianzen σ_A^2 der äquivalenten Annuitäten zu berechnen.

$$\sigma_A^2 = \frac{E(U)}{a} - E(A)^2 - \frac{b \cdot E(A)}{a} - \frac{c}{a} \qquad\qquad \text{Formel 6.23}$$

Die Verbindung von $E(A)$,σ_A - Kombinationen mit jeweils gleichem Nutzenerwartungswert ermöglicht die Entwicklung von Nutzenindifferenzkurven, die in ein $E(A)$,σ_A - Koordinatensystem eingezeichnet werden können.
Indem man verschiedene Werte für $E(U)$ einsetzt, erhält man die in Bild
6.11 dargestellte Schar von Indifferenzkurven.

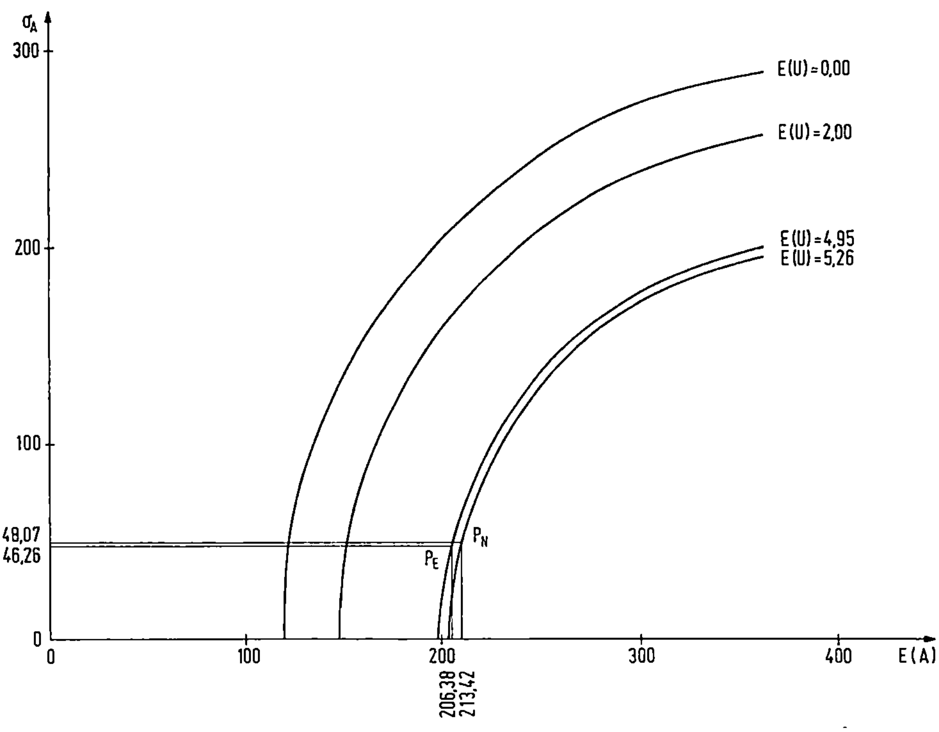

Bild 6.11: Graphische Lösung mittels Nutzenindifferenzkurven

Die errechneten Nutzenindifferenzkurven sind durch Befragungen über
die Indifferenz zwischen alternativen $E(A)$,σ_A - Kombinationen, die auf
einer Nutzenkurve liegen, zu verifizieren. Für die Schar von Indifferenzkurven gilt, daß der Nutzenerwartungswert von links nach rechts
ansteigt. Nach der Eintragung der Werte der beiden zur Auswahl stehenden Portefeuilles in das $E(A)$,σ_A - Koordinatensystem kann das optimale
Portefeuille bestimmt werden, indem man feststellt, welches Portefeuille auf der am weitesten rechts liegenden Indifferenzkurve liegt.
Aus Bild 6.11 wird ersichtlich, daß das neue Portefeuille mit den
Koordinaten $E(A)$ = 213,42 und σ_A = 48,07 das optimale Portefeuille ist.

6.5 Zusammenfassung der Fallstudie

In einer Fallstudie wurde die Portefeuille-Analyse als Instrument zur
Planung einer Beteiligungsinvestition eines internationalen Baukonzerns angewandt. In einem ersten Schritt wurde der existierende Konzern
bewertet, indem die äquivalenten Annuitäten der einzelnen Profit-Zentren des Konzerns errechnet wurden. Da die zukünftigen Betriebsergebnisse der einzelnen Profit-Zentren als stochastiche Werte angesehen
werden mußten, wurden aufgrund pessimistischer, häufigster und optimistischer Schätzungen Erwartungswerte der Betriebsergebnisse und Standardabweichungen der Betriebsergebnisse errechnet. Zur Berechnung der
Standardabweichungen der äquivalenten Annuität des Konzerns wurden
die Korrelationen zwischen den einzelnen Profit-Zentren berücksichtigt. Durch den Erwartungswert der äquivalenten Annuität und der
Standardabweichung der äquivalenten Annuität konnte das existierende
Portefeuille quantitativ beschrieben werden.

Ausgehend von den Daten und Informationen, die im Zuge der konzerninternen Investitionsplanung aufbereitet worden waren, konnte im zweiten
Schritt der Portefeuille-Analyse die zu erwerbende Gesellschaft, die
als ein neues Profit-Zentrum definiert wurde, analysiert werden. Die
Schätzung zukünftiger Zahlungsströme ermöglichte die Berechnung des
Erwartungswertes der äquivalenten Annuität und der Standardabweichung
der äquivalenten Annuität für das neue Profit-Zentrum. Nach der Ermittlung der Korrelationen zwischen den einzelnen existierenden Profit-Zentren und dem neuen Profit-Zentrum konnte der Erwartungswert der äquivalenten Annuität eines neuen Portefeuilles, das sich aus dem existierenden Portefeuille und der neuen Beteiligungsinvestition zusammen-
setzt, errechnet werden.

Da bei einem Vergleich der Charakteristika des existierenden und des
neuen Portefeuilles kein dominantes Portefeuille festgestellt werden
konnte, war eine Entscheidungsfindung aufgrund der subjektiven Risikoneigung eines Entscheidungsträgers des Konzerns, dessen Risikoneigung als repräsentativ für die Risikoneigung des Vorstandes angenommen wurde, notwendig. Die Bestimmung der subjektiven Nutzenfunktion
des Entscheidungsträgers erlaubte eine rationale Lösung des Entscheidungsproblems mit Hilfe des Bernoulli-Prinzips. Die Lösung, die sowohl in formaler als auch in graphischer Weise erarbeitet wurde,

zeigt, daß das neue Portefeuille das optimale Portefeuille darstellt, womit die Investition in die neue Gesellschaft vorzunehmen ist.

Die Investitionsentscheidung, die durch die Portefeuille-Analyse erzielt wurde, deckt sich mit der Investitionsentscheidung, die der Konzernvorstand aufgrund der konzerninternen Investitionsplanung getroffen hat.

Literaturverzeichnis

Albach,H.: Wirtschaftlichkeitsberechnung bei unsicheren Erwartungen, Beiträge zur betriebswirtsch.Forschung, Bd.7, Köln-Opladen 1959.

Albach,H.: Rentabilität und Sicherheit als Kriterien betrieblicher Investitionsentscheidungen, in: ZfB, 30.Jg., Wiesbaden 1960.

Albach,H.: Lineare Programmierung als Hilfsmittel betrieblicher Investitionsplanung, ZfhF 1960.

Albach,H.: Investitionen und Liquidität, Planung des optimalen Investitionsbudgets, Wiesbaden 1962.

Albach,H.: Investitionstheorie, Köln 1975.

Bamberg,G., Coenberg,A.G.: Betriebswirtschaftliche Entscheidungslehre, München 1974.

Baron,A.: Der Maschinierungsgrad des Baubetriebes als Kriterium in der Investitionsrechung, in: Baumaschine und Bautechnik, 22.Jg., Heft 4/1975.

Bechmann,A.: Nutzwertanalyse, Bewertungstheorie und Planung, Bern-Stuttgart 1978.

Behrendt,H.: Nachkalkulation im Bauunternehmen, Beilage in: Das Baugewerbe, Heft 12/1974.

Beisswenger,K.: Leistungsermittlung mehrgliedriger Produktionsketten des Baubetriebes mit Hilfe der Warteschlangentheorie. VDI-Fortschrittsberichte, Reihe 4, Nr.46, Düsseldorf 1979.

Bernoulli,D.: Specimen theoriae novas de mesura sortis, Commentarii Academiae Scientarium Imperialis Petropolitanae, 5/1738.

Betriebswirtschaftliches Institut der westdeutschen Bauindustrie: Zur Entwicklung der Geräte und Investitionen, Düsseldorf 1978.

Blohm,H., Lüder,K.: Investition, Berlin-Frankfurt 1967.

Bock: Leistungs- und Kostenermittlung des Bagger- und Fahrzeugbetriebes im Steinbruch als Grundlage der Investitionsplanung, Wiesbaden-Berlin 1971.

Borowicka,H.: Das Risiko im Bauwesen, in: Mitteilungen des Institutes für Grundbau und Bodenmechanik, Heft 7, Technische Hochschule Wien 1966.

Boulding,K.E.: Time and Investment, Economica, Vol.3, London 1936.

Brandt,H.: Investitionspolitik des Industriebetriebes, Wiesbaden 1959.

Brayfield,A.H., Crockett,W.H.: Employee Attitudes and Employee Performance, Psychology Bulletin, Vol.52.

Briehl v.,H.: Die Ermittlung der wirtschaftlichen Nutzungsdauer von Anlagengütern, in: Mitteilungen aus dem handelswissenschaftlichen Seminar der Universität Zürich, Heft 98, Zürich 1955.

Bundesinnung der Baugewerbe: ÖBGL Österreichischer Baugeräteliste 1971, Wien 1971.

Burch,J.D.: Cost Estimating with Uncertainty, Industrial Engineering, 1975.

Burkhardt,G.: Die Bestimmung von Produktion und Kapazität im Bauwesen, Gutachten im Auftrage des Bundeswirtschaftsministeriums in Bonn, T.H. München 1958.

Burkhardt,G., Pusch,W.: Die Maschinisierung, ihr Maß und einige Konsequenzen für größere Baustellen, in: Neue Wege der Baubetriebsführung, Schriftreihe: Baubetrieb und Bauwirtschaft, Wiesbaden 1960.

Burkhardt,G.: Kostenprobleme der Bauproduktion, Schriftreihe des Bayr. Bauindustrieverbandes Nr.3, Wiesbaden-Berlin 1963.

Burkhardt,G.: Nutzungsdauer und Kosten der Baumaschinen, in: Baumaschine und Bautechnik, Heft 2, 11.Jg., Bauverlag Wiesbaden 1964.

Busse von Colbe,W.: Beteiligungen, in: Handwörterbuch der Betriebswirtschaft, Stuttgart 1974.

Campbell,D.W.: Risk Analysis, AACE Bulletin, Vol.13, No.4 and 5, 1971.

Caterpillar Tractor Co.: Caterpillar Performance Handbook, Peoria 1976.

Charnes,A., Cooper,W.W., Miller,M.H.: Application of Linear Programming to Financial Budgeting and the Costing of Funds, The Journal of Business, Vol. 32, Chicago 1959.

Charnes,A., Cooper,W.W., Kortanek,K.: A Chance - Constrained Approach to Capital Budgeting, Journal of Financial and Quantitative Analysis, Vol. 2, 1967.

Cole,T.D.: How to obtain prohability estimates in capital expenditure evaluations, A practical approach, Management Accounting 52/1970.

Curnam,M.: A Scientific Approach to Bidding: Range Estimating, The Constructor, 1975.

Danner,F.: Warteschlangentheorie und Simulationstechnik - Hilfsmittel zur Leistungsbestimmung maschineller Produktionsketten im Baubetrieb, VDI-Fortschrittsberichte, Reihe 4, Nr.22, Düsseldorf 1975.

Dean,J.: Capital Budgeting, New York-London 1951.

Diederich,H.: Allgemeine Betriebswirtschaftslehre I und II, Düsseldorf 1972.

Eymer: Wirtschaftlicher Baumaschineneinsatz unter Berücksichtigung der Baubetriebsstruktur, in: Das Baugewerbe, Heft 5/1974.

Fischer,L.: Deteriminants of Risk Premiums on Corporate Bonds, in: The Journal of Political Economy, Vol. 67, 1959.

Fisher,I: The Nature of Capital and Income, New York 1906.

Fondahl,J.W., Bacarreza,R.R.: Construction Contract Markup related to forecasted Cash Flow, Technical Report No. 161, Stanford University 1972.

Franke,G.: Ganzzahligkeitseigenschaften linearer Investitionsprogramme, in: ZfbF, Heft 6/1974.

Franke,G.: Betriebliche Investitionspolitik, in: Handwörterbuch der Betriebswirtschaft, Stuttgart 1975.

Friedman,M., Savage,L.J.: The expecte-utility hypothesis and the measurability of utility, J.Pol.Ec. 60/1952.

Fuchs-Wegner,G., Welge,M.: Kriterien für die Beurteilung und Auswahl von Organisationskonzeptionen, in: ZfO, 43.Jg., 1974.

Gablers Wirtschafts-Lexikon, 6.Aufl., Band I und II, Wiesbaden 1965.

Gäfgen,G.: Theorie der wirtschaftlichen Entscheidungen, Tübingen 1963.

Gans,B., Looss,W., Zwickler,D.: Investitions- und Finanzierungstheorie, München 1972.

Gareis,R.: Ein Modell der Angebotsermittlung für den Baubetrieb, Schriftenreihe der Bundeskammer, Heft 25, Wien 1975.

Gareis,R.: Der Einfluß der Leistungsbeschreibungen auf die Kalkulation von Bauunternehmen, Bauwirtschaft, Heft 2, Wiesbaden 1977.

Gareis,R.: Geschäftspraktiken der Bauindustrie, in: Wiener Baubetriebs- und Bauwirtschaftsberichte, Heft 9/1978.

Gareis,R., Halpin,D.W.: Planung und Kontrolle von Bauproduktionsprozessen, Berlin-Heidelberg-New York 1979.

Gareis,R.: Betriebswirtschaftliche Aspekte der Arge von Bauunternehmen,
in: Kühne,J., Jurecka,W., Paschke,F. (Hrsg.), Schriften aus Technik und
Recht, Bd.6 (in Vorbereitung).

Gates,M.: Bidding Contingencies and Prohabilities,Journal of the Construction Division, ASCE, Vol.96, No. Co2, Proc.Paper 8524, 1971.

Gates,M., Scarpa,A.: Optimum Size of Hauling Units, Journal of the
Construction Division, ASCE, Vol.101, No.Co4, Proc.Paper 11771 and
11772, 1975.

Griffis,F.M.: Optimizing Haul Fleet Size Using Queuing Theory, Journal of the Construction Division, ASCE, Vol.94, No.Co1, Proc.Paper
5753, 1968.

Grünwald,H.: Auslandsinvestitionen im Strukturwandel der Weltwirtschaft,
in:ZfbF, Heft 2/1979.

Gutenberg,E.: Zur neueren Entwicklung der Wirtschaftlichkeitsrechnung,
Zeitschrift für die gesamte Staatswissenschaft, Bd.108, Tübingen 1952.

Gutenberg,E.: Der Stand der wissenschaftlichen Forschung auf dem Gebiet der betrieblichen Investitionsplanung, in: ZfhF, 6.Jg., 1954.
Heft 12.

Gutenberg,E.: Untersuchungen über die Investitionsentscheidungen industrieller Unternehmen, Köln-Opladen 1959.

Gutenberg,E.: Grundlagen der Betriebswirtschaftslehre, Bd.I, Die Produktion, 6.Aufl., Berlin-Göttingen-Heidelberg 1961.

Hackney,J.W.: Analysis of Estimating Accurancy, AACE Bulletin, Vol.7,
No.3, 1965.

Hall,M., Weiss,L.W.: Firm Size and Profitability, in: RE Stat.,Vol.49,
1967.

Hauptverband der Deutschen Bauindustrie, BGL Baugeräteliste 1971, Wiesbaden 1971.

Hax,H.: Investitions- und Finanzplanung mit Hilfe der linearen Programm-
mierung, ZfbF, 16.Jg., Opladen 1964.

Hax,H.: Investitionstheorie, 2.Aufl., Würzburg-Wien, 1972.

Hax,K.: Die Substanzerhaltung der Betriebe, Köln-Opladen 1957.

Hax,K.: Rentabilitätsmaximierung als unternehmerische Zielsetzung, in:
ZfhF, 15.Jg., 1963.

Hax,K.: Die Kapitalwirtschaft des wachsenden Industrieunternehmens,
ZfbF, 16.Jg., 1964.

Hayessen,W.: Nutzungsdauer und Abschreibungsverlauf von Baumaschinen,
Diss., TH-München 1963.

Heinen,E.: Zum Begriff und Wesen der betriebswirtschaftlichen Investition, Betriebswirtschaftliche Forschung und Praxis, 1955.

Heinen,E.: Industrielle Investitionsplanung, in: Handwörterbuch der Betriebswirtschaft, 3.Aufl. Bd.III, Stuttgart 1957/58.

Heinen,E.: Das Zielsystem der Unternehmung. Grundlagen betriebswirtschaftlicher Entscheidungen, Wiesbaden 1966.

Heinen,E.: Einführung in die Betriebswirtschaftslehre, 3.Aufl., Wiesbaden 1970.

Heinhold,G., Gaede,K.W.: Ingenieur-Statistik, München-Wien 1968.

Herzberg,F., Mausner,B., Snydermann,B.B.: The Motivation to work, 2nd Ed., New York 1959.

Hillier,F.S.: The Derivation of Prohabilistic Information for the Evaluation of Risky Investments, Management Science 9/1963.

Hillier,F.S., Liebermann,G.L.: Introduction to Operations Research, San Francisco-Cambridge-London-Amsterdam 1967.

Hirsch,V.: Bewertungsprofile bei der Planung neuer Produkte, ZfbF, Heft 5/1968.

Hofer,H.R.: Diversifikation in der Industrie, in: Industrielle Organisation, Heft 1, Zürich 1977.

Huberti,G.: Machen's die Engländer, in: Bauwirtschaft, Heft 8/1974.

Illetschko,L.: Unternehmenstheorie, Wien 1964.

Institut für Baubetriebslehre der Technischen Hochschule Stuttgart und Betriebswirtschaftliches Institut der Westdeutschen Bauindustrie GmbH.: Geräteverwaltung in Bauunternehmen - eine betriebsvergleichende Untersuchung, Düsseldorf 1966.

Jääskelainen,V.: Optimal Financing and Tax Policy of the Corporation, Helsinki 1966.

Jacob,H.: Das Ersatzproblem in der Investitionsrechnung und der Einfluß der Restnutzungsdauer alter Anlagen auf die Investitionsentscheidung, in: ZfhF, N.F.9.Jg., Köln-Opladen 1957.

Jacob,H.: Neuere Entwicklungen in der Investitionsrechnung, in:ZfB, 34.Jg., 1964.

Jacob,H.: Investitionsplanung mit Hilfe der Optimierungsrechnung, in: Optimale Investitionspolitik, Schriften zur Unternehmensführung, Band 4, Wiesbaden 1968.

Jöhr,W.A., Singer,H.W.: The Role of the Economist as Official Adviser, deutsche Ausgabe: Die Nationalökonomie im Dienste der Wirtschaftspolitik, Göttingen 1957.

Jurecka,W.: Angebotsstrategien im Bauwesen, in: Der Bauingenieur, Heft 12, Berlin 1969.

Jurecka,W., Zimmerman,H.J.: Operations Research im Bauwesen, Berlin-Heidelberg-New York 1972.

Jurecka,W.: Kosten und Leistungen von Baumaschinen, Wien-New York 1975.

Jurecka,W.: Die Reparaturkosten und ihr zeitlicher Verlauf bei einigen Arten von Erdbaumaschinen, in: Baumaschine und Bautechnik, Heft 9/1976.

Keller,M.: Instandhaltungsstrategien zur Lenkung der Schadens- und Schadensfolgekosten, in: Bauwirtschaft, Heft 47/1973.

Kendrick,D.: Programming Investment in the Process Industry, 1967.

Kern,W.: Investitionsrechnung, Stuttgart 1974.

Kieser,A.: Zur Flexibilität verschiedener Organisationsstrukturen, in: ZfO, 38.Jg. (1969).

Kliem,W.: Die Reparatur von Baumaschinen, in: Der Bauingenieur, 50, 1975.

Koch,H.: Probleme der Investitionsplanung, in:ZfB, 39.Jg., 1969.

Komoli,L.H.: Gedanken zur Rationalisierung in der Bauwirtschaft, in: Österreichische Ingenieur-Zeitschrift, 11.Jg., Heft 9, Wien 1968.

Kosiol,E.: Die Organisation von Investitionsentscheidungen, in: Die Organisation des Entscheidungsprozesses, Berlin 1959.

Krelle,W.: Preistheorie, Tübingen-Zürich 1961.

Kromschröder,B.: Unternehmensbewertung und Risiko, Berlin-Heidelberg-New York 1978.

Kruschwitz,L.: Zur heuristischen Planung des Investitionsprogramms, ZfB, 47.Jg.,1977.

Kühn,G.: Der gleislose Erdbau, Berlin-Göttingen-Heidelberg 1956.

Laux,H.: Flexible Investitionsplanung, Opladen 1971.

Laux,H.: Der Einsatz von Entscheidungsgremien, Berlin-Heidelberg-New York 1979.

Layshock,J.L.: Estimating and Cost Control form Inception to Completion, AACE Bulletin, Vol.11, no.3, 1969.

Leufert,W.: Bau- und Baustoffmaschineneinsatz im Auslandsbau im Hinblick auf das Maschinenpersonal, BMT 4/1977.

Lindahl,E.: The Concept of Income, in: Economic Essays in Honour of Gustav Cassel, London 1933.

Lindahl,E.: Studies in the Theory of Money and Capital, London 1939.

Lohmann,M.: Einführung in die Betriebswirtschaftslehre, Tübingen 1949.

Lorie,H.J., Savage,L.J.: Three Problems in Capital Rationing, The Journal of Business, Vol.28, Chicago 1955.

Luce,R.D., Raiffa,H.: Games and Decisions, New York 1957.

Lüder,K.: Die Beurteilung von Einzelinvestitionen unter Berücksichtigung von Ertragssteuern, in: ZfB, 46.Jg., Heft 8/1976.

Lüder,K.: Investitionskontrolle, Wiesbaden 1969.

Mac Crimmon,K.R., Ryavec,C.A.: An Analytical Study of the PERT Assumption, Operations Research, Vol.12/1964.

Markowitz,H.M.: Portfolio-Selection, 3.Aufl., New York-Sidney, 1967.

Marschak,J.: Rational behaviour, uncertain prospects, and measureable utility, Ec.18/1950.

Massé,P.: Le choix des Investissements, Critères et méthodes, Finance et économie appliquée, Vol.6, Paris 1959.

Mayreder: Firmennachrichten, Altenwörth/Donaukraftwerk, Heft März 1974.

McDonald,J.A.: Investment Objectives: Diversification, Risk and Exposure to Surprise, Financial Analyst Journal, 32/1975.

Meissner,H.G.: Auslandsinvestitionen, in: Handwörterbuch der Betriebswirtschaft, 4.Aufl., Stuttgart 1974.

Mellerowicz,K.: Unternehmenspolitik, Bd.II, 2.Aufl., Freiburg 1963.

Moder,J.J., Phillips,C.R.: Project Management with CPM and PERT, 2nd Ed., New York 1970.

Moxter,A.: Die Bestimmung des Kalkulationszinsfußes bei Investitionsentscheidungen. Ein Versuch zur Koordination von Investitions- und Finanzierungslehre, in: ZfhF, NF, Jg.13, 1961.

Moxter,A.: Lineares Programmieren und betriebswirtschaftliche Kapitaltheorie. Besprechungsaufsatz zu Albach,H.: Investition und Liquidität, Zeitschrift für handelswissenschaftliche Forschung (NF), Opladen, 15. Jg./1963.

Mühlhaupt,L.: Der Bindungsgedanke in der Finanzierungslehre unter besonderer Berücksichtigung der holländischen Finanzierungsliteratur, Wiesbaden 1966.

Neumann,J.von, Morgenstern,O.: Theory of games and economic behaviour, Princeton 1944.

Österreichisches Institut für Wirtschaftsforschung, Monatsberichte 1-4/1979, Wien 1979.

Parker,H.W., Oglesby,C.H.: Methods Improvement for Construction Managers, New York 1972.

Patzak,G.: Grundlagen, Methoden und Techniken systemorientierter Planung, Habilitationsschrift, TU-Wien 1976.

Peters,C.: Simultane Produktions- und Investitionsplanung mit Hilfe der Portfolio Selection, Berlin 1971.

Peurifoy,R.L.: Construction Planning, Equipment and Methods, New York-Toronto-London 1956.

Peurifoy,R.L.: When Should Your Equipment Be Replaced, in: World Construction, Chicago, June 1957.

Pohl,H.H.: Rationelle Investitionsplanung, in: Industrielle Organisation, 42/1973, Nr.11.

Priewasser,E.: Betriebliche Investitionsentscheidungen, Berlin-New York 1972.

Reismann,W.: Gedanken zur Problematik eines Gerätepools, in: Bau-intern, Juni 1973.

Reismann,W.: Kostenerfassung im maschinellen Erdbau, Diss., TU-Karlsruhe 1973.

Reismann,W.: Die Verfahrenstechnik im Baubetrieb und ihre Anwendung zur Ermittlung der Maschinenkosten, in: Baumaschine und Bautechnik, Heft 7/1973.

Richter,M.K.: Cardinal Utility, Portfolio Selection and Taxation, Rev. of Econ.Stud., 27, 1959-60.

Ruchti,H.: Die Abschreibung, ihre grundsätzliche Bedeutung als Aufwands-, Ertrags- und Finanzierungsfaktor, Stuttgart 1953.

Ruchti,H.: Erfolgsermittlung und Bewegungsbilanz, in:ZfhF, Jg. 1955.

Ruchti,H.: Abschreibung, Abschreibungsarten und Verfahren, in: Handwörterbuch der Betriebswirtschaft, 3.Aufl., Bd.I, Stuttgart 1956.

Rückle,D.: Investition und Marktverhalten, Wien 1968.

Salveson,M.: Management of Strategy, Paper zur Third International Conference on Corporate Planning, Brüssel 1973.

Samuels,J.M., Smith,D.J.: Profits, Variability of Profits, and Firm Size, in: Economica, Vol.35, 1968.

Samuelsen,P.A.: Some Aspects of the Pure Theory of Capital, in: The Quarterly Journal of Economies, Vol.51, 1936/37.

Samuelsen,P.A.: Prohability, utility, and the independence axiom, Ec. 20/1952.

Schemmann,G.: Porbleme einer funktionalen und personalen Finanzierungstheorie, in:ZfbF, 22.Jg., 1970.

Scheuch,F.: Investitionsgütermarketing, Opladen 1975.

Schlaifer,R.: Introduction to statistics for business decisions, New York-Toronto-London 1961.

Schmalenbach,E.: Pretiale Wirtschaftslenkung, Bd.II, Bremen-Horn 1948.

Schmalenbach,E.: Die Finanzierung der Betriebe, Bd.I., Kapital, Kredit und Zins, 2.Aufl., Köln-Opladen 1949.

Schmalenbach,E.: Beteiligungsfinanzierung, 8.Aufl., Köln-Opladen 1954.

Schmidt,R.: Mehrperiodige Portefeuilleplanung, Heft 24 des Institutes für Betriebswirtschaftslehre der Christian-Albrechts-Universität-Kiel, Kiel 1975.

Schneeweiß,H.: Entscheidungskriterien bei Risiko, Berlin-Heidelberg-New York 1967.

Schneider,D.: Die wirtschaftliche Nutzungsdauer von Anlagegütern, Köln-Opladen 1961.

Schneider,D.: Der Einfluß der Besteuerung auf die Investitionspolitik der Unternehmungen, in: Schriften zur Unternehmensführung, Band 4, Wiesbaden 1968.

Schneider,D.: Investition und Finanzierung, 3.Aufl., Opladen 1974.

Schneider,E.: Die wirtschaftliche Lebensdauer industrieller Anlagen, in: Weltwirtschaftliches Archiv, Bd.55, 1942.

Schneider,E.: Wirtschaftlichkeitsrechnung, 2.Aufl. (Theorie der Investition), Tübingen-Zürich 1957.

Schönnenbeck,H.: Unternehmensfinanzierung in der Bauwirtschaft, Düsseldorf 1968.

Schwarz,H.: Zur Berücksichtigung erfolgsgesteuerlicher Gesichtspunkte bei Investitionsentscheidungen, in: BF und P., Jg.14, 1962.

Schweim,J.: Integrierte Unternehmensplanung, Bielefeld 1969.

Seelbach,H.: Planungsmodelle in der Investitionsrechnung, Würzburg-Wien 1967.

Seeling,R.: Mathematische Modelle für die optimale Ersatzpolitik von
Baumaschinen, in: Baumaschine und Bautechnik, Heft 11/1972.

Seicht,G.: Investitionsentscheidungen richtig treffen, Wien 1973.

Sharpe,W.F.: A Simplified Model for Portfolio Analysis, Manag.Sci.
9, 1963.

Springer,C.H.: Strategic Management in General Electric, in: Operations
Research, Vol.21, 1973.

Starbuck,W.H.: Organisational Growth and Development, in: Handbook of
Organisation, hrsg. v.J.G.March, Chicago 1963.

Stehler,H.O.: Profitability and Size of Firms, Berkeley 1963.

Swoboda,P.: Die Ermittlung optimaler Investitionsentscheidungen durch
Methoden des Operations Research, in: ZfB, 31.Jg., Wiesbaden 1961.

Swoboda,P.: Die simultane Planung von Rationalisierungs- und Erweiterungsinvestitionen und von Produktionsprogrammen, ZfB, 35/1965, 148 ff.

Swoboda,P.: Investition und Finanzierung, Göttingen 1971.

Talirz,H.: Der Reparaturkostenverlauf von Baumaschinen, dargestellt
am Beispiel der Planierraupen, Diss., TU-Wien 1975.

Terborgh,G.: Dynamic Equipment Policy. A MAPI Study, New York-Toronto-
London, 1949.

Terborgh,G.: MAPI Replacement Manual, Chicago 1950.

Terborgh,G.: Business Investment Policy, Washington 1958.

Thuesen,H.G., Fabrycky,W.G., Thuesen,G.J.: Engineering Economy, 5th Ed.,
Englewood Cliffs 1977.

Tiedemann,P.: Planung und Rentabililität von Investitionen im Baubetrieb,
Beilage in: Das Baugewerbe, 10/1973.

Tinter,G.: Stochastic Linear Programming with Applications to Agricultu-
ral Economics, in: Antosiewicz,H.A. (Hrsg.): Proceedings of the Second
Symposium in Linear Programming, Vol.I, Washington D.C. 1955.

Trechsel,F.: Investitionsplanung und Investitionsrechnung, Bern 1966.

Vancil,R.F., Aguilar,F.G., Howell,R.F., Mc Farlan,W. (Hrsg.): Formal
Planning Systems, Havard Business School 1969.

Van Horne,J.C.: Financial Management and Policy, 4th Ed., Englewood
Cliffs 1977.

Vecernik,P.: Investitionsentscheidungen bei Variabilität der Einflußgrößen und unsicheren Erwartungen, Wien 1970.

Vergara,A., Boyer,L.: Portfolio Theorie: Application in Construction, Journal of the Construction Division, ASCE 1976.

Volkart,R., Kilgus,E.: Unternehmensfinanzierung in Rezession und Aufschwung, in: Industrielle Organisation, Heft 1, Zürich 1977.

Weingartner,H.M.: Mathematical Programming and the Analysis of Capital Budgeting Problems, Englewood Cliffs 1963.

Weingartner,H.M.: Capital Budgeting of Interrelated Projects. Survey and Synthesis. Management Science, Providence, Vol.12, 1965/66.

Witte,E.: Entscheidungsprozesse, in: HWO, Stuttgart 1969.

Wittmann,W.: Der Wertbegriff in der Betriebswirtschaftslehre, Köln-Opladen, 1956.

Wittmann,W.: Unternehmung und unvollkommene Information, Köln-Opladen 1959.

Wöhe,G.: Betriebswirtschaftliche Steuerlehre, Band II, 2.Halbband, 2.Aufl., Berlin-Frankfurt 1965.

Wöhe,G.: Einführung in die allgemeine Betriebswirtschaftslehre, 11.Aufl. München 1973.

Zangemeister,Ch.: Nutzwertanalyse in der Systemtechnik, München 1970.

Sachverzeichnis